셀프트래블

홋카이도

상상출판

Contributor   사진을 제공해 준 카페 '북해도로 가자' 회원분들께 감사드립니다.

셀프트래블

홋카이도

개정 2판 1쇄 | 2024년 1월 2일

글과 사진 | 신연수

발행인 | 유철상
편집 | 홍은선, 안여진, 김정민
디자인 | 주인지, 노세희
마케팅 | 조종삼, 김소희
콘텐츠 | 강한나

펴낸 곳 | 상상출판
주소 | 서울특별시 성동구 뚝섬로17가길 48, 성수에이원센터 1205호(성수동 2가)
구입 · 내용 문의 | **전화** 02-963-9891(편집), 070-7727-6853(마케팅)
팩스 02-963-9892 **이메일** sangsang9892@gmail.com
등록 | 2009년 9월 22일(제305-2010-02호)
찍은 곳 | 다라니
종이 | ㈜월드페이퍼

※ 가격은 뒤표지에 있습니다.

ISBN 979-11-6782-180-5(14980)
ISBN 979-11-86517-10-9(SET)

www.esangsang.co.kr

셀프트래블

홋카이도

Hokkaido

신연수 지음

상상출판

Prologue

2005년 여름 처음 홋카이도로 떠나려 했을 때 그곳은 미지의 세계 자체였다. 제대로 된 가이드북도 여행 정보도 구할 수 없어 막막한 심정으로 떠났고, 그곳에서 낯선 풍경들과 마주쳤다. 그 여행에서 삿포로와 오타루, 비에이와 후라노, 샤코탄 가무이미사키의 아름다운 풍경에 반해 이후 해마다 계절마다 드넓은 홋카이도를 여행하기 시작했다. 그리고 내가 힘들게 모은 여행 정보를 다른 이들과 공유하고자 네이버에 '북해도로 가자'라는 카페를 만들었고, 2011년 국내에서 처음으로 홋카이도 전 지역을 다룬 가이드북을 상상출판에서 펴냈다.

그 뒤 어려운 상황 속에서도 꾸준히 개정판을 내왔지만 한일간의 여러 문제로 인해 2017년 이후 개정판을 만들지 못했고, 여기에 더해 2019년 12월에 발생한 코로나19로 인해 3년 동안 여행 자체가 막혀버렸다. 여행이 허용된 이후, 다시 떠난 홋카이도는 여전히 변함이 없었다.

2017년 이후 6년 만에 나오게 된 2024-2025년 새로운 개정판은 그동안 바뀐 홋카이도 현지 상황을 최대한 반영하고자 했다. 도난 지방에서는 하코다테, 에사시, 마쓰마에 등의 좀 더 많은 여행 스폿과 정보를 다루었고, 중앙부 지역에서는 니세코와 요이치, 시코쓰호, 무로란 등 삿포로와 오타루 주변 지역까지 포함시켰으며, 도북 지방과 도동 지방은 기존 책에 있던 내용보다 더 넓은 범위의 여행지와 정보를 담았다. 이제는 가히 홋카이도의 주요 여

행지는 모두 포함했다고 할 수 있다. 또 이젠 홋카이도 여행의 주류가 된 렌터카 여행에 대한 코스와 정보를 추가했으며 그간의 경험을 담아 여행하기 가장 좋은 시기와 어떤 여행을 해야 하는지에 대해서도 썼다. 부디 이런 정보와 경험들이 새롭게 홋카이도를 여행하고자 하는 이들에게 유용한 안내서가 되기를 바란다.

코로나19의 어려운 상황을 이겨내고 개정판 작업을 든든하게 이끌어주신 상상출판의 유철상 대표님과 새롭게 책을 쓰다시피 한 개정 작업의 진행을 맡아 준 홍은선 팀장님에게 진심으로 감사의 마음을 전한다. 또한 홋카이도 현지에서 도움을 준 김형복 님, 여행사 민사이의 정창훈 대표, 네이버 '북해도로 가자' 카페의 날으는키위 님, 홋카이도일주 님, 캡츄 님 등 카페 회원 여러분에게도 고마움을 전한다.

2023년 12월
신 연 수

Contents
목차

**Enjoy
Hokkaido 2**

알음알음 찾아가는 숨겨진 곳

쉽고 빠르게 끝내는 여행 준비

Step to Hokkaido

Self Travel Hokkaido
일러두기

❶ 주요 지역 소개

이 책은 크게 2개의 장으로 나뉩니다. 먼저 **홋카이도에서 꼭 가봐야 할 곳**에서는 삿포로, 오타루, 아사히카와, 히가시카와, 비에이, 후라노, 노보리베츠, 도야호, 하코다테를, **알음알음 찾아가는 숨겨진 곳**에선 왓카나이, 아바시리, 시레토코, 아칸호, 네무로, 구시로, 오비히로를 다루고 있습니다.

❷ 알차디알찬 여행 핵심 정보

Mission in Hokkaido 홋카이도에서 놓쳐선 안 될 그림 같은 풍경과 꼭 맛봐야 할 음식들을 소개합니다. 이후 드라이브 코스, 스키장, 추천 숙소 등을 제시하고 있습니다.

Enjoy Hokkaido 각 지역별로 이동 방법, 여행 방법을 안내한 후 관광명소, 식당 등을 차례차례 소개하고 있습니다. 관광명소의 경우 중요도에 따라 별점(1~3개)을 표기했으며 추가 정보는 More&More 혹은 Tip으로 정리했습니다.

Step to Hokkaido 홋카이도 여행을 준비하는 데 필요한 정보만 모았습니다. 홋카이도 기본 정보부터 날씨와 옷차림, 지역 이동, 렌터카 여행 정보 등을 소개합니다.

❸ 원어 표기

최대한 외래어 표기법을 기준으로 표기했으나, 몇몇 지역명과 관광명소, 업소의 경우 현지에서 사용 중인 한국어 안내와 여행자들에게 익숙한 이름을 택했습니다.

❹ 맵코드 활용법

이 책에 소개된 관광명소와 식당 등의 스폿에는 맵코드Mapcode를 표시해 두었습니다. 렌터카 여행 시 네비게이션에 입력하면 목적지까지의 경로를 안내합니다. 도보 여행자 또한 japanmapcode.com/ko로 접속해 검색창에 맵코드를 입력하면 빠르게 위치를 체크할 수 있습니다.

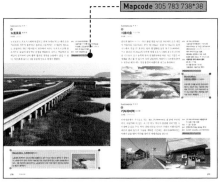

❺ 정보 업데이트

이 책에 실린 모든 정보는 2023년 12월까지 취재한 내용을 기준으로 하고 있습니다. 현지 사정에 따라 요금과 운영시간 등이 변동될 수 있으며 JR이나 버스 시간표 역시 시기에 따라 달라질 수 있으니 여행 전 한 번 더 확인하시길 바랍니다.

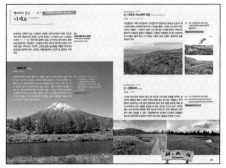

❻ 지도 활용법

이 책의 지도에는 아래와 같은 부호를 사용하고 있습니다.

주요 아이콘
- 관광지, 스폿
- ❽ 레스토랑, 카페 등 식사할 수 있는 곳
- ❺ 백화점, 쇼핑몰, 슈퍼마켓 등 쇼핑 장소
- ❿ 호텔, 료칸 등 숙소

기타 아이콘
- ⓘ 관광안내소
- ▣ 버스정류장, 버스터미널
- ♨ 온천
- 🚗 렌터카

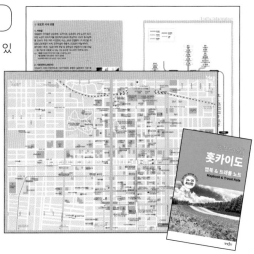

홋카이도 한눈에 보기

일본 열도의 가장 위쪽에 위치한 홋카이도는 약 8만 3,454㎢ 면적으로 세계에서 21번째로 큰 섬이며 아일랜드와 사할린보다 약간 크다. 원주민인 아이누족의 언어로는 '아이누모시리'라 불리는데, 이는 '인간이 사는 토지'를 의미한다.

홋카이도에는 6개의 국립공원이 있으며, 국정공원이나 자연공원까지 합치면 공원만 23개나 될 만큼 자연을 만끽할 수 있는 여행지다. '일본의 식량 기지'라는 별명이 있을 정도로 농업, 축산업, 수산업의 메카이기도 하다. 다음은 『홋카이도 셀프트래블』에서 다루는 지역과 주요 도시에 대한 설명이다.

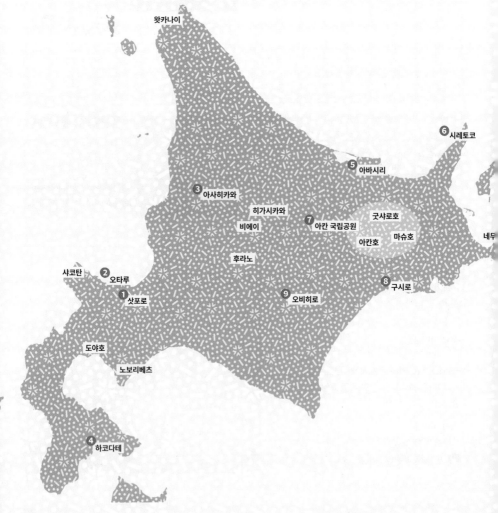

❶ 삿포로 p.68
홋카이도에서 가장 큰 도시

홋카이도 서부의 최대 도시로 개척시대의 낭만과 향수가 가득하다. 바둑판 모양으로 설계된 시가지와 붉은 벽돌로 지은 서양 건물 등 도시 곳곳의 근대 건축물은 관광객들을 신비로운 세계로 이끈다. 도시 중심부를 가로지르는 오도리 공원은 봄이 되면 라일락과 아카시아 향기로 그윽하고, 여름에는 비어가든 축제, 겨울에는 눈 축제로 더욱 빛을 발한다.

❷ 오타루 p.110
운하와 바다, 〈러브레터〉의 고향

영화 〈러브레터〉의 고향 오타루는 홋카이도 서부, 이시카리만 연안에 위치한다. 100여 년 전에는 수많은 은행과 기업이 진출하여 '북의 월가'로 불릴 만큼 융성했다. 그 시절의 영화를 상징하는 운하와 석조 창고 등을 잘 보존해서 지금은 홋카이도를 대표하는 관광 도시이자 '레트로'라는 이름으로 여행자들을 불러 모으고 있다.

❸ 아사히카와 p.142
자연과 예술을 품은 도시

홋카이도의 중앙에 위치한 아사히카와는 웅대한 다이세쓰산을 배경으로 120여 개의 강이 흐르는 자연의 도시이기도 하다. 단풍으로 유명한 소운쿄와 아름다운 비에이, 후라노가 아사히카와를 대표하는 명소. 예술의 도시로 불릴 만큼 갤러리가 많으며, 소설 『빙점』의 고향으로 미우라 아야코 기념문학관이 자리한다. 아사히카와 라멘 등 먹을거리 또한 풍부하다.

❹ 하코다테 p.218
일본에서 가장 아름다운 항구 도시

홋카이도 남서부에 위치하며 세이칸 터널로 혼슈와 이어진, 홋카이도의 현관이다. 19세기 중반에 요코하마, 나가사키와 함께 개항하여 특유의 이국적인 풍경도 간직하고 있다. 세계 3대 야경으로 손꼽히는 아름다운 야경과 활기찬 아침 시장. 개항시대의 건축물은 하코다테만의 고유한 풍경을 연출한다.

❺ 아바시리 p.272
짙푸른 호수와 바다, 유빙

홋카이도 동북부 오호츠크해 연안의 최대 도시로 수산업과 관광이 발달했다. 6~7월 40여 종의 꽃이 피는 고시미즈 원생화원과 산호초로 뒤덮여 새빨간 융단을 깔아놓은 듯한 노토로 호수, 가늘고 긴 모래톱으로 바다와 경계를 이루는 사로마 호수, 겨울이면 백조가 찾아오는 도후츠 호수 등이 아바시리의 얼굴들이다. 1월에는 눈앞에서 유빙도 볼 수 있다.

❻ 시레토코 p.288
세계자연유산의 땅

홋카이도 북동부 오호츠크해 쪽으로 돌출된 시레토코반도는 일본의 마지막 비경이다. 원시림으로 가득 찬 산악 지역은 2005년 유네스코 세계자연유산으로 지정되었다. 가무이왓카 폭포, 프레페 폭포, 오신코신 폭포 등의 아름다운 폭포가 있다. '5개의 보석' 시레토코 5호도 빼어난 풍경을 자랑하며, 겨울에는 해안으로 몰려온 유빙 위를 걷는 유빙 워크를 즐길 수 있다.

❼ 아칸 국립공원 p.302
웅장한 산맥과 온천

홋카이도 동부에 위치한 아칸 국립공원은 3개의 화산 호수인 아칸호, 굿샤로호, 마슈호를 중심으로 펼쳐져 있다. 웅장한 산악 지역과 호수 주변 곳곳에서 온천수가 샘솟는다. 아칸호는 특별 천연기념물인 마리모가 서식하며, 세계에서 가장 물이 맑은 마슈호와 거대한 규모의 굿샤로호는 1년 내내 관광객을 유혹한다.

❽ 구시로 p.330
안개의 도시

홋카이도의 남동부 태평양 연안에 접한 도시로 동부 지방의 중심지다. 수산업이 발달했으며 20세기 초반 일본의 시인 이시카와 다쿠보쿠의 흔적이 남아 있는 문학의 도시다. 해안선을 따라 이어진 시대에는 사계절의 여신상이 있는 누사마이바시 대교가 있으며, 시 북쪽에는 일본 최대 습지인 구시로 습원이 자리 잡고 있다.

❾ 오비히로 p.340
드넓은 대자연

홋카이도 남동부 도카치강 중류에 있는 도카치 평야의 중심부에 위치한다. 시가지는 워싱턴을 모델로 바둑판 모양으로 구획되었으며, 미도리가오카 공원 등의 풍부한 녹지 공간과 나이타이 고원 목장의 푸른 초원, 마나베 정원과 시치쿠 가든 같은 아름다운 정원 등은 오비히로만의 이색적인 관광 스폿이다.

홋카이도 여행 계획 Q&A

Q1. 홋카이도는 얼마나 큰가요?

홋카이도를 일본 혼슈의 중심지로 설명하면 동쪽은 이바라키현 · 도치기현에서 서쪽은 오사카까지 포함될 만큼 큽니다. 직선 거리로 따져도 남북(소야미사키–에리모미사키) 412km, 동서(시레토코미사키–마쓰마에) 537km나 됩니다. **A1.**

Q2. 지역 간 이동은 어떻게 해야 하나요?

효율적으로 여행하려면 차가 편리합니다. 다만 주행거리가 길어 가능하면 2명 이상이 교대하면서 운전하는 것이 좋습니다. 철도 여행은 체력적으로 편하지만 편수가 적고 여행 장소가 한정되는 단점이 있습니다. **A2.**

Q3. 겨울철 운전은 어떤가요?

일반 타이어로 달릴 수 있는 시기는 4월 말~10월 정도까지입니다. 겨울 시즌에는 스터드리스 타이어Studless Tire로 운전하게 됩니다. 겨울 도로는 위험이 많아 눈길 운전에 익숙하지 않은 사람은 피하는 것이 좋아요. 시레토코 횡단 도로, 니세코 파노라마 라인 등은 동절기엔 폐쇄됩니다. **A3.**

Q4. 홋카이도 여행 최적의 시기는 언제인가요?

사계절 다 매력이 있지만 여행하기 가장 좋은 시기는 여름입니다. 라벤더 등 꽃들이 만발하고 기후도 상쾌해서 여행하기 좋아요. 골든 위크, 여름방학, 눈 축제 기간 등은 여행객이 많아지므로 계획을 빨리 세워야 합니다. **A4.**

Q5. 어디부터 가야 할까요?

A5.

일단 꼭 가고 싶은 지역부터 선정해 보세요. 메인 여행지가 확정되면 그다음 주변 여행지를 정합니다. 넓은 지역을 여행할 때는 In/Out 공항을 나누는 것도 방법입니다. 예를 들어 도카치와 비에이, 후라노를 여행한다면 오비히로 공항으로 들어와 아사히카와 공항으로 나가면 됩니다.

Q6. 버스를 활용할 수도 있나요?

A6.

삿포로를 중심으로 고속버스가 하코다테, 오비히로 등 주요 도시 간을 연결하고 있으며 시간은 좀 걸리지만 가격은 싼 편입니다. 시레토코나 샤코탄 등도 JR이 없는 지역이라 버스를 이용해야 합니다. 또 하코다테나 구시로는 야간버스도 운행해요.
JR이나 렌터카 여행이 어렵다면 각 지역 버스 회사에서 운행하는 관광버스를 이용하세요. 주오버스는 샤코탄, 후라노 지역, 소야버스는 왓카나이, 리시리섬, 레분섬, 아칸버스는 구시로 습원, 샤리버스는 시레토코반도, 도카치버스는 오비히로, 도카치 지역의 여행 명소를 운행합니다.

Q7. 홋카이도의 날씨는 어떤가요?

A7.

일본에서 가장 북쪽에 위치한 홋카이도는 혼슈와 기후가 크게 다릅니다. 또 1개월간 최고 기온과 최저 기온, 하루 중 아침저녁으로도 기온에 큰 차이가 있죠. 봄은 혼슈보다 한 달 정도 늦고 겨울은 10월 말부터 일찍이 시작됩니다. 여름이라고 해도 산악 지대나 날씨가 안 좋은 날은 쌀쌀할 수 있어요. 더 자세한 내용은 p.362를 참고하세요.

Try 1. 홋카이도 핵심 코스 3박 4일

노보리베츠, 삿포로, 오타루, 후라노 · 비에이

1일 노보리베츠

신치토세 공항 ▶ 노보리베츠 온천 ▶ 지옥계곡 ▶ 오유누마 ▶ 오쿠노유
*신치토세 공항 → 노보리베츠 온천(렌터카 약 75km, JR 50분, 버스 1시간 15분)

Travel Tip
① **버스** 고속 노보리베츠 온천 에어포트호(국제선 86번 정류장 13:20, 14:10, 15:10. 출발 2시간 전 반드시 예약), 1시간 15분 소요
② **JR** 신치토세공항역에서 에어포트 이용, JR 미나미치토세역으로 이동한 다음 하코다테행 특급열차로 환승 후 JR 노보리베츠역 하차. 역전에서 도난버스 또는 택시로 노보리베츠 온천 이동. JR 이용 여행자라면 삿포로-노보리베츠 에어리어 패스를 구입하자.
③ **렌터카** 신치토세 공항 → 도앙자동차도道央自動車道 → 노보리베츠 동IC → 노보리베츠 온천, 53분 소요

2일 삿포로-오타루

**JR 삿포로역 ▶ JR 미나미오타루역 ▶ 오타루 오르골당 ▶ 메르헨 교차로 ▶ 르타오 본점
▶ 사카이마치도리 ▶ 오타루 운하 ▶ 운하 유람선 ▶ 북의 월가**
*노보리베츠 온천 → 삿포로(렌터카 약 110km, JR 1시간 14분, 버스 1시간 50분)

Travel Tip
① 오타루 시내에는 100군데 이상의 스시 가게가 있다. 특히 스시야도리寿司屋通り에 유명 스시 가게들이 모여 있다. 인기 있는 가게는 예약을 해두는 것이 좋지만 당일에 가도 붐비는 시간대를 피하면 들어갈 수 있는 경우도 있다.
② 오타루 운하는 운하를 따라 산책로를 천천히 걸으며 경치를 즐기는 것도 좋은 방법이지만, 운하 유람선을 이용하면 색다른 방식으로 오타루 운하를 즐길 수 있다.
③ 메르헨 교차로, 오르골당을 먼저 보고 싶다면 미나미오타루역에서 하차해서 오르골당, 사카이마치도리, 오타루 운하, 오타루역 순서로 이동한 것이 효율적이다.
④ 삿포로의 대표적인 음식인 미소 라멘, 수프 카레, 징기스칸 가게는 시내 곳곳에 있지만, 여행 도중 간다면 오도리 공원과 다누키코지 거리 주변에서 맛보는 게 효율적이다.

3일 후라노·비에이

삿포로 ▶ 후라노 와인 공장 ▶ 캄파나 롯카테이 ▶ 호쿠세이산 라벤더원▶ 팜 도미타
▶ 히노데 공원 라벤더원 ▶ 시키사이 언덕 ▶ 파노라마 로드 ▶ 비에이역 ▶ 패치워크 로드
▶ 아오이이케 ▶ 시로가네 온천 ▶ 닌그루 테라스 ▶ 삿포로
*삿포로 → 후라노 · 비에이(렌터카 약 114km, JR 2시간 55분)

Travel Tip
① 삿포로에서 렌터카를 빌려 아침 일찍 출발한다면 후라노 · 비에이 관광도 하루 일정으로 가능하다. 아니면
   후라노까지는 JR 혹은 버스를 이용하고 JR 후라노역 주변에서 렌터카를 빌려 이동하는 방법도 있다. 이
   경우 렌터카 반환처를 JR 비에이역 주변으로 해야 효율적으로 관광할 수 있다. 삿포로에서 먼저 비에이로
   간 후 후라노를 관광하는 루트도 추천한다.
② 삿포로에서 후라노 · 비에이를 하루 동안 돌아보고 오는 '후라노 비에이' 일일 투어'도 활발하다.

4일 귀국

Try 2. 홋카이도 심화 코스 4박 5일

삿포로, 오타루(+샤코탄반도), 후라노 · 비에이, 노보리베츠

1일 삿포로

오도리 공원 ▶ 삿포로 TV 타워 ▶ 삿포로 시계탑 ▶ 홋카이도청 구 본청사
▶ 모이와산 전망대 또는 TV 타워 또는 JR 타워에서 야경

*신치토세 공항 → 삿포로 시가지로 이동(렌터카 50km, JR 38분, 버스 1시간 20분)

Travel Tip
① JR 삿포로역까지 이동할 때는 쾌속 에어포트를 이용하는 것이 좋다. 낮에는 15분에 1대 간격으로 운행하기 때문에 삿포로까지 가장 빨리 갈 수 있다. 시간 여유가 있다면 공항버스를 이용하자. 특히 스스키노나 오도리 공원 주변에 숙소가 있을 때는 정류장이 가까워 더욱 편리하다.
② 카이센동 같은 해산물 음식은 지하철 도자이센 니주욘켄역에서 도보 7분 거리에 있는 삿포로시 중앙도매시장 장외시장이나, 오도리 공원에서 걸어서 갈 수 있는 니조 시장 주변의 가게들을 추천한다. 점심시간이 지나면 문을 닫는 곳도 많으니 아침과 점심 시간대를 노려보자.

2일 오타루(+샤코탄반도)

오타루역 ▶ 북의 월가 ▶ 오타루 운하 ▶ 사카이마치도리 ▶ 메르헨 교차로 ▶ 오르골당

*삿포로 → 오타루(렌터카 39km, JR 34분, 버스 1시간)

Travel Tip
① 삿포로에서 오타루까지는 JR 쾌속 에어포트를 이용하는 것이 좋다. 오타루 주변인 샤코탄반도나 요이치까지 가는 경우 삿포로에서 렌터카를 이용하면 효율적이다. 오타루 시내만 관광할 경우 도보로도 충분히 가능하다.
② 오타루 운하 주변부터 사카이마치도리까지는 해산물 덮밥 전문점이 많으며 관광객을 위해 영어 메뉴판을 마련해 둔 곳도 많다.
③ 사카이마치도리에는 유리공예 잡화, 오르골, 양초 등의 오타루 기념품 가게가 많다. 오타루 운하터미널부터 오르골당까지는 도보 10분 정도로 르타오, 기타카로, 롯카테이 등의 스위츠 가게들도 모여 있다. 이곳 주변의 가게들은 대부분 오후 6~7시쯤 문을 닫는다.
④ 오타루 시가지와 바다를 한눈에 담을 수 있는 덴구산 전망대와 돌고래 쇼, 펭귄 등을 만날 수 있는 오타루 수족관은 어린 자녀 동반 여행 시 추천한다. JR 오타루역에서 버스로 이동 가능하며, 이동 시간까지 포함하면 3시간 정도 소요된다.

> **More&More**
> **샤코탄반도 여행**
>
> 샤코탄반도 여행은 봄부터 가을까지 가능한데, 신선한 우니동을 맛보고 싶다면 여름(6~8월)이 가장 좋다. 샤코탄반도는 버스보다 렌터카 여행이 효율적이다. 삿포로에서 샤코탄반도까지의 여행은 반나절은 소요되므로 오타루 여행 시간은 줄어든다.
> 삿포로 ▶ 닛카 위스키 홋카이도 공장 요이치 증류소 ▶ 시마무이 해안 ▶ 가무이미사키 ▶ 오타루 ▶ 삿포로

3일 후라노·비에이

삿포로 ▶ 후라노 · 비에이

*삿포로 → 후라노 · 비에이(렌터카 약 114km, JR 2시간 55분)

Travel Tip

① 7월 라벤더 시즌에 가장 먼저 가야 할 곳은 팜 도미타다. 단, 도로 정체를 감안해야 한다. 만약 전날 후라
노나 비에이에서 숙박이 가능하다면 아침 일찍 팜 도미타에 도착해 여유롭게 관광할 수 있다.

② 후라노 지역의 식당들은 주로 JR 후라노역 주변에 모여 있어 팜 도미타 등을 관광하고 되돌아가는 것보다
비에이로 이동한 뒤 식사하는 게 좋다.

③ 렌터카 여행자는 왔던 길을 되돌아가야 한다. 후라노에서 렌터카를 빌렸다면 비에이역 주변에서 차를 반
환하고 JR을 이용해 JR 아사히카와역에서 환승한다. 비에이의 식당은 문 닫는 시간이 빠르고, 산길을 야
간 운전으로 돌아와야 할 수 있으니 저녁 식사는 삿포로에서 하자.

4일 노보리베츠

삿포로 ▶ 노보리베츠 온천 ▶ 지옥계곡 ▶ 오유누마 ▶ 온천 ▶ 삿포로

*삿포로 → 노보리베츠 온천으로 이동(차 107km, 철도 1시간 10분, 버스 1시간 50분)

Travel Tip

① 노보리베츠 온천의 볼거리는 버스와 택시로도 둘러볼 수 있지만 렌터카를 이용하면 더 효율적이다.

② 노보리베츠 온천에서 유명한 먹거리는 노보리베츠의 명소 지옥계곡에서 그 이름을 따온 '지고쿠 라멘'으
로 아지노 다이오에서 맛볼 수 있다.

③ 도보로 노보리베츠 온천의 주요 여행지를 돌아본다면 3~4시간 정도가 걸린다. 매일 일몰 때부터 저녁 9
시 30분까지는 지옥계곡 산책로의 라이트가 점등되어 안전하게 산책할 수 있다.

④ 시간 여유가 있다면 에도시대 거리를 재현한 노보리베츠 다테지다이무라를 추천한다. 다만 오후 5시쯤 문
을 닫기 때문에 이곳을 먼저 관광한 후 불이 켜진 지옥계곡 주변을 산책하자. 당일치기 여행자라면 당일
입욕만도 가능하다.

5일 귀국

Try 3. 호수 여행 2박 3일 더하기
시레토코, 마슈호 · 굿샤로호 · 아칸호, 구시로

1일 시레토코

우토로 ▶ 시레토코 크루즈 ▶ 시레토코 5호 여행 ▶ 푸유니미사키 ▶ 우토로 숙박
*삿포로 → 메만베쓰 공항(항공편) → 우토로(렌터카 110km, 버스 2시간)

Travel Tip
① 여름에는 크루즈 투어를 추천한다. 시레토코반도는 동해안의 라우스 고래 관찰선과 서해안의 우토로 관광
선 2곳의 주요 크루즈 투어가 있다. 바다에서 시레토코반도의 절벽과 폭포, 천혜의 자연경관을 감상할 수
있다.
② 시레토코 5호 지역에는 화장실, 자판기, 상점이 없다는 점을 기억하자.
③ 시레토코 5호의 대루프 투어 루트는 약 3km 코스로 완주하는 데 1시간 30분~3시간이 걸린다. 방문객들
은 5개의 호수를 모두 탐험할 수 있다. 소루프 투어 루트는 1호와 2호를 중심으로 길이 1.6km, 약 40분
~1시간 30분이면 완주할 수 있다. 선택한 경로와 상관없이 모든 참가자는 출발 전 10분 분량의 안전 브리
핑 비디오를 시청해야 한다. 영상에는 영어 자막이 포함되어 있다.
③ 가무이왓카 폭포는 온천수가 흐르는 20m 높이의 4단 폭포다. 낮은 곳에서 높은 곳으로 올라갈수록 온천
수 함량이 높아져 서서히 온도가 올라간다. 가무이왓카 폭포와 시레토코 5호 사이는 가깝지만, 이동할 수
있는 도로는 6월부터 10월까지만 개방된다. 성수기인 7~8월에는 셔틀버스를 타고 가야 하며 폭포 주변 하
이킹은 7~10월에만 가능하다. 2023년부터 사전 온라인 예약이 필수로 바뀌었다. 예약 사이트에서 준비
물, 복장, 경로 안내 등 자세한 정보를 제공한다.
④ 가무이왓카로 가는 길은 6월 1일부터 10월 2일까지 개방되지만 가무이왓카 폭포에 들어갈 수 있는 기간
은 7월 1일부터 10월 1일까지다. 7월 22일부터 8월 19일까지는 시레토코 네이처 센터에서 셔틀버스를 타
야 한다.

2일 마슈호·굿샤로호·아칸호

우토로 ▸ 하늘에 이르는 길 ▸ 이오산 ▸ 마슈호 전망대 ▸ 가와유 온천 ▸ 굿샤로호
▸ 비호로 고개 ▸ 아칸호 숙박

*우토로 → 마슈호(렌터카 96km)

Travel Tip

우토로에서 아칸호로 이동하는 루트에 하늘에 이르는 길, 마슈호, 이오산, 굿샤로호를 여행할 수 있다. 특히 굿샤로호의 전체 모습을 보려면 반드시 비호로 고개를 들러야 한다.

3일 구시로

아칸호 ▸ 구시로 습원

*아칸호 → 구시로(렌터카 1시간 25분) → 구시로 공항(렌터카 30분)

Travel Tip

① 풍요로운 어장이 있는 구시로에서는 구시로가 발상지인 '노바타야키', '잔기', '구시로 라멘' 등을 먹어보길 추천한다.

② 구시로 습원 관광 시즌은 봄부터 가을까지인 4월 하순~9월까지며 푸른 초목과 아름다운 꽃이 만개한 경치를 즐길 수 있는 6~7월이 베스트 시즌이다.

> **More & More**
> **겨울 여행 즐기기**
>
> 겨울에는 시레토코 유빙 워크에 참여하거나 아바시리 유빙 여행을 떠날 수 있다. 첫날은 우토로에서 숙박, 둘째 날은 아바시리에서 숙박하고 셋째 날 메만베쓰 공항에서 삿포로 혹은 도쿄나 오사카를 거쳐 귀국하자.
> 아바시리는 작은 도시라 현지인이 아니면 식당을 찾기가 쉽지 않다. 이럴 때는 아바시리 버스터미널 근처에 있는 미치노에키 유빙가도 아바시리 내 푸드코트를 추천한다. 오호츠크 유빙 카레가 맛있다.
> **1일:** 메만베쓰 공항 ▸ 아바시리 유빙선 ▸ 우토로항
> **2일:** 시레토코 유빙 워크 ▸ 아바시리 ▸ 메만베쓰 공항

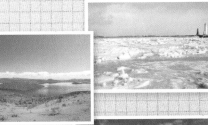

Try 4. 섬 여행 3박 4일 더하기
왓카나이, 리시리섬, 레분섬

1일 왓카나이

왓카나이 공항 ▶ 소야미사키 ▶ 소야 구릉 ▶ 노샷푸미사키 ▶ 왓카나이 숙박
*삿포로 → 왓카나이 공항(항공편) → 왓카나이(차 20분, 버스 30분)

Travel Tip
왓카나이 공항을 중심으로 오른쪽에 소야미사키가 있고 왼쪽에 왓카나이역과 노샷푸미사키가 있다. 왓카나이 공항에서 렌트를 해서 소야미사키를 먼저 간 뒤, 노샷푸미사키, 왓카나이 순으로 이동해야 효율적이다.

2일 리시리섬

리시리섬 오시도마리항 ▶ 페시미사키 ▶ 히메누마 ▶ 누마우라 전망대 ▶ 오타토마리누마
▶ 센호시미사키 ▶ 구즈가타미사키 ▶ 오시도마리항
*왓카나이 → 리시리섬(페리 1시간 40분)

Travel Tip
① 리시리섬을 차로 일주하는 데 약 1시간 남짓 소요되지만 리시리의 유명 스폿에서 사진을 찍거나 돌아보려면 적어도 반나절의 시간은 필요하다.
② 리시리섬의 동쪽 해안은 되도록 오전 중에 방문하자. 오전 중에는 동쪽에서부터 리시리산이 태양 빛에 물들어 아름답지만 오후에는 해가 서쪽으로 넘어가 역광 때문에 리시리산이 전반적으로 어둡게 보인다.

3일 레분섬

레분섬 가후카항 ▶ 쿠슈호 ▶ 가네다노미사키 ▶ 스코톤미사키
▶ 스카이미사키 ▶ 가후카항
*리시리섬 → 레분섬(페리 45분)

Travel Tip
레분섬은 가로 폭은 좁고 세로로 길게 늘어선 섬으로, 차로 여행하거나
트레킹을 하는 것이 일반적이다. 차로 여행하는 경우 서쪽 해안은 절벽
이 많아 도로가 없는 경우가 많고 가후카항을 기점으로 북쪽 방면으로
여행하는 것이 좋다.

More&More
트레킹을 한다면

관광안내소 혹은 레분섬 여행 참고
사이트에서 트레킹 지도를 다운받
아 사용하거나 가이드(일본어)와 함
께 여행할 수도 있다. 일본 본토에
서 해발 2,000m급 이상의 산에서
만 볼 수 있는 꽃들을 레분섬 트레
킹 코스 주변에서 바로 볼 수 있다.

4일 레분섬-왓카나이-삿포로

*레분섬 → 왓카나이(페리 1시간 55분)
→ 왓카나이 공항(차 20분, 버스 30분)

Mission in Hokkaido

홋카이도에서

해봐야 할

모든 것

홋카이도 꽃의 대지 BEST 4

1. 보랏빛 물결
팜 도미타 라벤더 p.189

다양한 색상의 꽃밭이 있는 후라노 지역에서도 최고의 인기를 자랑하는 라벤더밭. 맑고 상쾌한 푸른 하늘과 초여름 언덕으로 불어오는 바람에 물결치는 라벤더 풍경을 즐겨보자.

추천 시기 7월 중순~하순

2. 해바라기의 바다
호쿠류초 해바라기 마을 p.156

여름날, 화창한 전원 풍경에 둘러싸인 노란색 해바라기밭은 약 23만㎡로, 도쿄돔 5배의 넓이이다. 그 드넓은 언덕에 약 200만 그루의 해바라기가 피어나며 절경을 이룬다.

추천 시기 7월 하순~8월 중순

3. 꽃으로 만든 카펫
히가시모코토 시바자쿠라 공원 p.287

홋카이도 대지에 봄이 찾아올 무렵, 약 10만㎡ 넓이의 공원이 꽃잔디   추천 시기 **5월 중순~하순**
로 뒤덮여 아름다운 핑크빛으로 꾸며진다. 절구형으로 펼쳐진 경사면
전체를 물들이듯 활짝 피어 환상적인 풍경을 자아낸다.

4. 얼음으로 핀 꽃
아칸호의 프로스트 플라워 p.306

'서리꽃'으로 불리는 프로스트 플라워는 수증기가 식어 호수 위에 얼   추천 시기 **12월 하순~2월 하순**
어붙어 서서히 손바닥만 한 크기로 성장하는 얼음 결정체다. '겨울의
꽃'이라고도 불리며 매우 섬세해서 숨을 내쉬기만 해도 녹아버린다.
호수 바닥에서 솟아나는 온천의 영향으로 아칸호 일부가 얇게 결빙되
기 때문에 프로스트 플라워를 비교적 쉽게 볼 수 있다.

홋카이도 감동의 자연 BEST 5

1. 얼음의 세상
오호츠크해 유빙 p.284

오호츠크해를 가득 메운 유빙은 겨울에만 볼 수 있는 풍경이다. 쇄빙선을 타고 얼음에 잠긴 바다 사이를 헤치고 나아가며 대자연의 신비로움을 감상할 수 있다.

추천 시기 2~3월

2. 푸른빛의 신비
비에이의 아오이이케 p.178

푸른빛을 띤 물로 일약 인기 명소로 떠오른 아오이이케. 알루미늄을 함유한 지하수가 흘러들어 띠게 된 푸른색은 날이 갈수록 미묘하게 달라져 갈 때마다 다른 풍경과 다른 느낌을 받을 수 있다.

추천 시기 4~9월

3. 울긋불긋 단풍의 세계
다이세쓰산(구로다케)의 단풍 p.152

일본에서 가장 빨리 단풍이 든다는 다이세쓰산. 구로다케에서는 로프웨이나 전망대에서, 혹은 정상에서 산기슭에 걸쳐 서서히 단풍이 드는 아름다운 풍경을 즐길 수 있다.

추천 시기 8월 하순~10월 하순

4. 별빛이 내린다
비호로 고개의 밤하늘 p.314

비호로와 데시카가를 연결하는 국도 243호선 중간에 있는 고개. 해발 525m 정상 부근에 있는 전망대에서는 주위에 불빛이 없어 밤하늘에 가득 찬 별을 볼 수 있다.

추천 시기 4~9월

5. 세계자연유산을 보러 가자
시레토코 5호 p.294

시레토코 8경의 하나로 꼽히는 아름다운 호수. 멀리 우뚝 솟은 시레토코 연봉이 호수면에 비친다. 주위에는 산책로와 고가목도가 정비되어 있어 산책도 즐길 수 있다.

추천 시기 7~8월

아름다운 드라이브 길 BEST 5

1. 원시림이 펼쳐지는 절경
미쿠니 고개 p.357

도카치 지방과 가미카와 지방을 연결하는 최고점 1,139m, 홋카이도 국도에서 가장 높은 곳을 달리는 고개. 사시사철 웅장한 경치를 즐길 수 있다.

추천 시기 9월 하순~10월 상순

2. 시레토코 대자연 속을 달리는
시레토코 고개
p.299

시레토코반도의 샤리와 라우스를 연결하는 길이 27km의 고갯길. 정상의 시레토코 고개에서는 가까이에서 라우스산을 볼 수 있고 맑은 날에는 구나시리섬까지 보인다.

추천 시기 5월 하순~10월 하순

3. 목장과 가로수의 낭만 풍경
도카치 목장 자작나무 길 p.346

41km²의 광활한 목장 입구에 있는 약 1.3km의 자작나무 가로수길. 하얀 줄기와 초록 잎, 도카치 지방의 푸른 하늘의 대비가 아름답고 영화나 드라마 촬영지로도 사랑받는다.

추천 시기 6~10월

4. 언덕을 넘을 때마다 만나는 동화 속 풍경
비에이의 언덕
p.172

완만한 언덕과 밭이 빚어낸 그림 같은 풍경이 매력적이 비에이. 특히 심어진 작물마다 색감이 다른 패치워크 로드의 언덕 풍경을 돌아보는 드라이브를 즐겨보자.

추천 시기 7~9월

5. 바다를 바라보며 달리는 절경
오로론 라인 p.263

오타루에서 왓카나이시까지 해안선을 따라 이어지는 국도 231, 232호, 106호의 애칭으로 바닷가를 달리는 약 380km의 드라이브 코스. 파랗게 빛나는 바다와 거대한 풍차군, 대습원 등 볼거리가 가득하다.

추천 시기 7~9월

Mission 4

●

홋카이도 포토제닉 스폿

1. 보석 같은 불빛이 수놓은 시가지
하코다테의 야경 p.238

쓰가루 해협과 하코다테만에 낀 독특한 지형과 보석을 아로새긴 듯한
거리 불빛의 조합은 항구 도시 하코다테만의 특징이다. 연중 아름답지
만 공기가 맑은 겨울은 유난히 빛이 밝다.

추천 시기 11~2월

2. 홋카이도 최대 도시의 찬란한 야경
삿포로의 야경 p.94

'일본 신(新) 3대 야경'에 3기 연속 선출된 삿포로
야경. 모이와산과 삿포로 TV 타워, JR 타워 전망
대 등 전망 명소도 잘 갖춰져 있어 시내 곳곳에서
반짝이는 야경을 감상할 수 있다.

추천 시기 11~2월

3. 운하와 석조 창고의 레트로한 분위기
오타루 운하 p.116

오타루를 대표하는 관광명소로 운하를 따라 석조
창고가 이어져 향수를 불러일으키는 경관이 매력적
이다. 푸른 하늘이 수면에 비치는 여름은 물론, 일
루미네이션 행사가 열리는 겨울도 멋지다.

추천 시기 연중

4. 도시를 물들이는 세계 3대 석양
구시로 누사마이바시의 석양 p.335

일본 최대의 습원이 있는 구시로는 아름다운 석양
의 조건인 공기 중 수증기가 풍부하다. 특히 구시로
강에 놓인 누사마이바시에선 강의 수면을 붉게 물
들이며 가라앉는 황홀한 석양을 감상할 수 있다.

추천 시기 9~2월

5. 두 계절만 모습을 드러내는 다리
타우슈베츠교 p.344

1937년 철도 교량으로 만들어진 다리로, 겨울과 봄
을 제외하고 호수에 가라앉아 있어 환상의 다리라
고 불린다. 전망대에서의 견학 외 겨울엔 스노슈를
타고 근처까지 가는 투어도 있다.

추천 시기 1~5월

6. 산에서 내려다보는 웅장한 운해
호시노리조트 토마무 p.198

해발 1,088m의 운해 테라스에서는 기상 조건이 갖
춰진 이른 아침, 웅장한 운해를 조망할 수 있다.
3층짜리 전망대 외 Cloud Pool 등 6개의 전망 데크
가 있어 운해를 다양한 스타일로 즐길 수 있다.

추천 시기 5~10월

홋카이도에서 꼭 먹어야 할 음식

1. 라멘

홋카이도 내 각 지역에는 가게별로 특색 있는 다양한 메뉴가 있으나 맛의 기본은 된장(미소), 간장(쇼유), 소금(시오) 세 가지다. 우선 미소 라멘의 대표 도시는 삿포로다. 된장 맛 국물이 굵고 쫄깃쫄깃한 면발과 한데 어우러져 깊은 맛을 즐길 수 있다. 쇼유 라멘의 대표 도시는 아사히카와와 구시로다. 대부분의 가게에서 해산물로 육수를 내 기름진 맛 속에서도 부드러움이 살아있다. 마지막 시오 라멘은 하코다테가 대표적이다.

2. 게   日本語 카니

홋카이도는 게 어획량이 일본의 다른 지역과 비교해 월등히 높고 홋카이도에서 빼놓을 수 없는 식재료다. 이곳을 대표하는 게라고 하면 털게, 바다참게, 소라게와 가시투성왕게가 있다. 가시투성왕게는 홋카이도 동쪽 네무로 지방에서만 잡히는데 잡히는 시기가 한정적인 데다 어획량도 적어 희소성이 있고, 표면에 가시가 돋아 있는 게 특징이다. 털게는 단맛이 강하고 제대로 된 식감을 느낄 수 있다. 소금을 넣고 삶는 것과 구워서 먹는 것이 일반적이다. 바다참게는 고급스러운 단맛과 섬세한 맛이 특징. 소라게는 굉장히 크다. 겨울철 미각의 왕으로 불릴 정도로 인기가 높고 고상한 단맛이 특징이다. 찌거나 끓인 물에 살짝 담갔다가 먹는 게 일반적이다.

3. 징기스칸

홋카이도를 대표하는 요리 중 잊어선 안 되는 게 바로 징기스칸이다. 가운데가 불룩한 철제 냄비에 양고기를 올려 채소와 함께 구워 먹는다. 양고기는 성장 단계의 차이에 따라 생후 2년 이상 된 양을 머튼 Mutton, 생후 12개월 미만의 어린 양을 램Lamb이라고 부른다. 징기스칸을 먹는 방법은 크게 두 가지가 있다. 소스를 묻혀 구워 먹거나 생 양고기를 구워서 소스에 찍어 먹는다.

4. 맥주   日本語 비루

홋카이도에서 주류 중 가장 유명한 건 역시 맥주다. 일본에서 맥주라고 하면 차갑게 한 생맥주가 메인이다. 홋카이도는 청량한 기후, 양질의 홉Hop이 생산되고 있어 일본의 최대 맥주 회사 모두가 홋카이도에 공장을 두고 있다. 이러한 맥주 공장들은 견학도 가능하고 막 제조한 맥주와 함께 징기스칸을 즐길 수 있는 레스토랑을 운영하는 곳도 있다. 홋카이도에서는 맥주와 사케뿐 아니라 와인용 포도를 기르는 농장과 위스키 양조장도 있으며 시음 등도 가능하다.

5. 스위츠

홋카이도는 우유와 버터, 치즈 등 일본 제일의 유제품 생산량을 자랑한다. 이러한 자원의 혜택으로 다양한 스위츠 제품을 맛볼 수 있는데, 가장 대표적인 것은 소프트크림이다. 홋카이도 각 지역에는 그 고장의 특산물인 과일이나 채소 맛이 나는 다양한 메뉴가 갖춰져 있으며 이러한 소프트크림을 맛보러 여행하는 사람들이 있을 정도로 인기가 많다. 물론 케이크와 쿠키, 푸딩 종류도 다양하다. 특히 기타카로의 C컵 유키푸딩은 홋카이도의 겨울 이미지와 맞물려 큰 인기를 끌고 있다.

6. 로컬 푸드

'음식의 왕국'이라 불리는 홋카이도에 걸맞게 각 지역에는 그 고장의 특색 있는 메뉴가 많다. 이것을 보통 향토 요리라 하는데, 홋카이도 중부는 비바이 꼬치구이와 무로란의 카레 라멘 등을 들 수 있다. 북쪽 지역은 후라노의 오므 카레와 비에이의 카레 우동, 동쪽 지역에서는 기타미의 야키니쿠, 오비히로의 부타동 등 다 열거할 수 없을 만큼 다양하다.

7. 수프 카레

여러 가지 향신료를 사용한 묽은 국물에 해산물, 채소 등의 다양한 재료가 들어가는 음식이다. 홋카이도의 삿포로시에서 처음 생겼으며, 동남아 등지의 묽은 커리를 참고해서 만들어진 요리로, 현재는 홋카이도를 대표하는 음식이 되었다.

8. 해산물

홋카이도에선 맛있고 신선한 해산물을 1년 내내 즐길 수 있다. 게는 물론 새우, 성게, 이크라, 가리비, 제철 생선, 건어물에 해초, 가공품 등 그 맛도 다종, 다양하다. 남쪽 지역인 하코다테는 오징어, 서쪽 지역 샤코탄과 북쪽 지역 리시리는 성게, 중앙의 무카와는 바다빙어, 앗케시의 굴, 네무로의 꽁치 등 어장에 따라 '명물'이라 불리는 것이 있기 때문에 방문지에서 다양한 해산물을 즐겨보자.

9. 농축산물

홋카이도의 농축산물은 영양이 듬뿍 담긴 감자와 옥수수, 아스파라거스 등이 그 대표 격이고 부드럽고 맛있는 고기와 베이컨, 소시지 같은 가공품도 종류가 풍부하다. 맛과 질이 좋아서 홋카이도 내 레스토랑 등에서도 홋카이도의 식재료를 적극적으로 사용한다. 삿포로의 오도리 공원에서는 초여름부터 늦은 가을에 걸쳐 옥수수를 수레에 실어 판매하기도 한다.

홋카이도 추천 드라이브 코스

홋카이도는 여행지가 넓은 면적에 흩어져 있고 JR을 비롯한 공공교통은 점차 줄어드는 추세이기 때문에 렌터카 여행의 비중이 높을 수밖에 없다. 첫 여행이 아니라면 삿포로에서 출발하는 것보다 각 지역 공항에서 출발하는 것도 고려해 보자. 왓카나이와 리시리, 레분섬 지역은 왓카나이 공항을 이용하여 바로 이동할 수 있고, 아바시리, 시레토코반도 등은 메만베쓰 공항을, 구시로 습원과 네무로반도 여행은 구시로 공항을, 도카치 지역은 오비히로 공항을 이용하면 좀 더 편리하게 여행할 수 있다.

Course 1 : 당일 코스
삿포로-오타루-샤코탄-삿포로

삿포로에서 출발해서 오타루, 위스키 증류소가 있는 요이치, 샤코탄반도로 이어지는 해안선, 오타루 운하를 돌아보는 하루 코스. 계절과 시간대에 따라 여러 여행지를 추가해도 되지만 전체적으로 시간이 빠듯한 일정이다. 오타루를 숙박지로 정한다면 오타루 수족관이나 덴구산 로프웨이 등도 추가할 수 있다.

베스트 시즌 : **여름**
푸른 바다를 바라보며 상쾌한 드라이브를 즐길 수 있고, 6~8월에는 샤코탄반도의 성게잡이가 한창때라 감칠맛이 가득한 성게를 먹을 수 있다.

삿포로역 출발 ▶ 1시간 소요 ▶ **닛카 위스키 요이치 증류소(40분)** ▶ 15분 소요 ▶ **에비스 바위(20분)** ▶ 40분 소요
▶ **시마무이 해안(40분)** ▶ 20분 소요 ▶ **가무이미사키(1시간)** ▶ 16분 소요 ▶ **나카무라야(1시간)** ▶ 1시간 15분 소요
▶ **오타루 운하(3시간)** ▶ 40분 소요 ▶ **삿포로역**

Course 2 : 1박 2일
삿포로-노보리베츠-도야호-삿포로

홋카이도에서 가장 유명한 온천인 노보리베츠 온천과 그 주변을 돌아본 뒤, 도야호를 거쳐 삿포로 혹은 신치토세 공항으로 돌아오는 코스. 삿포로에서 출발해서 노보리베츠에서 숙박한 다음, 지큐미사키를 비롯한 무로란 8경을 전체 혹은 일부 돌아본 뒤, 도야호를 거쳐 삿포로로 돌아오는 일정이다. 신치토세 공항에서 출발할 수도 있고 또는 공항에서 가까운 시코쓰로를 거쳐 도야로 이동할 수도 있다.

베스트 시즌 : **봄, 여름**
JR 노보리베츠역에서 노보리베츠 온천으로 가는 도도(道道) 2호선의 약 8km 사이에 심어진 2,000그루의 빛나무가 5월 중·하순에 절정을 이룬다. 도야호에서는 4월 하순부터 10월까지 매일 20:45부터 20분간 불꽃놀이를 개최한다.

1일 **삿포로역 출발** ▶ 1시간 30분 소요 ▶ **노보리베츠 온천(지옥계곡, 오유누마, 노보리베츠 다테지다이무라 여행 후 숙박)**

2일 **노보리베츠 온천** ▶ 50분 소요 ▶ **지큐미사키(1시간)** ▶ 50분 소요
▶ **도야호 온천(도야호 기선 탑승 2시간)** ▶ 2시간 20분 소요 ▶ **삿포로**

Course 3 : 1박 2일
아사히카와-후라노-비에이-아사히카와

가장 대중적인 드라이브 코스로 아사히카와에서 출발해서 후라노와
비에이를 여행하는 코스. 삿포로에서 출발한다면 미카사 IC까지 고속
도로를 이용하고 이후 도도 165호, 국도 452호선을 이용해서 후라노까
지 바로 갈 수 있다. 이 경우 후라노 와인 공장, 캄파나 롯카테이 등을
들른 다음 비에이로 이동하여 돌아보고, 다시 후라노의 닌그루 테라스
를 마지막으로 둘러본 뒤 삿포로로 이동하면 된다.

베스트 시즌 : **여름**
7월은 라벤더를 비롯해 다양한
꽃들이 절정에 이르러 아름다운
꽃밭을 볼 수 있다.

1일 **아사히카와역** ▶ 30분 소요 ▶ **켄과 메리의 나무(패치워크 코스 2시간)** ▶ 15분 소요 ▶ **비에이역(점심 식사
1시간)** ▶ 10분 소요 ▶ **크리스마스트리 나무(파노라마 코스 2시간)** ▶ 20~30분 소요 ▶ **아오이이케(30분)**
▶ 5분 소요 ▶ **시로가네 온천 흰수염 폭포(30분)** ▶ **비에이나 후라노 숙박**

2일 **비에이역** ▶ 10분 소요 ▶ **시키사이 언덕(1시간)** ▶ 30분 소요 ▶ **팜 도미타(1시간~1시간 30분)** ▶ 15분 소요
▶ **후라노 와인 공장(30분)** ▶ 12분 소요 ▶ **닌그루 테라스(1시간)** ▶ 1시간 10분 소요 ▶ **아사히카와역**

Course 4 : 1박 2일
아사히카와-루모이-왓카나이-아사히카와

아사히카와에서 출발, 루모이로 이동하여 오로론 라인을 따라 왓카나
이까지 여행한다. 왓카나이에서 다시 몬베쓰 방향으로 이동, 에사누카
선을 따라가다 다시 나요로, 아사히카와로 돌아오는 코스. 아름다운 해
안선과 드라이브 코스로 유명한 곳들, 최북단의 도시 왓카나이 지역을
여행할 수 있다. 오로론 라인을 따라가면 곳곳에 뷰포인트가 있고 오톤
루이 풍차군이 숨은 명소이며 5~9월의 습원 식물이 피는 사로베쓰 습
원도 볼만하다. 주행거리가 상당하므로 아침 일찍 출발해야 한다.

베스트 시즌 : **여름**
7~9월에 홋카이도의 유명한 드라이브
코스인 오로론 라인과 에사누카선,
그리고 최북단 왓카나이의 노샷푸미사키,
소야미사키를 돌아볼 수 있다.
아사히카와로 돌아오는 코스에 굿샤로호,
나요로의 해바라기밭도 볼 수 있다.

1일 **아사히카와역** ▶ 1시간 20분 소요 ▶ **오곤미사키(30~40분)** ▶ 2시간 15분 소요 ▶ **오톤루이 풍차군(30분)** ▶
20분 소요 ▶ **사로베쓰 습원(30분)** ▶ 50분 소요 ▶ **노샷푸미사키(1시간)** ▶ 10분 소요 ▶ **왓카나이시**

2일 **왓카나이** ▶ 40분 소요 ▶ **소야미사키(1시간)** ▶ 40분 소요 ▶ **에사누카선** ▶ 30분 소요 ▶ **굿샤로호(40분)** ▶
1시간 50분 소요 ▶ **나요로 해바라기밭 MOA(40분)** ▶ 1시간 30분 소요 ▶ **아사히카와**

Course 5 : 1박 2일
아사히카와-소운쿄-시카리베쓰호-오비히로

홋카이도 중앙부의 다이세쓰 국립공원의 핵심인 소운쿄를 여행한 뒤 도카치 지방의 오비히로까지 여행하는 코스. 봄부터 겨울까지 여행 가능하다. 미쿠니 터널 남쪽 국도 273호는 도로 양쪽에 자작나무 숲이 아름다운 구간이다. 시카오이鹿追에서 시호로士幌 사이 구간 국도 274호는 홋카이도다운 직선 도로가 계속된다.

1일 **아사히카와** ▶ 1시간 10분 소요 ▶ **다이세쓰 숲의 정원(1시간)** ▶ 35분 소요 ▶ **소운쿄 구로다케 로프웨이(2시간)** ▶ 5분 소요 ▶ **은하 폭포 · 유성 폭포** ▶ **소운쿄 숙박**

2일 **소운쿄 온천** ▶ 10분 소요 ▶ **오바코(30분)** ▶ 35분 소요 ▶ **미쿠니 고개 전망대(30분)** ▶ 40분 소요 ▶ **타우슈베츠교 전망대(30분)** ▶ 40분 소요 ▶ **시카리베쓰호(30분)** ▶ 40분 소요 ▶ **도카치 목장 자작나무 길(30분)** ▶ 30분 소요 ▶ **오비히로역**

베스트 시즌 : **봄, 가을, 겨울**
홋카이도 가든 가도에 있는 다이세쓰 숲의 정원은 4월 하순부터 입장할 수 있고 9월 중순에 다이세쓰산의 단풍이 절정에 이른다. 또 소운쿄의 단풍은 10월 상순에서 중순이 절정이며, 미쿠니 고개와 도카치 지역은 신록이 푸르른 여름과 초가을까지 여행하기 좋다. 겨울 시즌에는 소운쿄 빙폭 축제가 개최된다.

Course 6 : 당일 코스
구시로-구시로 습원-마슈호-굿샤로호-구시로

일본 최대 크기의 구시로 습원을 동서 양방향으로 돌아보는 코스다. 구시로역에서 출발해서 구시로 습원을 가로질러 마슈호, 굿샤로호를 거쳐 아바시리나 시레토코 방향으로 이동할 수도 있다.

구시로역 ▶ 30분 소요 ▶ **구시로 습원 전망대(1시간)** ▶ 20분 소요 ▶ **오토와바시(1시간)** ▶ 1시간 소요 ▶ **900초원(30분)** ▶ 20분 소요 ▶ **굿샤로호 온천(30분)** ▶ 1시간 20분 소요 ▶ **호소오카 전망대(50분)** ▶ 30분 소요 ▶ **구시로역**

베스트 시즌 : **여름, 가을**
5월 하순에서 10월 말이 여행하기 좋은 계절이다. 녹음이 우거진 구시로 습원과 900초원 등이 볼만하며, 구시로 습원에서는 10월 상순에서 중순경 단풍이 절정이다.

Course 7 : 당일 코스
구시로-앗케시-하마나카-네무로-구시로

구시로에서 최동단의 노샷푸미사키를 목표로 습원과 곶을 돌면서 구시로로 되돌아오는 코스. 이 코스는 갈 때와 올 때 다른 길을 이용하는데 앗케시에서 국도 44호선을 따라 라쿠노 전망대, 후렌호를 거쳐 노샷푸미사키로 갈 수도 있다. 네무로반도 북쪽 해안 노선은 고지대를 달리는 길로 목가적인 풍경을 즐길 수 있다.

베스트 시즌 : **여름**
기리탓푸미사키가 있는 하마나카는 8월에 아름다운 야생화가 피어나고 비와세, 기리탓푸 습원의 풍경도 볼 수 있다.

구시로역 ▶ 1시간 5분 소요 ▶ **아이캇푸미사키(30분)** ▶ 50분 소요 ▶ **기리탓푸미사키(30분)** ▶ 1시간 소요 ▶ **네무로 구루마이시(30분)** ▶ 35분 소요 ▶ **노샷푸미사키(1시간)** ▶ 42분 소요 ▶ **후렌호(30분)** ▶ 35분 소요 ▶ **라쿠노 전망대(30분)** ▶ 1시간 15분 소요 ▶ **구시로역**

Course 8 : 1박 2일
아바시리-시레토코반도-아바시리

아바시리 시가지와 고시미즈초, 우토로를 거쳐 시레토코 5호, 시레토코 고개를 거쳐 다시 아바시리로 돌아오는 코스로 여름과 초가을의 풍경이 아름답다. 2일째는 첫째 날보다 관광과 주행 시간이 길기 때문에 아침 일찍 출발해야 한다.

베스트 시즌 : **여름, 겨울**
고시미즈 원생화원은 6~8월에 걸쳐 다양한 꽃을 볼 수 있다. 특히 6월 하순~7월 중순이 야생화가 가장 예쁜 시기이며, 시레토코 5호를 여행하기에도 좋다. 겨울엔 아바시리, 우토로에서 오호츠크해의 유빙을 볼 수 있다. 2월 상순~3월 상순경에 해안에 닿는데 이때 유빙 위를 걷는 투어도 할 수 있다.

1일 **아바시리역** ▶ 10분 ▶ **박물관 아바시리 감옥(1시간)** ▶ 30분 소요 ▶ **고시미즈 원생화원(50분)** ▶ 1시간 10분 소요 ▶ **오신코신 폭포(30분)** ▶ 10분 소요 ▶ **유히다이(30분)** ▶ **우토로 숙박**

2일 **우토로** ▶ 7분 소요 ▶ **시레토코 네이처 센터(40분)** ▶ 15분 소요 ▶ **시레토코 5호(3시간)** ▶ 30분 소요 ▶ **시레토코 고개(15분)** ▶ 45분 소요 ▶ **하늘에 이르는 길(40분)** ▶ 1시간 소요 ▶ **아바시리**

홋카이도에서 즐기는 겨울 스포츠

홋카이도는 겨울 스포츠를 즐기는 최고의 놀이터나 다름없다. 특히 스키장은 위치나 설비 면에서도 완벽에 가까워 공기처럼 가벼운 눈 위를 활강할 수 있어 최고의 만족도를 선사한다. 스키어나 스노보더들에게 겨울 시즌의 홋카이도는 천국과도 같은 곳. 다양한 규모의 스키장에서 한겨울부터 5월까지 스키나 스노보드를 즐길 수 있으니 여행 일정에 따라 선택하자. 스키 시즌에는 리조트와 공항 등을 잇는 셔틀버스를 운행하기도 한다.

니세코 그랜드 히라후 ニセコ東急 グラン・ヒラフ

니세코에 있는 스키장 중에서도 규모가 크며 다양한 코스를 보유하고 있다. 프로들도 애용할 정도로 최상의 설질을 갖추었고 코스 구성도 매우 다채롭다. 코스가 오픈으로 설정되어 있어 겔렌데라고 하기보다 산을 활주하는 느낌이 들어 자연을 더 가깝게 즐길 수 있다. 눈의 깊이와 파우더 스노의 감촉은 홋카이도의 스키장 중 이곳이 최고라는 평을 듣게 해준 일등공신이다. 날씨가 좋은 날에는 바로 정면의 요테이산을 바라보며 나무 한 그루 없는 대사면을 활주할 수 있어 특별한 다이내믹함을 만끽할 수 있다.

위치 오타루역에서 차로 1시간 30분.
삿포로와 신치토세 공항에서
주오버스(니세코버스) 운행
홈피 www.grand-hirafu.jp/winter/

키로로 스키 리조트 キロロリゾート

아이누어로 '마음'이라는 뜻을 지닌 리조트로 깊은 숲속에 위치한다. 조용하고 평온한 분위기로 재방문율이 높으며 적설량이 안정적이라 오후 늦게까지도 눈이 쌓여 있다. 해발 1,180m에 위치하며 최상의 설질을 자랑한다. 아사히다케와 나가미네, 요이치다케 3개의 구역으로 나뉘며 4,010m의 크루징을 즐길 수 있는 키로로 그랜드 라인과 2종류의 설면을 즐길 수 있는 키로로 파우더 라인이 인기다.

위치 오타루역에서 차로 40분, 또는 오타루(오타루에키마에도리小樽駅前通 정류장)에서
키로로 라이너 이용(예약제)
홈피 www.kiroro.co.jp/ja

삿포로 테이네 스키장

Sapporoteine Ski Area

하이랜드존과 올림피아존 2개의
구역으로 나뉜다. 1,023m의 테이
네산 상부에 있는 하이랜드존에
는 1972년 삿포로올림픽의 무대였
던 '여자 대회전 코스'를 비롯하여
'남녀 회전 코스'가 있으며 급경사
를 자랑하는 기타카베 코스 등 전
문가용 코스가 인기다. 또 테이네
산 중간에 위치한 올림피아존은
초보자도 안심하고 활주할 수 있
는 시라카바 선샤인 코스를 비롯
해 어린이들을 위한 각종 놀이시
설을 갖추고 있다. 레인보우 코스
는 올림피아존과 하이랜드존을 잇
고 이 역시 초보자도 즐길 수 있
다. 산 정상의 내추럴 코스에서 레
인보우 코스를 활주하면 전체 길
이가 6,000m에 달하는 장거리 활
주도 할 수 있다.

위치 신치토세 공항에서 차로 1시간,
　　　삿포로 시내에서 차로 40분
홈피 sapporo-teine.com/snow/lang
　　　/ko

More&More
초심자를 위한 삿포로의 스키장

삿포로에는 테이네 스키장 외에도 초심자에게 추천할 만한 스키장들이 있다.

삿포로 고쿠사이 스키장 札幌国際スキー場
폭 100m 이상의 패밀리 코스를 비롯해 총 7개 코스가 있다. 리프트를 타기
전 스노 에스컬레이터를 이용해 완만한 경사에서 연습도 가능하다.
위치 삿포로역에서 버스로 1시간 30분, 삿포로고쿠사이스키죠
　　　札幌国際スキー場 하차
홈피 www.sapporo-kokusai.jp/ko

다키노 스노 월드 滝野スノーワールド
아이들이 놀기에 적격인 스노 파크. 리프트 속도도 느리고 완만한 슬로프는
초보자들도 쉽게 이용할 수 있다. 튜브 썰매도 즐길 수 있다.
위치 삿포로 지하철 난보쿠센 마코마나이역에서 주오버스로 30~35분,
　　　스즈란코엔케이류구치すずらん公園渓流口 또는 스즈란코엔주오구치
　　　すずらん公園中央口, 스즈란코엔히가시구치すずらん公園東口 하차
홈피 www.takinopark.com/snowworldtop

루스츠리조트 스키장 ルスツリゾートスキー場

홋카이도 최대급 스케일을 자랑하는 스키 리조트로, 3개의 산(마운틴
이조라, 이스트 마운틴, 웨스트 마운틴)으로 구성되어 있다. 홋카이도
에서도 상위에 드는 설질을 만끽할 수 있는 비압설 코스를 비롯해 다
양한 코스를 갖추고 있다. 웨스트 마운틴은 완·중·급사면의 밸런스
가 좋으며, 코스 레이아웃도 다채롭다. 또 스노보드 프리덤 파크는 보
더들에게 주목받는 곳인데 실력에 자신 있다면 이스트 마운틴의 슈퍼
이스트 코스를 추천한다. 마운틴 이조라에서는 도야호와 우스산, 요테
이산의 웅장한 모습을 바라보며 2,700m의 롱 코스를 활주할 수 있는
헤븐리뷰 코스가 좋다. 리조트 내에도 실내 풀과 일루미네이션, 다양한
레스토랑, 숍 등 스키 외의 즐거움으로 가득 차 있다.

위치 신치토세 공항 또는 삿포로 시내에서 차로 1시간 30분.
　　　삿포로 시내 카모리 빌딩에서 무료 셔틀버스 이용(예약제)
홈피 rusutsu.com/ko/rusutsu-in-winter/

후라노 스키장 富良野スキー場

양질의 눈과 풍부한 코스 변화가 매력적인 리조트 타입 스키장이다. 겔렌데는 신후라노 프린스 호텔 측의 후라노존과 구후라노 프린스 호텔 측의 기타노미네존 두 구역으로 나뉜다. 정상에서 공동 트레일을 이용하면 양쪽을 다 즐길 수 있다. 완급 밸런스가 좋은 롱 코스가 이어져 각자의 레벨에 맞춰 스키를 즐길 수 있다. 다양한 즐길 거리가 갖춰져 있으며, 101인승 로프웨이를 타면 도카치다케와 다이세쓰산의 웅대한 경치를 즐길 수 있다.

위치 후라노역에서 버스 또는 택시로 10~20분.
     신치토세 공항에서 차로 2시간
홈피 www.princehotels.com/ko/ski/furano/index.html

사호로리조트 스키장 Sahoro Resort Ski Area

카누와 승마, 골프 등 다양한 액티비티를 즐길 수 있는 대형 리조트 속 스키장이다. 지형의 특색을 살린 다채로운 코스 레이아웃을 자랑한다. 능선 부분은 폭이 넓고 완만한 롱 코스이고, 골짜기 쪽을 향하는 측면은 급경사면의 챌린지 코스로 되어 있어 초급자에서 상급자까지 모두가 즐길 수 있다. 가장 인기 있는 코스는 3,000m의 롱런을 즐길 수 있는 노스 애비뉴. 도카치 평야를 바라보면서 중사면의 플랫 코스가 이어지는 상쾌한 스킹을 즐길 수 있다. 최대 경사 39도의 노스웨이 코스는 모굴 연습이나 한 단계 높은 활주를 목표로 하기에 좋다.

위치 오비히로에서 차로 1시간.
     신치토세 공항 '클럽메드 카운터'
     에서 직행버스 이용(예약제)
홈피 sahoro.co.jp

호시노리조트 토마무
星野リゾートトマムスキー場

웅대한 자연에 둘러싸인 산악 리조트만의 역동적인 겔렌데다. 설질도 뛰어나 활주를 만끽할 수 있다. 최고 경사도가 35도인 노 그래비티 코스는 표고가 높기 때문에 가장 부드러운 설질을 즐길 수 있다. 또 곤돌라로 한 번에 산 정상에 올라갈 수 있는 실버벨은 경관이 훌륭하다. 코스의 폭이 좁지만 초보자도 안심하고 탈 수 있다. 제6 리프트 옆의 아스펜번은 짧은 코스이면서 경사 변화가 다채로워 연습에 안성맞춤이다. 코스 배분이 잘되어 있으므로 자신의 레벨에 맞는 곳을 선택하여 즐기도록 하자.

위치 오비히로역 또는 삿포로역에서 JR 특급열차로
     토마무역 하차 후 셔틀버스 이용
홈피 www.snowtomamu.jp/winter

홋카이도 주요 도시의 숙소

1. 삿포로

시티호텔과 비즈니스호텔이 대부분으로 삿포로역과 오도리 공원, 스스키노 사이에 포진해 있다. 다른 도시로의 이동이 잦다면 삿포로역 부근에 묵는 게 편리하다.

더 로열 파크 캔버스 삿포로 오도리 공원

ザロイヤルパーク キャンバス 札幌大通公園

삿포로 TV 타워 바로 앞, 오도리 공원의 전망이 매력적인 호텔. 홋카이도를 체감하게 한다는 콘셉트 아래 홋카이도산 목재를 사용한 건물이나 홋카이도산 재료를 듬뿍 사용한 아침 식사도 유명하다. 옥상에서는 TV 타워를 바라보며 모닥불도 피운다.

위치	지하철 오도리역 23번 출구에서 바로
요금	20,000엔~
전화	011-208-1555
홈피	www.royalparkhotels.co.jp /canvas/sapporoodoripark

온센 료칸 유엔 삿포로 ONSEN RYOKAN 由縁札幌園

도심 속에서 천연 온천을 즐길 수 있는 료칸이란 콘셉트로 2020년에 개관했다. 전통적인 여관 구조로 되어 있어 색다른 기분으로 숙박할 수 있다. 노보리베츠 카루루스 온천의 원천수를 흘려보내는 대욕탕과 홋카이도산 식재료를 쓰는 레스토랑이 있다.

위치	지하철 오도리역 1번 출구에서 도보 8분
요금	23,000엔~
전화	011-271-1126
홈피	www.uds-hotels.com/yuen /sapporo

호텔 게이한 삿포로 ホテル京阪札幌

세련된 디자인의 외관과 실내가 돋보이며 비즈니스
호텔치고 방이 조금 넓은 편이다. 대욕탕을 갖추었
으며 스태프들의 영어 실력이 뛰어나다. 조식은 빵
과 감자, 베이컨 등이 나오는 평범한 비즈니스호텔
뷔페식이며, 삿포로역과도 가깝다.

위치 JR 삿포로역 니시구치西口 에서 도보 5분
요금 7,000~8,000엔   전화 011-758-0321
홈피 www.hotelkeihan.co.jp/sapporo

더 놋 삿포로 THE KNOT SAPPORO

다누키코지와 스스키노와 가깝고 삿포로 지하상가
와도 바로 연결된다. 객실은 홋카이도 도난 지방의
삼나무와 삿포로 연석을 사용하여 분위기를 살렸다.
각 계절에 맞는 홋카이도산 식재료를 담은 일식과
서양식이 혼합된 조식으로 유명하다.

위치 지하철 스스키노역 1번 출구에서 도보 3분
요금 15,400엔~   전화 0570-001-415
홈피 hotel-the-knot.jp/sapporo

머큐어 호텔 삿포로 メルキュールホテル札幌

전형적인 비즈니스호텔에서 벗어나 편안한 분위기를 원하는 이들에게
적당하다. 1, 2층은 식당가와 상점가, 3층부터가 호텔 객실이다. 스스키
노와 오도리 공원, 나카지마 공원 등 삿포로 시내의 주요 관광지로의
접근성이 뛰어나다.

위치 지하철 스스키노역 3번 출구에서
     도보 2분
요금 11,000엔~
전화 011-513-1100
홈피 mercuresapporo.jp

스스키노 그랑벨 호텔

すすきのグランベルホテル

편의와 편안함을 갖춘 호텔. 4가지 타입의 객실로 다양한 욕구를 충족시켜준다. 홋카이도산 식재료를 듬뿍 쓴 조식 뷔페, 홋카이도산 메밀과 현지 술을 즐길 수 있는 디너도 준비되어 있다.

위치 지하철 스스키노역 4번 출구에서 도보 3분
요금 13,000엔~   전화 011-252-7403
홈피 www.granbellhotel.jp/susukino

크로스 호텔 삿포로 クロスホテル札幌

모던하고 스타일리시한 공간이 돋보인다. 일반 비즈니스호텔과 비교해 숙박료가 부담스럽지만 삿포로역과 오도리 공원 사이에 위치하여 역과 주요 관광지로의 이동성도 나쁘지 않다. 18층에서 온천을 즐길 수 있으며 조식도 괜찮은 편이다.

위치 JR 삿포로역 미나미구치南口에서 도보 10분
요금 18,000~20,000엔   전화 011-272-0010
홈피 www.crosshotel.com/sapporo

JR 인 삿포로 JRイン札幌

삿포로역과 매우 가깝게 자리한 전형적인 비즈니스호텔. 내부는 깨끗한 편이고 조식은 빵과 우유, 커피로 구성된 가벼운 스타일이다. 역과 가까워 기차 소리가 들리는 방도 있다. 체크아웃 시간이 10:00로 이른 편이다.

위치 JR 삿포로역 니시구치西口에서 도보 4분
요금 8,000~10,000엔   전화 011-233-3008
홈피 www.jr-inn.jp/sapporo

미츠이 가든 호텔 삿포로

三井ガーデンホテル札幌

삿포로역에서 도보 4분 거리에 자리한다. 대체로 깨끗한 편이며 온천도 이용할 수 있다. 다만 방이 조금 좁다는 게 단점이다. 호텔 예약 대행 사이트보다 가든 호텔 사이트에서 회원가입을 하고 예약하면 숙박료를 아낄 수 있다.

위치 JR 삿포로역 니시구치西口에서 도보 4분
요금 10,000~13,000엔   전화 011-280-1131
홈피 www.gardenhotels.co.jp/sapporo

2. 오타루

주요 호텔 대부분이 운하 주변에 위치한다. 삿포로와 비교하면 호텔 수도 적고 시설도 낙후된 편이다. 오타루에 오래 머무는 게 아니라면 이곳에서의 숙박은 피하는 게 좋다.

오모5 오타루 OMO5小樽

오타루의 역사적 건조물이 모여 있는 '북의 월가' 지역의 구 오타루 상공회의소를 리노베이션했다. OMO 카페&다이닝은 상공회의소의 대회의실이었던 장소를 개조했으며 스페인 요리를 제공하고 있다.

위치　JR 오타루역에서 도보 9분
요금　16,000엔~　　　　전화　050-3134-8095
홈피　hoshinoresorts.com/ja/hotels/omo5otaru/

도미 인 프리미엄 오타루
ドーミーインPremium小樽

오타루역 바로 앞에 있어 주요 관광지로의 접근성은 다소 떨어지지만, 비즈니스호텔에서 온천을 즐길 수 있다는 것이 장점이다.

위치　JR 오타루역 세이몬正門 출구에서 도보 2분
요금　10,000엔~　　　　전화　0134-21-5489
홈피　www.hotespa.net/hotels/otaru

언와인드 호텔&바 오타루
Unwind Hotel&Bar Otaru

1931년에 건축된 호텔 건물을 리노베이션한 호텔이다. 외관은 옛 모습이지만 내부는 현대적으로 재구성했다. 저녁 시간에는 와인을 무료 제공하고 아침 식사는 특색있게 '모닝 하이 티'로 구성되어 있다.

위치　JR 오타루역에서 도보 10분
요금　10,000엔~　　　　전화　0134-64-5810
홈피　www.livelyhotels.com/en/unwindotaru/

오타루 후루카와 おたるふる

운하를 비추는 가스등이 아름답게 보이는, 오타루 운하 앞에 자리한 료칸. 객실뿐만 아니라 식사하는 공간에서도 오타루 운하를 내려다볼 수 있다. 겨울날 눈을 맞으며 노천온천도 즐길 수 있다. 옛 일본의 거리 풍경이 남아 있는 사카이마치와 오르골당까지의 여행이 순조롭다.

위치　JR 오타루역에서 도보 13분, 택시 5분
요금　트윈 46,000엔~　　　전화　0134-29-2345
홈피　www.otaru-furukawa.com

3. 하코다테

주요 숙소는 하코다테역 부근에 위치한다. 시내에 저렴한 펜션들도 많아 선택의 폭이 넓은 편이다. 온천과 일본 전통 여관을 원한다면 유노카와 온천을 선택하자.

컴포트 호텔 하코다테
コンフォートホテル函館

하코다테역 바로 앞에 있는 전형적인 비즈니스호텔이다. 일본 각지에 체인을 둔 컴포트 호텔의 하코다테 체인점으로 1인 여행자들이 쉬어 갈 수 있는 숙소로 적절하다. 하코다테역 근처에 있어 이동하기에도 편리하다.

위치 JR 하코다테역 미나미구치南口에서 도보 3분
요금 8,500~9,000엔   전화 0138-24-0511
홈피 www.choice-hotels.jp/cfhako

라 비스타 하코다테 베이 ラビスタ函館ベイ

하코다테 여행 시 많은 한국인이 선호하는 호텔. 베이 에어리어에 위치해 관광지로의 이동이 편리하고 옥상의 노천온천에서 바라보는 하코다테산의 야경 또한 멋있다. 특히 온천을 즐기고 나서 먹는 아이스크림이 맛있다.

위치 JR 하코다테역 니시구치西口에서 도보 3분
요금 21,000엔~   전화 0138-23-6111
홈피 www.hotespa.net/hotels/lahakodate

셰어 호텔 하코바 하코다테
HakoBA the Share Hotels

1932년 신축된 은행 건물을 재활용하여 호텔로 만들었다. 모던한 인테리어와 감성을 자극하는 그래픽 아트에 둘러싸인 공간으로 하코다테의 주요 관광 스폿인 모토마치와 베이 에어리어가 바로 앞에 있어 이동에도 유리하다.

위치 시 전차 주지가이역에서 도보 7분
요금 5,000~10,000엔   전화 0138-27-5858
홈피 www.thesharehotels.com/hakoba/

펜션 파리 사라브렛도
ペンション パリサラブレッド

한국 여성 여행자들에게 사랑받는 하코다테의 유명 펜션이다. 유럽풍 건물에 침대방을 갖췄다. 부지런하고 친절한 주인아주머니가 손님을 맞으며 저렴한 가격에 편안한 숙소를 구하는 이들에게 알맞다.

위치 JR 하코다테역 미나미구치南口에서 차로 5분
요금 트윈 6,000엔   전화 090-1529-7442
홈피 www.parisara-h.com

4. 비에이와 후라노

대개 전망이 좋은 곳에 자리하며 1박 2식이 원칙이지만 잠만 자거나 아침과 저녁 식사를 따로 선택할 수도 있다. 일부 펜션은 겨울에 문을 닫기도 한다.

가미후라노 스텔라 펜션 旅の宿ステラ

히노데 공원 바로 앞에 있는 펜션. 창밖 풍경이 그림 같은 곳으로, 별을 볼 수 있는 창문이 있다. 주인 부부가 매우 친절하며 근처의 노천온천을 다녀오는 이벤트를 진행하기도 한다. 객실은 1, 2층에 걸쳐 총 5개이며 화장실과 욕조는 공동으로 사용해야 한다.

위치 JR 가미후라노역에서 도보 15분
요금 9,000엔(1박 2식)
전화 0167-45-4611
홈피 www.stella-kamifurano.com

스노 크리스털 Snow Crystal

한국에는 잘 알려지지 않은 펜션이지만 주인이 무척 친절하다. 아기자기한 실내에서 편히 쉴 수 있으며 요리 또한 흠잡을 데가 없다. 침대방만 6개 있으며 반려동물과 함께 투숙할 수 있는 방도 있다.

위치 JR 후라노역에서 후라노 스키장 방면, 차로 7분
요금 하계 7,700엔(조식 포함)~
전화 0167-23-3888
홈피 www.snowcrystalfurano.com

펜션 포플러 Pension Popura

제루부 언덕을 지나면 바로 나오는 이국적인 느낌의 펜션. 객실은 침대방 5개와 다다미방 1개로 최대 16명까지 묵을 수 있다. 결제는 현금으로만 가능하고 여름 시즌(6~8월)에는 역에서부터의 송영 서비스를 운영하지 않는다.

위치 JR 비에이역에서 차로 3분,
　　 JR 기타비에이역에서 도보 10분
요금 10,000엔(1박 2식)
전화 0166-92-0127
홈피 www.pensionpopura.com

히다마리 陽だまり

비에이역에서 차로 3분 거리에 있는 아담한 민박집으로 주인 부부의 소소한 배려가 인상적인 곳이다. 2층의 객실에서 탁 트인 전망을 볼 수 있다. 비에이역까지 송영 서비스를 운영하며, 안주인의 음식 솜씨도 괜찮은 편이다. 10월 하순부터 4월 하순까지는 휴업한다.

위치 JR 비에이역에서 차로 3분
요금 7,800엔(1박 2식) 전화 0166-92-5510
홈피 biei1.jp

민박집 크레스 民宿クレス

비에이의 맛집 준페이 앞에 자리한다. 주로 저렴한 숙소를 원하는 여행자나 장기 투숙객 등이 이용하고 있다. 내부는 매우 청결하며 화장실은 층마다 있고, 남녀 샤워실이 따로 있다. 관광 시즌에는 방을 구하기가 쉽지 않고 푸짐한 식사도 유명하다. 시즌에 따라 객실 요금이 달라진다.

위치 JR 비에이역에서 도보 5분
요금 6,800엔(1박 2식) 전화 0166-92-4411
홈피 bieicress.wixsite.com/biei-cress4411

펜션 톰테 룸 Pension Tomte rum

전망 좋은 패치워크 로드의 호쿠세이 공원 근처에 자리한 펜션이다. 안주인과 영어 소통이 가능하다. 스웨덴 하우스라는 북유럽에서 수입한 주택으로 지어져 나무의 향이 은은히 퍼지며 창을 통해 비에이의 아름다운 풍경을 감상할 수 있다. 펜션 주변 산책도 즐겁다.

위치 JR 비에이역에서 호쿠세이 전망대 방면, 차로 5분
요금 16,000~17,000엔(1박 2식)
전화 0166-92-5567 홈피 tomterum.com

알프 로지 Alp Lodge

패치워크 로드의 호쿠세이 언덕 전망공원 바로 앞에 있는 펜션으로 원목으로 지어졌다. 자전거도 대여해 주며, 켄과 메리의 나무도 그리 멀지 않다. 안주인의 음식 솜씨도 빼어나다.

위치 JR 비에이역에서 호쿠세이 전망공원 방면, 차로 5분
요금 9,000엔~(1박 2식) 전화 0166-92-1136
홈피 www.alp-lodge.com

5. 노보리베츠와 도야

전형적인 온천 호텔이 대부분이라 나 홀로 여행객은 숙박비가 부담스러운 편. 주요 호텔에서 삿포로까지 송영버스를 운행하고 있어 이를 이용하면 교통비를 아낄 수 있다.

다이이치 다키모토칸 第一滝本館

한국인들이 많이 이용하는 온천 호텔 중 하나다. 노보리베츠 온천에서 지옥계곡과 가장 가까이에 있다. 7가지 다양한 수질의 온천을 보유하고 있으며 온천 풀도 있다. 식사는 개별 식사보다 뷔페식을 추천.

위치 노보리베츠 온천터미널에서 도보 10분　요금 24,000엔~
전화 0143-84-2111　　　　　　　　　홈피 www.takimotokan.co.jp

노보리베츠 그랜드 호텔 登別グランドホテル

창업 이래 노보리베츠의 영빈관이라 불리는 호텔. 노천온천이 딸린 객실과 다다미와 침대방이 함께 있는 객실, 귀빈실, 특별실 등 다양한 타입의 객실을 갖추었다. 3종류의 온천을 즐길 수 있고 식사평도 비교적 좋은 편.

위치 노보리베츠 온천터미널에서 도보 10분　요금 29,000엔~
전화 0143-84-2101　　　　　　　　　홈피 www.nobogura.co.jp

도야호 만세이카쿠 호텔 레이크사이드 테라스

洞爺湖万世閣ホテルレイクサイドテラス

전반적으로 낙후된 도야의 호텔 가운데 도야 온천을 대표하는 호텔이다. 8층에는 대욕장과 호수가 내려다보이는 온천이 자리한다. 정류장에서 가깝고 유람선을 타기에도 편리한 곳에 위치하며 식사에 대한 평가도 비교적 좋다.

위치 도야호 온천 버스터미널에서 도보 5분　요금 48,000엔~
전화 0142-73-3500　　　　　　　　　홈피 www.toyamanseikaku.jp

유토렐로 도야호 ゆとりろ洞爺湖

아담한 규모의 온천 호텔로 호수에서 조금 더 걸어야 하지만 그리 멀지는 않다. 노천온천의 규모나 구성이 대형 온천 호텔에 비해 다소 떨어지는 느낌은 있지만 조용한 곳에서 쉬어 가는 숙소로 이만한 곳도 드물다.

위치 도야호 온천 버스터미널에서 도보 5분　요금 13,000~15,000엔
전화 0570-020-165　　　　　　　　　홈피 www.yutorelo-toyako.com

6. 기타 지역

아사히카와, 왓카나이, 아바시리, 구시로, 오비히로 등 주요 도시의 숙소는 역을 중심으로 모여 있다. 그 외에는 소운쿄, 가와유, 아칸 등 온천 여행지에 모여 있다.

아사히카와

오모7 아사히카와 OMO7旭川

붉은 벽돌로 된 외관이 돋보이는 이 호텔은 목재 프레임 침대로 꾸며진 아늑한 타입부터 다다미 바닥에 이불이 제공되는 미니멀한 타입까지 다양한 객실이 마련되어 있다. 내부 공간 활용성이 높아 객실을 넓게 쓸 수 있는 장점이 있다. 편의시설로는 중식당 1곳을 비롯하여 깔끔한 식당 2곳, 고풍스러운 레스토랑, 편안한 바, 사우나, 목욕탕, 월풀 욕조로 구성된 스파도 마련되어 있다.

위치 JR 아사히카와역에서 도보 13분
요금 20,000엔(조식 포함)
전화 050-3134-8095
홈피 omo-hotels.com
　　 /asahikawa

아사히카와

JR 인 아사히카와 JRイン旭川

JR 아사히카와역에서 하차 후 바로 체크인할 수 있다. 비즈니스호텔이지만 대욕장을 갖추고 있고, 1층에 있는 이온몰에서 쇼핑하기에도 편리하다. 주차도 이온몰의 주차장을 이용하면 된다. 특히 JR이나 렌터카로 비에이와 후라노로의 접근성이 좋다.

위치 JR 아사히카와역과 바로 연결
요금 10,000~14,000엔(조식 포함)
전화 0166-24-8888
홈피 www.jr-inn.jp/asahikawa/

아바시리
팜 인 아니마노사토 ファームイン・アニマの里

아바시리를 여행하는 여행자들 사이에서 입소문이
난 숙소. 복층형 구조로 깨끗하며 음식에 대한 평가
도 좋은 편이다.

위치 아바시리역에서 비호로·기타미·메만베쓰공항행 버스
　　탑승, 텐도잔이리구치天都山入口에서 하차 후 도보 5분
요금 6,300엔(조식 포함)　　　전화 0152-43-6806
홈피 animanosato.jp

구시로
구시로 로열 인 釧路ロイヤルイン

구시로역에서 가까이 위치한 호텔로 이동이 편리하
며 친절한 서비스가 인상적이라는 평이다. 아침 식
사는 10층 레스토랑에서 빵 뷔페로 제공한다.

위치 JR 구시로역에서 도보 1분
요금 7,000~9,000엔　　　전화 0154-31-2121
홈피 royalinn.jp

치토세
시코쓰호 츠루가리조트 미즈노우타 しこつ湖鶴雅リゾートスパ水の謌

홋카이도에서 수심 깊고 투명도 높기로 유명한 시코쓰 호숫가에 자리
잡은 고급형 료칸이다. 츠루가 그룹이 운영하고 있는 곳으로 대부분의
객실에서 호수를 볼 수 있고 개별 욕조도 갖추었다. 신치토세 공항과
가까워 여행의 첫날 혹은 마지막 날에 머물기에 좋다.

위치 신치토세 공항에서 무료 셔틀버스
　　45분(예약제)
요금 47,000엔~
전화 0123-25-2211
홈피 www.mizunouta.com

홋카이도에서

꼭 가봐야

할 곳

Toyako \ Hakodate

01

홋카이도 여행의 시작

삿포로 札幌, Sapporo

인구 195만 명의 삿포로는 일본의 5대 도시 중 하나이며 홋카이도의 교통, 행정, 경제의 중심 도시다. 원래 홋카이도의 원주민이었던 아이누족의 터전이었으나, 1869년 당시 메이지 신정부의 홋카이도 개척사 설치 이후 본토로부터의 주민 이주와 개발이 시작되었다. 이후 동계올림픽을 개최하는 등 빠른 속도로 발달해 왔다.

도시 전체는 개척 당시 미국인에 의해 바둑판 모양으로 설계되었으며, 천혜의 자연환경을 가진 홋카이도의 중심 도시인 만큼 깨끗하고 쾌적하며, 세련된 현대 도시와 개척시대의 모습을 함께 가진 매력적인 관광 도시다.

♦ 삿포로 여행 참고 사이트
삿포로 관광협회
www.sapporo.travel
주오버스
www.chuo-bus.co.jp

More&More 삿포로의 축제

삿포로 눈 축제
하얀 눈 세상으로 가득한 삿포로의 겨울을 대표하는 축제. 오도리 공원과 스스키노 회장에서 개최된다. 300개 이상의 다양한 눈 조각이 전시되며 홋카이도의 겨울을 만끽하려는 관광객들로 붐빈다.
위치 오도리 공원 등 시내 일대
운영 2월 상순
홈피 www.snowfes.com/ko

삿포로 라일락 축제
긴 겨울이 끝나고 매년 5월, 야외에서 음식을 먹거나 산책을 즐길 수 있는 라일락 축제가 시작된다. 약 400그루의 라일락이 있는 오도리 공원의 이벤트 장소에서는 행사 첫날 라일락 묘목 증정이 있으며, 라일락 음악제와 야외에서 차를 끓여 마시는 대회, 스탬프 랠리 등이 개최된다.
위치 오도리 공원, 삿포로 시내
운영 5월 중순
홈피 www.sapporo.travel/lilacfes/

요사코이 소란 축제
고치현의 요사코이 축제 형식에 홋카이도의 민요 소란 타령을 합친 삿포로의 여름을 알리는 축제다.
위치 오도리 공원, 삿포로 시내
운영 6월 상순
홈피 www.yosakoi-soran.jp

삿포로 여름 축제
100만 명 이상이 운집하는 큰 축제로 오도리 공원 5~11초메에서 약 한 달간 운영되는 일본 최대 규모의 비어가든과 홋카이 본 오도리, 다누키 축제, 스스키노 축제 외 많은 협찬 행사도 개최된다. 1954년에 시작되었으며 당시에는 나카지마 공원을 주요 행사장으로 하여 보트 축제, 불꽃놀이, 반딧불 잡기, 칠석 축제 등이 개최되었다.
위치 오도리 공원, 삿포로 시내
운영 7월 중순~9월 중순
홈피 www.sapporo.travel
/summerfes/

뮌헨 크리스마스 마켓 in Sapporo
독일 뮌헨시와 자매도시 체결을 맺은 지 30주년을 기념하며 2002년부터 개최하고 있다. 오도리 공원에서 약 한 달간 크리스마스 잡화와 뜨거운 와인, 독일 요리 등을 판매하는 가게가 들어서고, 매해 디자인이 바뀌는 오리지널 기념 머그컵도 판매한다. 무대에서는 콘서트가 열리고 운이 좋으면 산타클로스에게 선물을 받을 수도 있으며, 따뜻한 실내에서 열리는 참가형 워크숍 등에 참여할 수도 있다.
위치 오도리 공원, 삿포로역 앞
운영 11월 하순~크리스마스
홈피 www.sapporo.travel/white-
illumination/event/munich/

삿포로 화이트 일루미네이션
환상적인 일루미네이션이 삿포로역과 오도리 공원을 화려하게 장식한다.
위치 삿포로역 앞 및 오도리 공원
운영 11월 하순~2월 중순
홈피 www.sapporo.travel/white-
illumination/event/illumination/

✚ 삿포로로 가는 법

1. 항공
인천국제공항 ▶ 신치토세 공항
대한항공, 에어부산, 아시아나, 제주항공, 티웨이항공, 진에어

김해국제공항 ▶ 신치토세 공항
에어부산, 진에어

대구국제공항 ▶ 신치토세 공항
티웨이항공(부정기적)

2. 신칸센
도쿄역 ▶ 삿포로역
신하코다테호쿠토역에서 환승, 하야부사 이용 7시간 45분 소요, 편도 27,760엔

신치토세공항역 ▶ 삿포로역
JR 쾌속 에어포트 38분 소요, 편도 1,150엔

3. 버스
신치토세 공항 ▶ 삿포로
1시간~1시간 30분 소요, 편도 1,100엔

Travel Tip
일본 내 삿포로 이동 항공편

1. 신치토세 공항
ANA, JAL, 에어두 등의 항공편이 도쿄 나리타 공항과 신치토세 공항 사이를 잇는다. 도쿄 하네다 공항에서는 ANA, JAL이, 오사카 간사이 공항에선 ANA, JAL, 피치항공, 제트스타재팬 등이 신치토세 공항까지 운항한다.

2. 오카다마 공항
삿포로 시내에 있는 공항으로 홋카이도에어시스템(HAC)이 삿포로와 하코다테·구시로·리시리·미사와 등을 잇는다. 하계에는 후지드림항공(FDA)이 시즈오카와 삿포로 노선을 운항한다. 삿포로 시내 중심부까진 차로 약 20분이 소요되며 버스와 지하철 등으로도 갈 수 있다.
오카다마 공항에서 홋카이도 각 공항까지의 비행 시간은 하코다테 공항 약 40분, 구시로 공항 약 45분, 메만베쓰 공항 약 50분, 오쿠시리 공항 약 50분, 리시리 공항 약 55분이다.

✚ 삿포로 여행법

1. 삿포로의 중심부에 있는 유명한 관광명소들은 대체로 도보로 돌아볼 수 있다. 삿포로의 대표적인 관광명소 오도리 공원이나 삿포로 TV 타워, 삿포로 시계탑, 구 홋카이도청사(빨간 벽돌 청사), 스스키노 등은 삿포로역에서 모두 도보 10~20분 거리에 있다.

2. 기타 유명한 야경 명소 모이와산, 테마파크 시로이 코이비토 파크, 조각가 이사무 노구치가 디자인한 모에레누마 공원 등으로 향하는 경우, 기본적으로 지하철, 전차, 버스, 택시 중 하나를 이용하거나 갈아타면 된다. 삿포로 관광명소는 교외 및 산간 지역을 제외하면 대부분 대중교통으로 방문할 수 있기 때문에 특별히 렌터카를 필요로 하지 않는다.

3. 숙박지 결정은 JR을 이용하여 다른 지역으로 이동하는 일정이 많다면 삿포로역 주변을, 먹거리나 볼거리가 우선이라면 오도리 공원, 스스키노 지역 주변을 추천한다.

4. 삿포로는 연중 내내 볼거리가 많은 도시이며, 가장 많은 관광객이 찾는 때는 2월과 7~8월이다. 2월은 삿포로 눈 축제를 비롯해 스키 등 설경과 겨울 스포츠를 위해 방문하는 사람이 많고, 7~8월은 삿포로 여름 축제나 라벤더, 해바라기 등의 꽃을 보기에도 가장 좋다.

이 밖에 꽃이 만발하는 5~6월과 단풍이 아름다운 10월도 삿포로 여행의 베스트 시즌. 5월은 벚꽃과 매화가 개화하며 벚꽃 명소인 나카지마 공원과 마루야마 공원, 매화 명소인 히라오카 공원, 벚꽃과 매화를 동시에 볼 수 있는 홋카이도 신궁은 늘 관람객으로 붐빈다. 삿포로의 단풍 시즌은 10월 중순. 교외의 조잔케이 온천 주변이 단풍 명소로 알려져 있다.

🔶 삿포로 시내 교통

1. 지하철

삿포로의 지하철은 난보쿠센, 도자이센, 도호센의 3개 노선이 있다. 모든 노선이 오도리역을 경유하여 삿포로 중심부와 시내의 동서남북을 잇는다. 주요 역은 시영전차, 버스, JR과 연결된다. 각 라인별 색상은 난보쿠센이 녹색, 도자이센이 주황색, 도호센이 하늘색이다.

승차권은 1회권, 1일권 외에 주말 및 공휴일과 연말연시(12월 29일~1월 3일)에 사용할 수 있는 1일 승차권 '도니치카 티켓'도 있다.

요금 **1회권** 210엔(거리에 따라 다름) ※어린이는 반액

　　1일 승차권 어른 830엔, 어린이 420엔

　　도니치카 티켓 어른 520엔, 어린이 260엔

2. 시영전차(노면전차)

삿포로의 시덴(시영전차)은 1927년부터 운행한 일본에서 가장 북쪽에 있는 노면전차로, 지하철이 다니지 않는 중심 시가지의 남서쪽 지역을 순환 형태로 운행한다. 시간이 멈춘 듯한 정겨운 느낌의 녹색 차량과 화려하게 래핑 광고로 치장한 차량뿐만 아니라 2013년 5월부터는 현대적이고 세련된 신차량까지 운행을 개시했다. 차창 밖으로 시내 중심부와는 또 다른 느낌의 주택가나 상점가 풍경을 여유롭게 즐길 수 있다. 특히 모이와산 전망대를 갈 때는 꼭 전차를 타야 한다.

주말 및 공휴일과 연말연시(12월 29일~1월 3일)에 어른 1명과 어린이 2명이 하루 동안 무제한으로 전차를 탑승할 수 있는 '도산코 패스'도 판매한다.

요금 **1회권** 어른 200엔, 어린이 100엔

　　1일권 어른 500엔, 어린이 250엔

　　도산코 패스(어른 1+어린이 2) 400엔

3. 셰어 사이클 포로쿠루 シェアサイクルポロクル

자전거로 여유롭게 삿포로 시내를 둘러보고 싶다면 렌털 사이클이 부담 없고 편리하다. 이동하기 쉽고 주차장 걱정도 없어서 자유롭게 시내를 돌아다닐 수 있다.

또 삿포로의 자전거 공유 서비스인 포로쿠루의 1일 패스는 시내에 있는 모든 대여소(자전거 전용 주륜장)에서 빌릴 수 있고 어떤 대여소에라도 반납할 수 있다. 1일 패스 구입은 삿포로역 구내에 있는 삿포로 관광안내소나 제휴 호텔 등에서 가능하다.

홈피 porocle.jp/en

Travel Tip
삿포로 IC 교통카드

공공교통편을 이용하여 삿포로 시내와 근교로 이동할 때는 IC 카드 승차권을 사용할 수 있다. 개찰기 혹은 요금 수납함의 카드 인식기에 터치하면 되고 전자 머니로도 이용할 수 있어서 매우 편리하다. 현재 삿포로에서 사용할 수 있는 IC 카드 승차권은 Kitaca(JR 홋카이도), SAPICA(삿포로 시영교통), Suica(JR 동일본) 외 기타 PASMO, manaca, TOICA, PiTaPa, ICOCA, 하야카켄はやかけ ん, nimoca, SUGOCA 등이 있다.

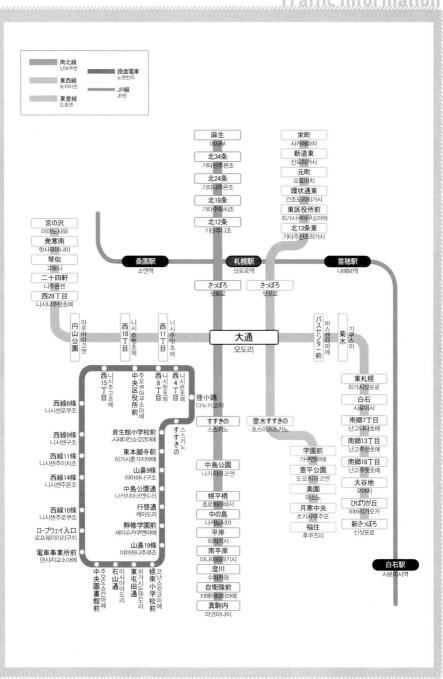

南北線
난보쿠센

東西線
도자이센

東豊線
도호센

路面電車
노면전차

JR線
JR센

麻生
아사부

北34条
기타산주욘조

北24条
기타니주욘조

北18条
기타주하치조

北12条
기타주니조

栄町
사카에마치

新道東
신도히가시

元町
모토마치

環状通東
간조도리히가시

東区役所前
히가시쿠야쿠쇼마에

北13条東
기타주산조히가시

宮の沢
미야노사와

発寒南
핫사무미나미

琴似
고토니

二十四軒
니주욘겐

西28丁目
니시니주핫초메

桑園駅
소엔역

札幌駅
삿포로역

苗穂駅
나에보역

さっぽろ
삿포로

さっぽろ
삿포로

円山公園
마루야마코엔

西18丁目
니시주하치초메

西11丁目
니시주잇초메

大通
오도리

バスセンター前
버스센타마에

菊水
기쿠스이

西15丁目
니시주고초메

中央区役所前
주오쿠야쿠쇼마에

西8丁目
니시핫초메

西4丁目
니시욘초메

狸小路
다누키코지

東札幌
히가시삿포로

白石
시로이시

南郷7丁目
난고나나초메

南郷13丁目
난고주산초메

南郷18丁目
난고주핫초메

大谷地
오야치

ひばりが丘
히바리가오카

新さっぽろ
신삿포로

西線6條
니시센로쿠조

西線9條
니시센구조

西線11條
니시센주이치조

西線14條
니시센주욘조

西線16條
니시센주로쿠조

ロープウェイ入口
로프웨이이리구치

電車事業所前
덴샤지교소마에

資生館小学校前
시세이칸쇼갓코마에

東本願寺前
히가시혼가지마에

山鼻9條
야마하나쿠조

中島公園通
나카지마코엔도리

行啓通
케이도리

靜修学園前
세이슈카쿠엔마에

山鼻19條
야마하나주쿠조

すすきの
스스키노

すすきの
스스키노

中島公園
나카지마코엔

幌平橋
호로히라바시

中の島
나카노시마

平岸
히라기시

南平岸
미나미히라기시

澄川
수미카와

自衛隊前
지에이타이마에

真駒内
마코마나이

豊水すすきの
호스이스스키노

学園前
가쿠엔마에

豊平公園
도요히라코엔

美園
미소노

月寒中央
츠키사무주오

福住
후쿠즈미

中央圖書館前
주오토쇼칸마에

石山通
이시야마도리

東屯田通
히가시돈덴도리

幌南小学校前
코난쇼갓코마에

白石駅
시로이시역

JR 삿포로역 JR札幌駅

日本語 제이아루 삿포로에키

삿포로의 관문인 삿포로역은 홋카이도 여행의 출발점으로, 주변의 상업시설 및 쇼핑센터와 연결되어 있다. 2030년 예정된 홋카이도 신칸센 삿포로역 개업에 맞춰 재개발이 진행되고 있고 신칸센과 버스터미널, 상업시설과 호텔 등이 들어서는 약 245m 높이의 홋카이도에서 가장 높은 빌딩이 2028년 완공될 예정이다. 2023년 8월, 삿포로 에스타가 폐점하며 역전 버스터미널이 없어짐에 따라 시외 고속버스들의 출발점이 각각 달라진 점에 유의하자. **Mapcode** 9 522 856*26

└ JR 타워 JRタワー

日本語 제이아루 타와

JR 삿포로역 남쪽 출구 지상 38층 건물의 JR 타워는 쇼핑센터, JR 타워 호텔 닛코 삿포로, 오피스, 전망대 T38 등의 시설을 포함하고 있다.

운영 10:00~22:00(시설마다 다름)
Mapcode 9 522 801*17

└ 삿포로 스텔라 플레이스

札幌ステラプレイス

日本語 삿포로 스테라 프레이즈

JR 삿포로역과 연결된다. 이스트, 센터, 웨스트로 구역이 나뉘고 패션, 인테리어 등 200여 개 점포가 입점해 있다. 센터 6층의 스텔라 다이닝에선 부타동, 회전초밥 등을 즐길 수 있다.

운영 숍 10:00~21:00
　　　레스토랑 11:00~23:00

└ 아피아 アピア

日本語 아피아

저렴한 잡화나 여성 패션, 음식점 등 100여 곳의 매장이 모여 있는 쇼핑몰로 JR 삿포로역과 바로 연결되어 이용하기 편리하다.

운영 숍 10:00~21:00
　　　레스토랑 11:00~21:30

└ 홋카이도 사계절 마르셰 北海道四季マルシェ

日本語 홋카이도 시키 마루쉐

삿포로역 개찰구 근처, 삿포로 스텔라 플레이스 1층에 오픈한 푸드 셀렉트숍. 홋카이도 각 지방의 특산품, 홋카이도산 식재료를 아낌없이 사용한 상품 등을 판매한다. 그중 오모치카에리노호테이는 서민적인 중국 요릿집 '호테이'의 테이크아웃 전문점이다. 간판 메뉴인 잔기ザンギ를 포장해서 호텔로 가져와 술안주로 즐겨도 좋다.

운영 08:00~21:30
홈피 www.hkiosk.co.jp/hokkaido-shikimarche

└ 다이마루 삿포로점 大丸札幌店

日本語 다이마루 삿포로텐

JR 삿포로역과 연결된 백화점으로 고급 브랜드와 화장품·패션 매장 등이 있다. 뷔페와 이탈리안, 초밥 등 다양한 메뉴를 갖춘 식당가도 있다. 특히 지하 1층의 식품관이 유명하다.

운영 숍 10:00~21:00 레스토랑 11:00~22:00

More&More 삿포로역 주변 지하 공간 즐기기

삿포로역전 지하 보행 공간 치카호
札幌駅前通地下歩行空間チカホ
지하철 난보쿠센 삿포로역과 오도리역 사이를 잇는 지하 보행 공간으로, 걸어서 10분 정도 소요된다. JR 삿포로역에서 지하철 난보쿠센 스스키노역까지 지하에서 일직선으로 연결되고, 오도리 공원과도 연결된다. 양쪽 휴식 공간에서 테이블과 의자, 무료 Wi-Fi 서비스도 제공한다.
운영 05:45~24:30

오로라 타운, 폴 타운
オーロラタウンポールタウン
JR 오도리역에서 삿포로 TV 타워까지 동서로 연결된 312m의 오로라 타운과 오도리 공원에서 지하철 난보쿠센 스스키노역까지 남북으로 연결된 400m 길이의 폴 타운은 L자형으로 되어 있다. 지하 통로 양쪽으로 부티크, 잡화, 레스토랑 등이 자리한 쇼핑 천국이다.
운영 10:00~20:00(점포마다 다름)

500m 미술관 500m美術館
2006년부터 지하철 오도리역과 버스센타마에역 간 지하 콩코스를 회장으로 하여 11월 한정으로 '삿포로 아트 스테이지'의 미술 부문 작품을 전시했고, 2011년에 상설화했다.
운영 조명 점등 07:30~22:00

❷

오도리 빗세 大通ビッセ

日本語 오도리 빗세

'빗세 스위츠'로 불리는 1층은 홋카이도의 유명 스위츠숍이 한자리에 모여 있고, 초밥이나 프렌치 레스토랑 등도 입점해 있어 관광객뿐 아니라 삿포로 시민들에게 인기가 많다. 지하철 오도리역과 바로 연결되어 접근성이 좋고 지하 보행 공간과도 연결되어 있기 때문에 날씨에 좌우되지 않는 편리성이 있다.

위치	지하 보행 공간 치카호에서 직결
운영	07:00~23:00(점포마다 다름)
홈피	www.odori-bisse.com

Mapcode 9 522 082*66

❸

아카렌가 테라스 赤れんがテラス

日本語 아카렌가 테라스

새로운 감성과 만나는 삿포로의 안마당을 콘셉트로 구 홋카이도 청사로 이어지는 거리에 위치한다. 봄과 여름에는 초록빛 녹음이, 늦가을까지 노란 은행나무 가로수가 펼쳐지고, 겨울에는 아름다운 일루미네이션으로 빛나는, 음식점을 중심으로 27개의 점포가 들어선 상업시설이다. 특히 붉은 벽돌 청사가 한눈에 보이는 조망 갤러리와 2층의 자유공간 아트리움 테라스는 관광 도중 휴식을 취하기 위한 장소로 안성맞춤이다. 또 3층의 바테라스에는 삿포로의 식문화를 대표하는 맛집들이 모여 있다.

운영	JR 삿포로역 미나미구치南口에서 도보 7분
운영	07:00~23:30(점포마다 다름)
홈피	mitsui-shopping-park.com /urban/akatera/index.html

Mapcode 9 522 344*63

오도리 공원 大通公園

日本語 오도리 코엔

도시의 중심부를 동서로 가로지르는 삿포로의 대표적인 공원이다. 전체 길이 약 1.5km에 이르는 도심 공원으로 라일락과 느릅나무 등 92종 4,700그루 나무들에 둘러싸여 있다. 삿포로 개척 시기인 1871년 공원 북쪽의 관청가와 남쪽의 주택 상업 지역을 구분하는 방화선 목적으로 만들어졌다. 지금은 삿포로의 주요 축제인 눈 축제, 라일락 축제, 요사코이 소란 축제, 여름 축제, 화이트 일루미네이션 등이 개최되는 장소이기도 하다. 동서로 뻗은 오도리 공원은 1가에서 12가까지 12블록에 나뉘어 각각 횡단보도로 구분되어 있고 블록마다 주제가 다르게 꾸며져 있다.

운영 JR 삿포로역 미나미구치南口에서 도보 10분

Mapcode 9 492 785*28

└ 니시3초메 분수 西 3 丁目噴水

日本語 니시산초메 훈수이

니시3초메 분수에서는 생명체의 약동을 주제로 다양한 형태의 분수 쇼가 15분에 한 번씩 진행된다. 주위에는 벤치가 마련되어 있으며 가장 많은 관광객이 모이는 곳이다.

Travel Tip
옥수수 웨건

니시3초메에는 봄부터 가을까지 옥수수와 감자를 판매하는 명물 옥수수 웨건이 등장한다. 7월경부터는 홋카이도산 생옥수수를 판매한다.

운영 4월 하순~10월 상순
09:00~19:00(5월 하순~8월 중순 20:00까지)

❺
삿포로시 시계탑 札幌市時計台

日本語 삿포로시 토케이다이

정식 명칭은 구 삿포로농학교 연무장으로, 현재 홋카이도대학의 전신인 삿포로농학교의 연무장으로서 1878년에 건설되었다. 당시 미국 중서부에서 유행하던 벌룬 프레임이라는 목조 건축양식이 특징으로 1954년 국가 중요문화재로 지정되었다. 여러 차례의 복구 공사를 거쳐 현재는 삿포로시를 대표하는 명소이자 시민들에게 시간을 알리는 시계탑으로 사랑받고 있다. 1층에는 삿포로농학교의 역사, 시계탑의 보존과 수리에 대한 내용들이 전시되어 있다.

위치 JR 삿포로역 미나미구치南口에서 도보 10분
운영 08:45~17:00　　　휴무 1월 1~3일
요금 200엔　　　전화 011-231-0838
Mapcode 9 522 206*06

❻
홋카이도청 구 본청사 北海道庁旧本庁舎

日本語 홋카이도초 큐 혼초사

1888년 당시 세계적으로 유행했던 네오바르크 양식으로 건축되었다. 약 250만 개의 붉은 벽돌로 지어져 '아카렌가'라는 애칭으로 불린다. 아름다운 정원을 갖추어 봄에는 벚꽃과 라일락, 여름에는 해당화, 가을에는 단풍 등 계절마다 다른 모습을 보여준다. 현재 노후화로 보수 공사가 진행 중이며 2025년 공개 예정이다.

위치 JR 삿포로역 미나미구치南口에서 도보 10분
운영 가설 견학 시설 공개 (24년 5월 상순까지) 08:45~18:00
휴무 12월 31일~1월 3일
요금 무료
전화 011-204-5019
홈피 www.pref.hokkaido.lg.jp/kz /kkd/akarenga.html
Mapcode 9 522 336*85

❼ 다누키코지 狸小路

日本語 타누키코지

삿포로의 중심부에 동서로 약 1km에 걸쳐 200여 개의 점포가 늘어서 있는 상점가. 니시 1초메에서 니시 7초메까지 전천후형 아케이드로 연결되어 눈이나 비, 따가운 햇볕 등을 신경 쓰지 않고 이용할 수 있다. 1869년 홋카이도 개척사가 생기면서 현재의 다누키코지 2, 3초메 주변에 상가와 음식점이 생기기 시작했고, 1873년 무렵 이 일대가 '다누키코지'로 불리게 되었다. 음식점과 기념품점, 술집 등도 있어 관광객도 많이 찾고 있다.

위치 전차 다누키코지狸小路 하차 혹은
지하철 오도리大通역 하차 후
도보 5분
운영 상점에 따라 다름, 홈페이지 참조
전화 011-241-5125
홈피 tanukikoji.or.jp
Mapcode 9 492 533*58

❽ 스스키노 すすきの

日本語 스스키노

오도리 공원 남쪽의 동서 300m, 남북 700m 거리에 자리한 스스키노는 술집과 식당, 호텔, 성인업소 등 약 3,500개의 상점이 밀집한 홋카이도 최대의 환락가다. 1870년경 개척사 시대에 유곽으로 시작해 1920년경 유곽은 시라이시로 이전하고 그 자리에 음식점 등이 들어서면서 현재의 스스키노의 기초가 만들어졌다. 여행자의 안전에 특별한 문제는 없지만, 성인업소가 밀집한 곳은 유의하는 것이 좋다.

위치 지하철 스스키노すすきの역에서 바로
Mapcode 9 492 325*28

❾

나카지마 공원 中島公園

日本語 나카지마 코엔

삿포로의 중심부에 있는 공원으로 오도리 공원과 함께 삿포로 시민들의 휴식처로 사랑받고 있다. 삿포로의 대표적인 단풍 명소로도 유명하다. 콘서트홀 기타라, 삿포로시 천문대 외에 개척시대 영빈관으로 사용된 호헤이칸豊平館 등도 자리한다. 호헤이칸은 1880년 홋카이도 개척사 부설 서양식 호텔로 지어졌고, 1958년 현재의 자리로 옮겨왔다. 현재는 음악회장과 시영 결혼식장으로 사용되고 있다.

위치 지하철 난보쿠센 나카지마코엔中島公園역에서 바로
운영 호헤이칸 09:00~17:00
휴무 둘째 주 화요일, 12월 29일~1월 3일
요금 **호헤이칸** 어른 300엔, 중학생 이하 무료
전화 011-511-3924
Mapcode 9 433 871*30

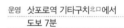

❿

홋카이도대학 北海道大学

日本語 홋카이도 다이가쿠

1876년 삿포로농학교로 개교한 홋카이도대학은 "소년이여, 야망을 가져라"라는 명언으로 유명한 초대학장 클라크 박사의 흔적을 찾아볼 수 있고, 느릅나무가 무성한 아름다운 캠퍼스를 산책할 수 있어 삿포로의 대표적인 관광 스폿이 되었다. 여행하기 좋은 시기는 봄과 여름의 아침, 단풍이 물드는 10월이다.

운영 삿포로역 기타구치北口에서
      도보 7분
Mapcode 9 581 037*28

홋카이도대학 종합박물관 北海道大学総合博物館

日本語 홋카이도다이카쿠 소고하쿠부츠칸

1929년 건립되어 1999년까지 이학부의 본관으로 사용되었던 교사를 재활용하였다. 140년 이상 전에 삿포로농학교로 개교한 이래, 수집·보존·연구되어 온 300만 점 이상에 달하는 표본과 자료가 축적되어 있다. 성장한 수컷 홀스타인(젖소로 유명한 소의 품종)의 거대한 골격표본이나 매머드의 실물 크기 모형 등 볼거리가 가득하다. 표본뿐만 아니라 바닥을 발로 가볍게 차기만 해도 진동을 감지해내는 지진계나 표본을 손으로 만질 수 있는 체험형 전시실, 연구 현장을 엿볼 수 있는 뮤지엄 라보 등 호기심을 자극하는 다양한 전시가 마련되어 있다. 뮤지엄 카페 포라스에서는 먹음직스러운 매머드 햄버거나 하기와라 목장의 우유로 만든 소프트아이스크림 등을 맛볼 수 있다.

운영 10:00~17:00
　　 (6~10월의 금요일 21:00까지)
휴무 월요일
요금 무료
전화 011-706-2658
홈피 www.museum.hokudai.ac.jp

포플러 가로수 ポプラ並木

日本語 포푸라 나미키

홋카이도대학의 명물이었던 포플러 가로수는 2004년 태풍 18호로 절반 가까이가 쓰러졌지만, 그 후 일본 전역에서 지원을 받아 70그루의 묘목이 식수되어 지금의 80m 가로수길을 산책할 수 있게 되었다.

은행나무 가로수 イチョウ並木

日本語 이초 나미키

해마다 늦가을이면 홋카이도대학 정문에서부터 약 380m의 길 양쪽으로 70그루의 은행나무가 황금빛으로 물들며 관광명소로 변신한다. 가장 보기 좋은 시기는 10월 하순에서 11월 상순이다.

⑪ 삿포로 맥주박물관 サッポロビール博物館

日本語 삿포로 비루하쿠부츠칸

1881년의 제조법으로 만드는 개척사 맥주를 마실 수 있는 특전이 포함된 유료 프리미엄 투어를 실시한다(사전 예약 필요). 약 50분간 진행되며 가이드를 통한 전시 안내와 맥주 따르는 법을 전수받을 수 있다. 갓 만든 생맥주를 징기스칸과 함께 맛볼 수 있는 맥주원에선 '스윙식 맥주관 꼭지'로 맥주를 제공하는데 500mL 잔에 3초 만에 따라냄으로써 신선도를 유지한다. 홋카이도 한정판 클래식과 원내에서 한정 판매되는 맥주도 맛볼 수 있다.

위치	지하철 도호센 히가시쿠야쿠쇼마에 東区役所前역 4번 출구에서 도보 10분
운영	11:00~18:00 투어 11:30, 12:30, 15:30, 16:30
휴무	월요일, 연말연시
요금	**프리미엄 투어** 어른 1,000엔, 20세 미만 500엔, 초등학생 이하 무료 **자유 견학** 무료
전화	0570-098-346
홈피	www.sapporobeer.jp/brewery/ s_museum/

`Mapcode 9 554 261*03`

⑫ 삿포로 팩토리 サッポロファクトリー

日本語 삿포로 파쿠토리

1876년 개업한 개척사 맥주 양조장 터로, 삿포로 맥주의 삿포로 제1공장으로서 1989년까지 맥주를 생산하던 영역을 재개발한 복합상업시설이다. 내부는 크게 7개의 구역으로 나뉘고 대형 온실 같은 아트리움 구조로 되어 있다. 아웃도어 브랜드, 잡화 등 쇼핑을 즐길 수 있다. 11월에서 12월 하순까지 도카치의 히로오초에서 운반해 온 거대한 크리스마스트리를 장식하며 일루미네이션도 점등한다.

위치	지하철 도자이센 버스센타마에 バスセンター前역 하차, 8번 출구에서 도보 3분
운영	숍 10:00~20:00 레스토랑 11:00~22:00
휴무	부정기적
전화	011-207-5000
홈피	sapporofactory.jp

`Mapcode 9 523 507*40`

삿포로시 중앙도매시장 장외시장 札幌市中央卸売市場場外市場

日本語 삿포로 주오오로시우리시조 조가이시조

생선, 과일, 정육 외에 홋카이도 명과나 한정판 술을 판매하는 가게까지 늘어선 가운데, '멜론 판매 수가 홋카이도에서 1위'인 명물 가게도 있다. 생선 가게는 대부분 식당을 겸하고 있어 가게 앞에서 게나 어패류를 골라 그 자리에서 바로 먹을 수도 있다. 약 20개의 점포가 있는 음식점은 점심시간이면 현지인들이 모여들어 매우 복잡해진다.

위치 지하철 도자이센 니주욘켄二十四軒역
에서 하차 후 도보 7분
운영 06:00~17:00(점포마다 다름)
전화 011-621-7044
홈피 www.jyogaishijyo.com

Mapcode 9 548 177*50

More & More
장외시장 가볼 만한 음식점

기타노 구루메테이 北のグルメ亭
한국인 여행자들에게도 잘 알려진 가게. 창업한 지 70년이 넘은 노포다. 삿포로역에서 송영버스가 다니며, 추천 메뉴는 12가지 해산물이 들어간 가이센동이다.
위치 지하철 도자이센 니주욘켄
二十四軒역 5번 출구에서
도보 7분
운영 07:00~14:30
전화 011-621-3545

기타노 교바 北の漁場
홋카이도에서 청어잡이에 종사하는 어부들이 선상이나 항구에서 먹는 밥을 '안슈ヤン衆 요리'라고 한다. 이곳에서는 당일 아침에 시장 경매에서 낙찰된 해산물로 만든 안슈 요리로 덮밥이나 스시 등을 즐길 수 있다.
위치 지하철 도자이센 니주욘켄
二十四軒역 5번 출구에서
도보 7분
운영 07:00~14:20
전화 011-351-8811

⑭ 니조 시장 二条市場

日本語 니조 시조

메이지시대 초기 이시카리하마의 어부가 생선을 팔기 시작하며 개설된 것으로 알려졌다. 예전에는 니시 1초메에서 히가시 2초메에 걸쳐 생선 시장이 늘어섰고, 차츰 소바 가게나 선술집, 과일 가게 등이 모여 현재의 모습이 되었다. 신선한 해산물 요리를 맛볼 수 있으며 가이센동 맛집 오쿠마 쇼텐小熊商店을 추천한다.

위치 지하철 난보쿠센 오도리大通역에서 도보 7분
운영 07:00~18:00(점포마다 다름)
전화 011-222-5308
홈피 nijomarket.com/en/top_en

Mapcode 9 493 616*25
9 493 642*71(오쿠마 쇼텐)

⑮ 다누키 코미치 狸COMICHI

日本語 타누키 코미치

2022년 8월 30일에 오픈한 시설로, 1~2층에는 포장마차풍 음식점과 청과물상 등 총 20개의 점포가 입점해 있다. 음식점은 홋카이도 각 지역 인기 맛집들의 지점이 많다. 스시집, 소바집, 선술집, 크래프트 비어 전문점, 햄버거 가게, 팬케이크 전문점 등 음식의 장르도 다양하다.

위치 지하철 난보쿠선 스스키노すすきの역에서 도보 6분
운영 11:00~23:00(점포마다 다름)
휴무 1월 1일, 일부 점포 수요일

Mapcode 9 493 572*60

⑯ 모유크 삿포로 Moyuk SAPPORO

日本語 모유쿠 삿포로

2023년 여름에 오픈한 빌딩이다. 지상 28층, 지하 2층짜리 건물로 고층부는 맨션이고, 지하 2~3층과 7층에는 유명 숍들이 입점해 있다. 4~6층은 도시형 수족관 아오아오 삿포로가 자리한다. 지하 2층에는 푸드 코트가 있고 삿포로역과 오도리역, 스스키노역에서 지하도를 이용하면 궂은 날씨에도 편하게 이동할 수 있다.

위치 지하철 난보쿠센 · 도자이센 · 도호센 오도리大通역에서 도보 5분
운영 10:00~22:00(점포마다 다름)
홈피 www.moyuk.jp

Mapcode 9 492 566*25

삿포로 히즈지가오카 전망대 さっぽろ羊ヶ丘展望台

日本語 삿포로 히즈지가오카 텐보다이

시내 중심부에서 30분 거리에 있으며 양들이 풀을 뜯는 목가적인 풍경을 볼 수 있는 곳. 여름에는 야간 개장을 하며, 이곳에서 삿포로의 야경도 볼 수 있다. 전망대에는 공원의 상징이라고 할 수 있는 "소년이여, 야망을 가져라"라는 명언을 남긴 클라크 박사의 동상이 세워져 있고 삿포로 눈 축제의 역사를 볼 수 있는 박물관 등도 있다. 히즈지가오카 레스트 하우스 뒤 자작나무 가로수 너머로 여름 시즌 라벤더가 만발한다. 가장 좋은 시기는 7월 중순이다.

위치 지하철 난보쿠센 후쿠즈미福住역에서 주오버스 후쿠84번으로 약 10분, 종점 하차 후 바로
운영 6~9월 09:00~18:00, 10~5월 09:00~17:00
요금 어른 600엔, 초중생 300엔
전화 011-851-3080
홈피 www.hitsujigaoka.jp

Mapcode 9 287 533*33

시로이 코이비토 파크 白い恋人パーク

日本語 시로이 코이비토 파쿠

어린이부터 어른까지 보고, 알고, 맛보고, 체험할 수 있는 과자 테마파크다. 삿포로를 대표하는 과자 시로이 코이비토 등의 제조 공정을 견학할 수 있는 것 외에 과자 만들기 체험이나 초콜릿의 역사를 배울 수 있고, 이시야의 오리지널 스위츠를 맛볼 수 있는 카페 등이 있다. 또 파크 내에 있는 영국식 정원과 시계탑도 볼만하다.

위치 지하철 도자이센 미야노사와宮の沢역에서 도보 7분
운영 10:00~17:00(계절에 따라 다름)
요금 어른 800엔, 어린이 400엔, 3세 이하 무료
전화 011-666-1481
홈피 https://www.shiroikoibitopark.jp/

Mapcode 9 602 235*82

87

⑲
모에레누마 공원 モエレ沼公園
日本語 모에레누마 코엔

조각가 이사무 노구치가 공원 전체를 하나의 조각 작품으로 설계한 공원. 폐기물 처리장이 23년의 세월을 거쳐 삿포로를 대표하는 아트 파크가 되었다. 표고 62m의 삼각형 실루엣이 아름다운 모에레산에는 정상에 다다르는 5개의 루트가 있어 10분 정도면 올라갈 수 있다. 정상에서 펼쳐지는 삿포로 시가지와 공원을 내려다보는 것만으로도 가볼 만한 가치가 있다. 특히 공원의 심벌, 유리 피라미드 'HIDAMARI'는 반드시 들러보자.

위치 지하철 도호센 간조도리히가시
環状通東역에서 주오버스 히가시東
69번 · 79번으로 25분, 모에레누마
코엔 히가시구치東口에서 하차
운영 07:00~22:00
요금 무료
전화 011-790-1231
홈피 moerenumapark.jp/ko-2/
Mapcode 9 741 499*00

⑳
홋카이도 개척촌 北海道開拓の村
日本語 홋카이도 카이타쿠노무라

19세기 후반부터 20세기 초의 개척시대에 지어진 홋카이도 각지의 건축물을 이축하여 복원 · 재현한 야외 박물관이다. 당시의 시가지 및 농촌, 어촌, 산촌을 재현하여 홋카이도 개척 당시의 생활과 문화, 산업 등을 소개하고 있다. 여름철에는 마차 철도, 겨울에는 말썰매를 타고 레트로한 거리를 구경할 수 있다. 개척시대부터 쇼와시대까지 홋카이도의 생활상에 관심이 있다면 들러볼 만하다.

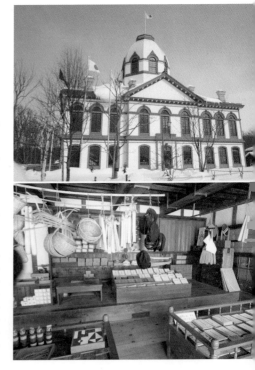

위치 지하철 도자이센 신삿포로新札幌역 하차, 신삿포로
버스터미널 북쪽 레인 10번 승강장에서 JR홋카이도버스
홋카이도카이타쿠노무라北海道開拓の村행 약 20분, 종점
하차 후 바로
운영 5~9월 09:00~17:00, 10~4월 09:00~16:30
휴무 10~4월의 월요일, 12월 29일~1월 3일
요금 어른 800엔, 학생 600엔, 중학생 이하 무료
전화 011-898-2692   홈피 www.kaitaku.or.jp
Mapcode 139 150 422*43

㉑ 홋카이도 볼파크 F 빌리지 北海道ボールパークFビレッジ

日本語 홋카이도 보루파쿠 에프 비렛지

2023년 3월 홋카이도 기타히로시마시에 프로야구 닛폰햄 파이터스의 신 구장 에스 콘 필드를 포함한 엔터테인먼트 공간이 탄생했다. 약 32ha의 광활한 부지 내에 구장과 숙박시설, 베이커리&레스토랑, 액티비티 시설 등이 있어 남녀노소 누구나 즐길 수 있다. 경기가 없는 날에는 구장 내 일부 구역이 개방돼 자유롭게 입장이 가능하다. 경기가 있는 날에도 초등학생 이하는 무료로 입장할 수 있다. 빌리지 내 수영장과 정원은 홋카이도다운 경치와 사계절 자연을 만끽할 수 있다. 계절별로 다양한 행사도 개최한다.

위치 JR 기타히로시마北広島역에서
셔틀버스 약 5분 또는 도보 19분
운영 09:00~21:00
홈피 www.hkdballpark.com

Mapcode 230 546 506*20

㉒ 미츠이 아웃렛 파크 삿포로 기타히로시마 三井アウトレットパーク札幌北広島

日本語 미츠이 아우토레토 파쿠 삿포로 기타히로시마

명품 브랜드를 비롯해 여성, 남성, 아동, 스포츠 아웃도어, 패션 및 생활 잡화에 이르기까지 일본 국내외 인기 브랜드가 모인 쇼핑몰. 또 지역만의 음식과 문화를 전파하는 홋카이도로코 팜 빌리지는 홋카이도의 특산품과 농산물, 기념품, 소프트아이스크림 등을 취급해 관광지로서의 역할도 담당하고 있다. 아웃렛 내에 다수의 음식점이 있고 600석이 넘는 대형 푸드 코트에선 홋카이도의 인기 라멘집과 양식, 일식, 아시안 등 다양한 장르의 음식을 맛볼 수 있다.

위치 JR 삿포로역에서 직통버스 약 50분
운영 10:00~20:00
휴무 부정기적
전화 011-377-3200
홈피 mitsui-shopping-park.com
/mop/sapporo

Mapcode 9 206 209*14

㉓

조잔케이 온천 定山渓温泉

日本語 조잔케이 온센

삿포로를 대표하는 온천으로 삿포로 시내에서 차로 50~60분 거리에 위치한다. 홋카이도의 개척 시기인 1866년에 수행승 미이즈미 조잔이 강 속에서 솟아오르는 온천을 발견했다고 한다. 온천가에는 도요히라강이 흐르며 강 양쪽 계곡을 따라 온천 호텔들이 들어서 있다. 가장 좋은 때는 10월 중순의 단풍철로, 온천을 둘러싼 계곡 전체에 색색의 단풍이 물드는 삿포로의 대표적인 단풍 명소다.

위치 JR 삿포로역 버스터미널에서 조테쓰버스 7J · 8J 조잔케이온센행 또는
7H 호헤이쿄온센행 약 1시간 10분 소요. 또는 갓파 라이너호로 약 1시간 소요

전화 011-598-2012　　　홈피 jozankei.jp

Mapcode 708 755 584*02

후타미츠리바시 二見吊橋

日本語 후타미츠리바시

도요히라강에 놓인 진홍색 현수교로 주위의 산들과 깎아지른 암벽을 배경으로 하고 있다. 다리 위에서는 후타미이와二見岩와 갓파부치かっぱ淵 등의 풍경을 볼 수 있고, 가을에는 계곡 전체가 울긋불긋하게 물들어가는 단풍의 명소.

위치 조잔케이유노마치定山渓湯の町
　　　정류장에서 도보 5분

Mapcode 708 754 342*78

조잔 원천 공원 定山源泉公園

日本語 조잔 겐센 코엔

조잔케이 온천의 원천을 발견한 미이즈미 조잔의 탄생을 기념하여 만들어진 공원. 무료로 이용할 수 있는 수탕(手湯)과 족탕(足湯) 등이 있다. 이 외에 온센타마고노유温泉たまごの湯에서는 온천의 원천에 달걀을 넣어두면 흰자는 말랑말랑 부드럽고 노른자만 굳는 온센타마고가 완성된다. 달걀은 조잔케이 물산관에서 구입할 수 있다.

위치 조잔케이진자마에定山渓神社前 정류장에서 도보 2분
운영 07:00~21:00

Mapcode 708 755 450*78

네이처 루미나리에 Nature Luminarie

日本語 네이차 루마네리

참신한 빛의 연출로 알려진 크리에이티브 집단 NAKED의 라이팅 퍼포먼스. 온천가 산책로에 환상적인 빛의 공간을 연출했다. 단 조잔케이 숙박시설 투숙객만 입장할 수 있다(숙소에서 티켓 발부).

위치 후타미 공원에서 후타미츠리바시까지
운영 6~10월 19:00~21:00(9~10월은 18:00부터)

Mapcode 708 754 358*56 (공영주차장)

㉔ 호헤이쿄 온천 豊平峡温泉

日本語 호헤이쿄 온센

조잔케이 온천에서 호헤이쿄댐으로 가는 도중에 있는 온천. 뜨거운 물을 첨가하지 않고 원천수만을 그대로 즐길 수 있는 온천으로 유명하다. 분당 약 630L 탕량을 자랑하며 노천탕은 홋카이도 내 최대 규모. 온천 내 식당에서 맛볼 수 있는 인도 커리도 명물이다.

위치 JR 삿포로역에서 차로 55분 소요,
또는 조테쓰버스 7H 호헤이쿄온센행
이나 갓파 라이너호로
약 1시간 20분 소요
운영 10:00~22:30
요금 어른 1,000엔, 어린이 500엔
전화 011-598-2410
홈피 hoheikyo.co.jp

Mapcode 708 694 574*60

∟ 호헤이쿄댐 豊平峡ダム

日本語 호헤이쿄다무

조잔케이에서 7km 정도 상류의 도요히라 계곡에 있는 높이 102.5m, 길이 305m의 아치형 댐. 레스트 하우스 앞 전망대에서는 깊은 계곡 바닥으로 호쾌하게 물을 뿜어내는 모습을 볼 수 있다. 냉수 터널에서 댐 사이트까지는 일반 차량의 통행이 불가하므로 터널 앞 주차장에 차를 세우고 전기버스로 환승해야 한다. 깎아지른 듯한 암반 언덕에 둘러싸여 관광 방류(6~10월 09:00~16:00) 때는 특히 더 웅장하다. 삿포로의 단풍 명소로 인기가 높고 10월에는 조잔케이 관광안내소에서 호헤이쿄 주차장까지 버스를 운행한다(유료).

위치 호헤이쿄온센豊平峡温泉 정류장에서
전기버스 승강장까지 도보 30분
운영 전기버스 5월~11월 3일
09:00~16:00
요금 전기버스(왕복) 어른 700엔,
어린이 350엔
홈피 www.houheikyou.jp

Mapcode 708 634 261*86(주차장)

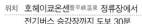

㉕ 두대불전 頭大仏殿

日本語 아타마다이부츠덴

홋카이도 최대 묘지 마코마나이다키노에 있는 거대한 대불이다. 유명 건축가 안도 다다오가 설계한 곳으로 2016년에 공개되었다. 부지의 약 60%가 공원과 산책로 등의 녹지대다. 언덕 꼭대기에서 머리를 내보이는 대불은 높이 13.5m, 총 중량 1,500t이며 여름에는 15만 그루의 라벤더에 둘러싸인다. 머리만 살짝 내민 대불과 라벤더 언덕의 풍경이 어우러져 SNS 포토존으로 유명하다. 가장 보기 좋은 때는 라벤더의 절정기인 7월 중순~하순이다.

위치 지하철 난보쿠센 마코마나이真駒内역에서 버스 약 20분
　　 (남쪽 출구 2번 승강장)
운영 4~10월 09:00~16:00, 11~3월 10:00~15:00
전화 011-592-1223
홈피 www.takinoreien.com/pages/107/

Mapcode 9 015 858*36

㉖ 국영다키노 스즈란 구릉공원

国営滝野すずらん丘陵公園

日本語 코쿠에이타키노 스즈란 큐료코엔

홋카이도에서 유일한 국영공원이다. 400ha 부지 내에 다양한 종류의 꽃밭, 대형 기구들, 3개의 폭포 등이 있다. 언덕 일대에 꽃밭이 펼쳐지는 컨트리 존은 5월 하순부터 절정 시기를 맞는 튤립과 9월 상순에 절정을 맞는 코스모스가 인기. 가을의 단풍도 추천 볼거리다.

위치 지하철 난보쿠센 마코마나이真駒内역에서 주오버스
　　 스즈란코엔히가시구치すずらん公園東口행 약 35분,
　　 스즈란코엔히가시구치 하차 후 바로
운영 09:00~17:00(6~8월은 18:00까지,
　　 12월 23일~3월은 16:00까지)
요금 어른 450엔, 경로 210엔, 어린이 및 12월 23일~3월 무료
전화 011-592-3333　홈피 www.takinopark.com

Mapcode 867 571 521*20

㉗ 삿포로 예술의 숲 札幌芸術の森

日本語 삿포로 게에주츠노 모리

삿포로시 외곽의 약 40ha 부지에 삿포로 예술의 숲 미술관, 독특한 조각 작품들이 전시된 야외 미술관(11월 4일~4월 28일 휴관) 등이 자리한다. 방문자는 조각을 가까이서 보고 만지고 사진을 찍을 수 있다. 미술관 외에 나무 공방과 유리 공방, 퍼시픽 뮤직 페스티벌과 삿포로 시티 재즈 축제가 열리는 야외 무대도 있다.

위치 지하철 난보쿠센 마코마나이真駒内역
　　 에서 주오버스 소라누마센 ·
　　 다키노센空沼線 滝野線 승차 후
　　 약 15분, 게이주츠노모리芸術の森
　　 하차 후 바로
운영 09:45~17:00
　　 (6~8월은 17:30까지)
휴무 11월 4일~4월 28일의 월요일,
　　 12월 29일~1월 3일
요금 **야외 미술관** 어른 700엔
전화 011-592-5111
홈피 artpark.or.jp

Mapcode 9 071 675*38

★

삿포로 야경

삿포로 야경이 아름다운 이유는 많은 가로등 조명이 오렌지색 나트륨등을 사용하고 있기 때문인데, 나트륨등은 일반 백색등보다 내한성이 높다. 또 도시가 평탄한 평야에 펼쳐져 있어 시야를 가로막는 게 없어 탁 트인 야경을 볼 수 있다.

모이와산 전망대 藻岩山山頂展望台

日本語 모이와야마 텐보다이

삿포로시의 거의 중앙에 위치하는 해발 531m의 모이와산. 아이누어로 '인카루시베(항상 올라가서 망을 보는 곳)'라고 불리는 곳이었다. 산기슭에서 중턱까지는 로프웨이나 모이와산 관광 자동차도로를 이용하고, 중턱에서 산 정상까지는 미니 케이블카를 이용하면 된다. 산 정상의 전망대에선 광활하게 펼쳐진 이시카리 평야 일대에 보석을 뿌려놓은 것 같은 삿포로의 야경을 한눈에 바라볼 수 있다. 또 전망대 내의 더 주얼스 레스토랑(11:30~21:00)에서는 홋카이도산 식재료를 사용해 요리한다. 벽면이 유리라 270도의 경치를 바라볼 수 있어 하늘 위에서 식사하는 기분도 맛볼 수 있다.

위치 전차 로프웨이이리구치ロープウェイ入口
에서 도보 10분, 무료 셔틀버스 5분
운영 **로프웨이** 4~11월 10:30~22:00,
12~3월 11:00~22:00
관광 자동차도로
4월 27일~11월 중순 10:30~22:00
휴무 로프웨이+케이블카 정비 점검
또는 악천후 시
요금 **로프웨이+케이블카(왕복)**
어른 2,100엔, 어린이 1,050엔
관광 자동차도로 승용차(왕복)
1,200엔(산 중턱까지)
전화 011-561-8177
홈피 mt-moiwa.jp

Mapcode 9 369 334*51

JR 타워 전망대 JRタワー展望室

日本語 제이아루 타와 텐보시츠

쇼핑몰, 음식점, 백화점, 호텔로 구성된 복합상업시설인 JR 타워의 맨 꼭대기인 38층에 있는 유료 전망대. 160m 높이의 전망대에 오르면 360도 모든 방향에서 삿포로의 풍경을 볼 수 있고 화창한 날에는 멀리 오타루까지 보인다. 유명 건축가가 설계한 화장실도 명물인데, 화장실에서의 전망 또한 근사하다.

위치	JR 삿포로역에서 바로 연결
운영	10:00~22:00
요금	어른 740엔, 중고생 520엔, 4세 이상 320엔
전화	011-209-5500
홈피	www.jr-tower.com/t38

Mapcode 9 522 826*74

노리아 nORIA

日本語 노리아

2006년 스스키노에 오픈한 복합상업시설 노르베사의 옥상에 설치된 대관람차. 노리아는 직경 45.5m, 지상 약 78m 높이에 이르는 관람차에서 삿포로 시내를 한눈에 볼 수 있다. 한 바퀴 도는 데 10분 정도 걸린다. 크리스마스 시기 등은 일루미네이션이 장식되어 촬영 장소로도 인기가 높다.

위치	지하철 난보쿠센 스스키노すすきの역 2번 출구에서 도보 3분
운영	11:00~23:00 (금·토는 01:00까지)
요금	800엔
전화	011-261-8875
홈피	www.norbesa.jp/shop/4/

Mapcode 9 492 406*71

삿포로 TV 타워 さっぽろテレビ塔

日本語 삿포로 테레비 토

지상 약 90.38m 높이의 전망대에서는 계절마다 표정을 바꾸는 오도리 공원의 아름다운 풍경이나 이벤트 모습을 볼 수 있다. 날씨가 좋으면 이시카리 평야와 그 너머 동해도 한눈에 들어온다. 특히 오도리 공원이 주요 행사장인 화이트 일루미네이션과 눈 축제가 열리는 겨울에는 전망대에서 보는 풍경을 놓치지 말자.

위치 지하철 난보쿠센 오도리大通역과
　　　바로 연결
운영 09:00~22:00
휴무 부정기적
요금 어른 1,000엔, 초중생 500엔
전화 011-241-1131
홈피 www.tv-tower.co.jp

Mapcode 9 523 036*60

호로미 고개 라벤더원 幌見峠ラベンダー園

日本語 호로미 토게 라벤다엔

완만한 구릉을 가득 메운 약 8,000그루의 라벤더밭에서 삿포로 시가지를 한눈에 볼 수 있는 곳. 부지 내 유메코보 사토夢工房さとう에서는 추수 체험(500엔~, 크기에 따라 다름)도 할 수 있고 공방에선 에센셜 오일 등도 판매한다. 일본 내에서 유일한 야경 전용 전망주차장도 자리해 일본 야경 유산으로 인증된 아름다운 삿포로 야경을 즐길 수 있다. 차창을 통해 볼 수 있으니 천천히 편안하게 즐겨보자.

위치 지하철 도자이센 마루야마코엔
　　　円山公園역에서 차로 10분
운영 **라벤다원** 7월 상순~7월 하순
　　　09:00~17:00
　　　전망주차장 4~11월 24시간
요금 **주차료** 03:00~17:00 500엔,
　　　17:00~03:00 800엔
전화 011-622-5167
홈피 yumekoubousatou.com
　　　/index.htm

Mapcode 9 396 580

멘야 사이미 麺屋彩未

日本語 멘야 사이미

삿포로역에서 삿포로 시영 지하철로 약 20분 거리에 있다. 멘야 사이미의 미소 라멘은 돼지 뼈와 야채를 넣고 끓인 맑은 국물에 특제 된장 양념이 어우러져 깊은 맛과 부드러움을 동시에 맛볼 수 있다. 또한 이곳의 미소 라멘은 맛있는 차슈(돼지고기) 위에 다진 생강을 올린 게 특징이다. 이 다진 생강을 국물에 섞어야 완성되는 부드럽고 절묘한 맛은 줄을 서서 기다려서라도 꼭 먹어볼 가치가 있다.

위치	지하철 도호센 미소노美園역 1번 출구에서 도보 4분
운영	11:00~15:15, 17:00~19:30
휴무	월요일
전화	011-820-6511

Mapcode 9 406 848*60

오오가미 수프 狼スープ

日本語 오오카미 스푸

스스키노 번화가에서 도보로 약 15분 거리에 있는 미소 라멘 전문점 오오가미 수프는 일본산 한정 소재에 홋카이도산 마늘과 고치 직송 생강으로 끓인 국물이 포인트다. 전체적으로 라멘의 구성이 간단한데 차슈는 부드럽고 맛있으며 니시야마 제면소와 공동으로 개발한 면 또한 부드러우면서도 탄력이 있어 미소 라멘과 잘 어울린다.

위치	지하철 난보쿠센 나카지마코엔 中島公園역 3번 출구에서 도보 4분
운영	11:00~15:00, 17:00~19:30
휴무	화·수요일
전화	011-511-8339

Mapcode 9 463 249*46

❸ 아지노 산페이 味の三平

日本語 아지노 산페이

일본의 3대 라멘 중 하나로 꼽히는 삿포로의 미소 라멘. 아지노 산페이는 이 미소 라멘의 발상지로 알려져 있다. 1954년 초대 주인이 미소 라멘을 개발한 이후 그 레시피가 전국으로 퍼져 나갔다. 거기에 더해 지금은 일반적으로 사용되고 있는 꼬불꼬불한 면도 아지노 산페이가 발상지라고 한다. 개발한 이래 60년 이상이 지난 지금도 4대째 주인이 원조의 맛을 지켜오고 있다.

위치 지하철 난보쿠센 오도리大通역
　　11번 출구에서 도보 3분
운영 11:00~18:30
휴무 월요일, 둘째 주 화요일
전화 011-231-0377
Mapcode 9 492 686*33

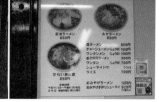

---

❹ 삿포로멘야 미츠바

札幌麵屋 美椿

日本語 삿포로멘야 미츠바

삿포로 라멘 가게 중 새롭게 주목받고 있는 곳이다. JR 핫사무주오역에서 도보로 약 10분 거리에 있는 이곳은 3종류의 된장으로 만든 양념을 사용해서 옛 미소 라멘의 맛을 그대로 유지하고 있다.

위치 JR 핫사무주오発寒中央역에서
　　도보로 약 10분
운영 11:00~15:00, 17:00~19:40
휴무 월요일
전화 011-676-9685
Mapcode 9 605 799*12

❺ 징기스칸 다루마 본점

成吉思汗だるま本店

日本語 진기스칸 다루마 혼텐

1954년에 문을 연 다루마 본점은 홋카이도에서 가장 널리 알려진, 한국인 여행자들에게도 인기 있는 징기스칸 가게다. 머튼은 한 접시에 목살과 등심 등이 담겨 나와 다양한 부위를 한 번에 즐길 수 있다. 특제 양념은 취향에 따라 더해서 맛을 낸다. 본점 외에도 도보 2분 거리에 지점 4개가 있다.

위치 지하철 난보쿠센 스스키노역 5번 출구에서 도보 3분　　운영 17:00~23:00
휴무 12월 31일~1월 2일　　전화 011-552-6013
Mapcode 9 492 172*65

⑥ 생램 징기스칸 야마고야 生ラムジンギスカン山小屋

日本語 나마라우 진기스칸 야마코야

1956년부터 이어져 온 특제 양념장이 자랑인 곳이다. '야마고야' 라는 이름 그대로 산속 오두막집 분위기가 나는 내부는 카운터석 이 전부인 작은 곳이지만 명품 징기스칸을 찾아 재방문하는 손님 들이 많다. 램(20개월 이상의 양고기)은 뉴질랜드산과 호주산의 부드러운 고기를 사용하고 있다. 사과와 함께 숙성시킨 특제 양념 장에 기호에 맞게 양파와 마늘, 참깨 등의 조미료를 넣어 먹자.

위치	지하철 난보쿠센 스스키노すすきの역 2번 출구에서 도보 3분
운영	토·일 11:30~14:30, 월~토 16:00~21:00
휴무	수요일, 연말연시
전화	011-271-2853

Mapcode 9 492 380*61

⑦ 마츠오 징기스칸 삿포로역점 松尾ジンギスカン札幌駅前店

日本語 마츠오 진기스칸 삿포로에키마에텐

삿포로시에서 약 90km 떨어진 다키카와시에 본점이 있는 마츠오 징기스칸. 홋카이도 각지와 도쿄에도 지점을 둔 유명한 가게다. 마츠오 징기스칸은 독창적인 양념이 특징인데 사과, 양파, 간장, 생강, 향신료 등으로 만들어 고기의 냄새를 잡아주고 육질도 부드 럽게 해준다고 한다. 생마늘은 사용하지 않기 때문에 마늘 냄새를 걱정하지 않아도 된다. 철판 바깥쪽에 채소를 익히고 양념이 잘 배어 있는 고기는 가운데에 올려서 구워 먹는 방식이다.

위치	삿포로역 지하상가 2번 출구와 바로 연결, 지하 1층
운영	11:00~15:00, 17:00~23:00
전화	011-200-2989

Mapcode 9 522 436*28

⑧ 삿포로 맥주원 サッポロビール園

日本語 삿포로 비이루엔

삿포로 맥주박물관 내에 자리한 삿포로 맥주원에서는 맛있는 맥주와 함께 징기스칸을 맛볼 수 있다. 음료와 요리에 있어 무한리필 코스도 준비되어 있다. 혼자서도 편안하게 즐길 수 있을 뿐 아니라, 파티나 연회 등 여러 명이 함께 즐기기에도 편리하다. 특히 가족 단위 여행객이라면 이곳에서 징기스칸을 맛보는 걸 추천한다. 맥주는 삿포로 맥주원이라는 이름 그대로 에비스, 클래식, 파이브 스타 등의 삿포로 맥주를 중심으로 즐길 수 있다.

위치 지하철 도호센 히가시쿠야쿠쇼마에역 4번 출구에서
東区役所前역 4번 출구에서
도보 10분
운영 11:30~21:30
휴무 12월 31일
전화 0120-150-550
홈피 www.sapporo-bier-garten.jp
Mapcode 9 554 170*35

⑨ 아사히 맥주원 히츠지테이 징기스칸 アサヒビール園羊々亭ジンギスカン

日本語 아사히 비루엔 히츠지테이 진기스칸

스스키노 사거리 근처에 위치한 이곳은 일본을 대표하는 아사히 맥주와 징기스칸을 함께 즐길 수 있는 가게다. 가게 안은 250명이 앉을 수 있는 넓은 공간과 개인실도 준비되어 있으며 배연 시설 또한 잘 갖춰져 있어 고기 냄새가 밸 걱정도 없다. 양고기와 홋카이도 공장에서 만든 아사히 맥주 한잔을 즐기기에 더없이 좋은 공간이다.

위치 지하철 난보쿠센 스스키노すすきの역 2번 출구에서 바로
운영 16:00~23:00
휴무 연말연시
전화 011-241-8831
Mapcode 9 492 382*16

⑩

기린 맥주원 어반점 キリンビール園アーバン店

日本語 키린 비루엔 아아반텐

기린 맥주원에서는 신선한 생 양고기 징기스칸과 공장 직송의 생 맥주를 맛볼 수 있다. 이곳의 고기는 호주산 양고기를 냉장 상태로 직송, 가장 맛있는 타이밍에 제공한다. 고기의 육즙이 부드러워 양고기를 싫어하는 사람도 먹을 수 있다. 냉동하지 않아 육질이 촉촉하고 부드러운 데다가 씹으면 육즙이 입안에 그대로 퍼져간다.

위치 **지하철 난보쿠센 스스키노**すすきの**역**
2번 출구에서 도보 3분
운영 17:00~22:00
전화 011-207-8000
Mapcode 9 492 440*61

⑪

수프 카레 가라쿠 スープカレー GARAKU

日本語 스푸 카레 가라쿠

삿포로를 여행하는 한국인 여행자들에게 유명한 수프 카레 가게다. 신선한 야채와 닭고기와 돼지고기의 맛도 좋지만, 무엇보다 개운한 국물 맛이 좋다.

위치 **지하철 난보쿠센 오도리**大通**역 36번 출구에서 도보 2분**
운영 11:30~15:00, 17:00~20:30
휴무 부정기적   전화 011-233-5568
Mapcode 9 493 601*77

⑫

소울 스토어 Soul Store

日本語 소우루 스토아

이곳의 수프 카레는 재료에 대한 고집과 독창적인 토핑이 눈에 띈다. 인기 메뉴인 치킨 커리 외 도내의 농가에서 산 야채를 듬뿍 넣은 계절의 제철 커리도 추천한다. 수프 베이스는 총 4종류이며, 기본인 '클래식'은 향미 채소와 과일을 넣고 푹 끓여낸 육수에 약선 스파이스를 곁들이고 두유를 넣어 더욱 순하게 만들었다.

위치 **지하철 난보쿠센 오도리**大通**역 1번 출구에서 도보 7분**
운영 11:30~15:00, 17:30~20:30
휴무 부정기적   전화 011-213-1771
Mapcode 9 492 425*13

⑬ 매직 스파이스 삿포로 본점
マジックスパイス札幌本店

日本語 마지쿠 스파이스 삿포로 혼텐

삿포로 수프 카레의 원조로 불리는 가게. 1993년에 오픈한 이 곳은 다양한 향신료와 닭고기를 사용한 인도네시아의 수프 소토 아얌Soto Ayam에서 힌트를 얻어 수프 카레를 시작하였고, 매콤하면서도 건더기가 풍부한 일품 요리로서 눈 깜짝할 사이에 큰 인기를 얻게 되었다.

위치 지하철 도자이센 난고나나초메南郷7丁目역 3번 출구에서
　　 도보 3분
운영 11:00~15:00, 17:30~22:00
휴무 수·목요일　　　　　　　　전화 011-864-8800

Mapcode 9 440 542*38

⑭ 에비가니 갓센 삿포로 본점
えびかに合戦札幌本店

日本語 에비카니 캇센 삿포로 혼텐

스스키노 사거리에서 서쪽 방향 두 블록에 위치한 빌딩의 12층에 있는 게 무한리필 전문점이다. 새우와 게를 마음껏 즐기고 싶은 사람들에게 추천하는 가게로 무한리필은 2인부터 주문 가능하다(90분 한정).

위치 지하철 난보쿠센 스스키노すすきの역 2번 출구에서 도보 5분
운영 16:00~22:30　　　　　　　전화 011-210-0411

Mapcode 9 492 345*17

⑮ 삿포로 가니야 본점 札幌かに家本店

日本語 삿포로 카니야 혼텐

빌딩의 지상 7층, 지하 2층을 전부 사용하는 가게로 총 550석을 수용할 수 있는 규모를 가지고 있으며 다양한 종류의 개인실이 준비되어 있어 이용하기에 편리하다. 바다참게, 무당게, 털게를 사용한 게 요리 이외에도 일본 요리, 홋카이도산 식재료를 사용한 메뉴 등이 즐비하다.

위치 지하철 난보쿠센 스스키노すすきの역
　　 1번 출구에서 도보 3분
운영 월~금 11:00~15:00,
　　 17:00~22:30
　　 토·일·공휴일 11:00~22:30
전화 011-222-1117

Mapcode 9 493 392*45

⓰ 롯카테이 삿포로 본점 六花亭札幌本店

日本語 롯카테이 삿포로 혼텐

삿포로에는 홋카이도의 유명 과자 브랜드 직영 카페가 많다. 오비히로에서 1933년 창업한 롯카테이는 '마루세이 버터샌드'로 유명한데 롯카테이의 삿포로 본점은 스테디셀러 외에도 삿포로 본점 한정 상품들이 갖춰진 숍과 특별 메뉴를 판매하는 카페, 갤러리와 콘서트홀 등이 있다.

위치　JR 삿포로역 미나미구치南口에서 도보 5분
운영　숍 10:00~17:30 카페 10:30~16:30
휴무　카페 수요일　　　　　　　전화　0120-126-666

Mapcode 9 522 540*11

⓱ 기타카로 삿포로 본관 北菓楼札幌本館

日本語 키타카로 삿포로 혼칸

기타카로는 스나가와시에 본점을 둔 제과 회사로 바움쿠헨이나 슈크림 등으로 유명하다. 삿포로 본관 1층은 기타카로의 모든 상품을 갖추고 있다. 본래 도서관으로 지어진 건물의 역사를 계승하여 2층 카페에는 천장까지 닿는 책장에 6,000여 권의 책이 있다.

위치　지하철 난보쿠센 오도리大通역 5번 출구에서 도보 5분
운영　숍 10:00~18:00 카페 11:00~17:00
전화　0800-500-0318

Mapcode 9 522 129*56

⓲ 키노토야 오도리공원점 きのとや 大通公園店

日本語 키노토야 오도리코엔텐

1983년에 창업한 삿포로의 대표적인 제과 회사인 키노토야가 직영하는 곳으로 각종 케이크를 비롯롯 입안에서 녹아내리는 부드러운 소프트아이스크림 등을 맛볼 수 있으며 직영 농장에서 생산한 달걀과 우유로 만든 요구르트도 추천할 만하다.

위치　지하철 난보쿠센 오도리大通역
　　　13번 출구에서 바로 연결
운영　10:00~20:00
전화　011-233-6161

Mapcode 9 522 081*63

⑲ 유키지루시 파라 삿포로 본점 雪印パーラー 本店

日本語 유키지루시 파라 삿포로 혼텐

1961년에 창업한 60년 이상의 역사를 가진 노포점. 홋카이도 우유를 사용해 전통 제조법으로 만드는 진한 아이스크림과 30여 종의 파르페를 판매하고 있다. 특히 아이스크림 스노 로열은 꼭 맛봐야 한다.

위치	삿포로역 지하상가 5번 출구에서 도보 2분
운영	10:00~19:00
휴무	연말연시
전화	011-251-7530

Mapcode 9 522 322*44

⑳ 모리히코 森彦

日本語 모리히코

삿포로를 대표하는 커피 전문점인 모리히코의 본점이다. 1996년 창업해서 25년이 넘는 시간이 지났지만 여전히 변하지 않은 독특한 세계관과 맛있는 커피로 알려진 곳이다. 건축된 지 50년 이상의 오래된 민가를 리노베이션해서 따뜻한 공간을 만들었다. 1층에는 4인용 테이블석이 있는데 통칭 '재봉틀 자리'라고 한다. 그이름대로 중앙에 골동품 재봉틀이 자리 잡고 있고 시계와 거울등 앤티크 잡화가 놓여 있다. 계단을 통해 위층으로 올라가면 몇개의 테이블석이 더 있다. 오래된 민가의 분위기와 그에 맞는 조명이 정말 좋다. 가장 대표적인 메뉴는 모리히코 본점에서만 마실수 있는 '숲의 물방울'이며, 이외에 치즈가 듬뿍 들어간 토스트와 가토 프로마주가 있다.

위치	지하철 도자이센 마루야마코엔 円山公園역 4번 출구에서 도보 4분
운영	월~금 09:00~20:00, 토·일·공휴일 08:00~20:00
휴무	연말연시
전화	0800-111-4883

Mapcode 9 488 080*21

취향대로 즐기는
삿포로 근교 나들이

삿포로 근교에는 가볼 만한 여행지들이 많다. 유니 가든이 있는 유니초, 가족 여행지 에코린무라가 있는 에니와시, 홋카이도 최초의 아웃렛과 시코쓰호가 있는 치토세시, 아르테 피아자가 있는 비바이시, 유채꽃 으로 유명한 다키카와시 등이다.

그 외 기타카로 본점이 자리해 홋카이도 스위츠의 새로운 명소로 떠오른 스나가와시나 호쿠류초의 해바 라기밭 등도 삿포로에서 당일 여행으로 가볼 만한 곳들이다.

Sightseeing ★ ★ ☆

① 유니 가든 ゆにガーデン
日本語 유니 가덴

삿포로에서 차를 타고 남쪽으로 약 1시간 이동하면, 선명한 색상의 정원이 눈에 띈다. 5~10월까지는 거의 매주 메인 꽃이 바뀌고 계절 에 따라 다른 풍경을 보여준다. 봄의 벚꽃으로 시작해 초여름에는 102만 송이의 리나리아, 여름이 끝날 무렵에는 백합과 가을에는 코스 모스가 한쪽 면 가득 핀다. 또 허브 종류도 다양해서 손으로 직접 만 져 보고 향기를 즐기면서 둘러볼 수 있다. 숍에서는 여행 선물로도 좋 은 허브 쿠키와 오리지널 블렌드의 허브 티를 판매한다. 레스토랑에 서는 지역에서 생산한 야채를 듬뿍 사용한 뷔페가 호평을 얻고 있다.

위치 삿포로에서 차로 50분
운영 4 · 5월 10:00~15:00,
       6~10월 10:00~16:00
휴무 11~3월, 악천후 시
요금 4~8월 750엔, 9 · 10월 900엔
       ※초등학생 이하 무료
전화 0123-82-2001
홈피 yuni-garden.co.jp
Mapcode 320 573 305*25

❷ 에코린무라 えこりん村

日本語 에코린무라

햄버그스테이크 레스토랑 빗쿠리돈키로 유명한 주식회사 아레프가 2006년에 오픈한 곳이다. 약 40ha의 부지에 형형색색의 다년초와 장미가 만발한 은하 정원과 알파카와 양을 가까이에서 볼 수 있는 푸른 목장 등으로 이루어져 있다. 목양견이 양을 유도하는 쇼도 볼만하다. 아이들과 여행할 수 있는 곳이다.

위치	JR 에니와역에서 차로 10분
운영	4월 하순~10월 09:30~17:00 (시설에 따라 다름)
휴무	11월~4월 하순
요금	**통합권** 어른 1,200엔, 중학생 이하 600엔 ※어른 1명당 중학생 이하 5명까지 무료
전화	0123-34-7800

Mapcode 230 126 165*08

❸ 치토세 아웃렛 몰 레라 千歳アウトレットモール・レラ

日本語 치토세 아우토렛토 모루 레라

홋카이도 최초의 아웃렛. 자연에 둘러싸인 홋카이도만의 오픈 스타일 쇼핑몰이다. 패션과 기념품 쇼핑은 물론 홋카이도 내 각지의 제철 식재료를 활용한 푸드 코트 자레루和와 라면박람회도 인기 명소다. 신치토세 공항에서 가깝기 때문에 항공편 이용 시 들르는 것도 편리하다.

위치　JR 미나미치토세南千歳역에서 도보 3분
운영　10:00~19:00　　전화　0123-42-3000
홈피　www.outlet-rera.com

Mapcode 113 831 043*15

❹ 아르테 피아자 비바이 アルテピアッツァ美唄

日本語 아루테 피앗차 비바이

삿포로에서 북동쪽으로 약 60km, 비바이시에 있는 야외 조각공원이다. '아르테 피아자'는 이탈리아어로 '예술의 광장'이라는 뜻이다. 탄광이 폐쇄되어 황폐해져 가는 초등학교와 체육관 건물을 개조 및 보수하여 원래의 모습을 그대로 유지한 채 주변의 삼림 등을 포함한 약 3만m²를 재정비한 것이다. 비바이 출신의 세계적인 조각가 야스다 칸의 작품을 부지와 건물 내에 배치하여 1992년에 개원했다. 그 후에도 여러 시설과 예술품이 늘어나 현재는 7만m²의 광대한 야외 조각공원이 되었다. 삿포로에서 그리 멀지 않은 곳에서 대자연과 아트를 함께 즐길 수 있다.

위치	비바이美唄市역 동쪽 출구에서 택시 10분, 삿포로에서 차로 35분
운영	09:00~17:00
휴무	화요일, 공휴일 다음 날, 연말연시
요금	무료
전화	0126-63-3137
홈피	www.artepiazza.jp

Mapcode 180 589 562*78

❺ 다키카와 유채꽃밭 たきかわ菜の花畑

日本語 다키카와 나노하나하타케

다키카와의 유채꽃밭은 '홋카이도 감동의 순간 100선'에 선정되어 개화 시기인 5월 중순~6월 상순에 많은 관광객이 방문한다. 다키카와시에서는 약 30년 전부터 유채꽃 재배가 활발했는데 현재는 일본 내에서도 대규모 면적을 자랑한다. 개화 시기에 맞춰 개최되는 유채꽃 축제는 유채꽃이 만개한 봄의 다키가와를 마음껏 즐길 수 있는 행사다.

위치	JR 다키카와역에서 차로 30분
운영	5월 중순~6월 상순
홈피	www.takikawa-nanohana.com

Mapcode 179 431 852*71

원시림에 둘러싸인 칼데라호
시코쓰호 支笏湖, Shikotsu

빛나는 수면이 유난히 아름다운 주위 약 40.3km의 칼데라호. 약 4만 년 전의 화산 활동으로 생겼다. 최대 수심은 360m, 일본에서 두 번째로 투명도가 높은 호수이며 겨울에도 얼지 않는 부동호(不凍湖) 중에선 일본에서 가장 북쪽에 위치한 호수다. 봄에는 신록, 여름에는 캠프, 가을에는 단풍, 겨울에는 얼음 축제가 열리는 등 1년 내내 다양한 모습을 보여준다. 삿포로와 신치토세 공항에서 가까운 위치라 많은 관광객이 찾는다.

Tip
시코쓰호 여행 참고 사이트
치토세 관광협회
www.1000sai-chitose.or.jp

✚ 시코쓰호로 가는 법

1. 버스
JR 치토세역 ▶ 시코쓰호
주오버스 약 44분 소요

2. 자동차
신치토세 공항 ▶ 시코쓰호
약 40분 소요

삿포로 시내 ▶ 시코쓰호
약 1시간 15분 소요

More & More
시코쓰호의 축제

치토세 · 시코쓰호 빙도 축제
놀라운 투명도를 자랑하는 시코쓰호의 물을 뿌려 크고 작은 얼음 조형물을 만들어낸다. 낮에는 내추럴 블루로 빛나고 밤에는 형형색색의 조명이 환상적인 세계를 연출한다. 기간 중 주말과 공휴일은 18:30부터 약 300발의 불꽃이 밤하늘을 수놓고, 그 외 전통 북 공연도 있다. 행사장 주변의 온천은 숙박하지 않고 온천만 이용할 수도 있으므로 차가워진 몸을 온천에서 녹이고, 온천지의 상점가에서 식사도 하고 선물도 고르면서 즐거운 시간을 보내자.
운영 1월 하순~2월 하순
홈피 hyoutou-special.asia

❶ 오코탄페호 オコタンペ湖

日本語 오코탄페코

시코쓰호의 북쪽, 에니와의 서쪽 기슭에 있는 주위 5km, 최대 심도 21.2m의 세키토메 호수(화산 분화로 생긴 호수). 시카리베쓰호 근처의 시노노메호, 아칸호 근처의 온네토와 함께 일본 3대 비호로 불리는 신비의 호수다. 울창한 원생림으로 둘러싸여 있어 호수의 전경은 볼 수 없지만, 도로 78호선 측에 있는 전망대에서 아름다운 호수를 바라볼 수 있다. 계절이나 시간대, 보는 각도에 따라, 호수의 색이 코발트블루나 에메랄드그린으로 바뀐다.

위치 시코쓰호에서 차로 약 25분
휴무 11월 하순~4월 말 도로 폐쇄

Mapcode 708 167 819*22

Stay

❶ 마루코마 온천 료칸 丸駒温泉旅館

日本語 마루코마 온센 료칸

1915년 개관해 100년이 넘는 오랜 역사를 가진 료칸. 에니와다케 언덕 부근에 위치한 숙소로 호수를 이용한 천연 노천탕과 전망 노천탕에서 시코쓰호의 절경을 즐길 수 있다. 2022년에 객실과 레스토랑을 리모델링했고, 시코쓰호를 보며 온천욕을 할 수 있는 사우나 시설도 갖췄다. 특히 천연 노천탕은 호수와 직접 연결되어 있어 호수면과 온천탕의 수면이 동일 선상에 놓인 듯 보이는 것이 특징이다.

위치 시코쓰코支笏湖 정류장에서 차로 약 15분,
숙박 손님에 한해 송영버스 운행

Mapcode 708 112 291*24

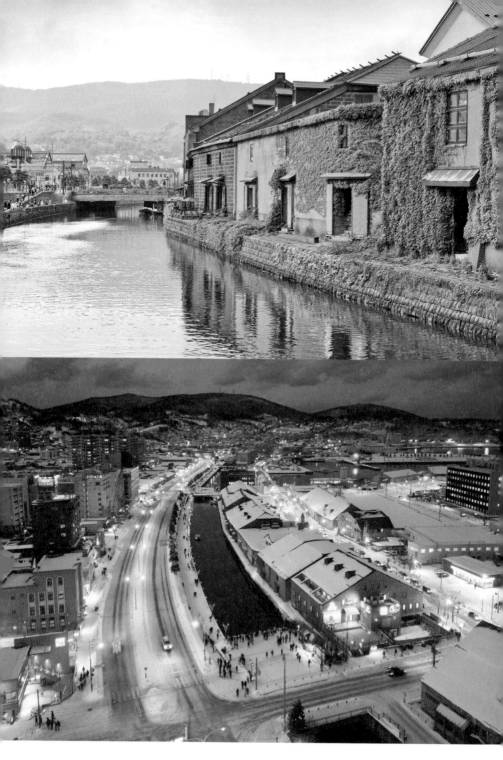

오타루

02

〈러브레터〉의 추억

오타루 小樽, Otaru

삿포로에서 기차를 타고 40여 분을 달리면 영화 〈러브레터〉의 추억이 묻어나는 작은 항구 도시, 오타루에 닿는다. 오타루는 1872년 청어잡이로 먹고 살던 어촌 마을에 부두가 들어서면서 삿포로의 외항으로서 새로운 지위를 부여받았다. 러시아 등과의 활발한 교역으로 한때 무역항으로 급성장하기도 했지만, 이후 쇠퇴의 길을 걸었다. 그러나 지금은 메이지시대의 번영을 상징하는 운하와 운치 있는 근대 건축물을 잘 보존시킨 덕에 홋카이도를 대표하는 관광 도시로 거듭났다. 운하를 중심으로 오래된 석조 창고들과 유리공예숍, 오르골당, 초콜릿숍, 과자 가게 등이 여유롭게 늘어서 있어 관광객의 오감을 자극한다.

◆ **오타루 여행 참고 사이트**
오타루 관광협회
otaru.gr.jp

More&More
오타루의 축제

오타루 유키 아카리노 미치
매년 2월 삿포로 눈 축제 기간에 개최되는 오타루 겨울 축제. 하얀 눈이 가득 쌓인 거리에 어둠이 찾아오면 거리 곳곳에 '왁스 볼'이라 불리는 수제 캔들과 우키타마浮き玉 캔들이 아름다운 야경을 연출해낸다. 우키타마는 속이 비어 있는 둥근 어구(漁具)를 뜻한다.
위치 오타루 운하, 덴구산 회장, 테미야선 회장
운영 2월 상순
홈피 yukiakarinomichi.org

오타루 우시오 마츠리
1967년부터 개최된 오타루의 대표적인 여름 축제. 불꽃놀이를 비롯해 향토 예능 공연, 5천 명이 춤추며 걷기 등 다양한 이벤트가 펼쳐진다.
위치 오타루 제3부두
운영 7월 마지막 주 금요일부터 3일간

오타루 수족관
오타루시 니신고텐
구 아오야마 별저 오타루 귀빈관
방면

오타루시 종합박물관
방면

이로나이 부두

제3부두

제2부두

해상 관광선

자전거 렌트

운하 공원
運河公園

구 일본우선주식회사
오타루지점

기타하마바시

오타루 맥주 오타루 창고 NO.1
小樽ビール小樽倉庫No.1

아사쿠사바시

관광선 탑승장

서양미술관

오타루 운하
小樽運河

류구바시

추오바시

오타루 운하유람선
小樽運河クルーズ

오타루 데누키小路
小樽出抜小路

스테인드글라스 미술
니토리 미술

오타루 운하
플라자

오타루 후루카와

양식당 만자레 타키나미
洋食屋マンジャーレTAKINAMI

구 미쓰비시은행
오타루지점
旧三菱銀行小樽支店

오타루 예술촌
小樽芸術村

인와
호텔

오무5

이로나이오도리

오타루 바인

크래프트숍 렌

비스트로 블랑쉬
ビストロブランシュ

구 홋카이도은행
본점
旧北海道銀行本店

렌터카

일본은행 구 오타루지점 금융자료관
日本銀行旧小樽支店金融資料館

우오마사
魚真

중앙시장

아이스크림 팔러 미소노
アイスクリームパーラー美園

미야코도리 상가

렌터카

도미 인 프리미엄

에키모 르타오
エキモルタオ

돈키호테

야마토우 본점
あまと本店

시즈야도리

렌터카

용궁 신사

오타루 삼각 시장
小樽三角市場

노구치병원

요이치 방면

JR 오타루역

칫코 지역

오타루항 마리나

이온몰

윙베이 오타루

오타루루터어 방면

칫코 임해공원

관람차

오타루
시내 방면

5번 국도

오타루칫코역

삿포로 방면

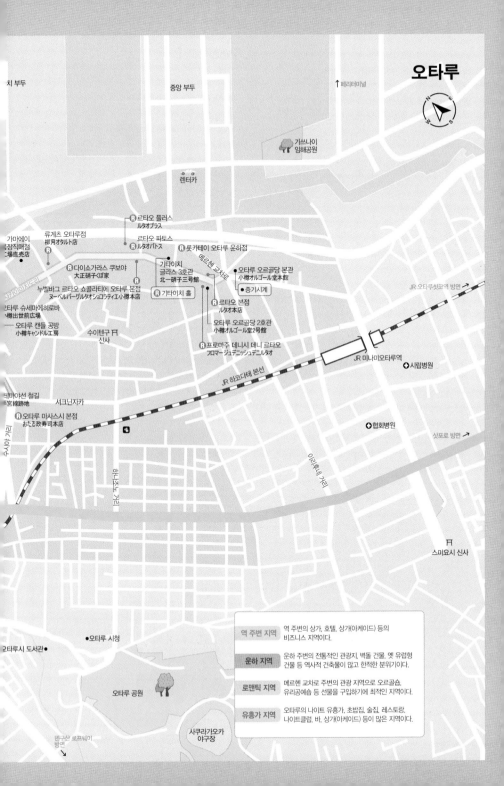

오타루

↑ 페리터미널

치 부두

중앙 부두

가쓰나이
임해공원

렌터카

JR 오타루치코역 방면 →

가마에이
공장직매점
工場直売店

류게츠 오타루점
柳月オタルト店

르타오 플러스
ルタオプラス

르타오 파토스
ルタオパトス

롯카테이 오타루 운하점

누벨바그 르타오 쇼콜라티에 오타루 본점
ヌーベルバーグルタオショコラティエ小樽本店

오타루 슈웨마에히로바
小樽出世前広場

오타루 캔들 공방
小樽キャンドル工房

다이쇼가라스 쿠보야
大正硝子くぼ家

기타이치
글라스 3호관
北一硝子三号館

기타이치 홀

르타오 본점
ルタオ本店

오타루 오르골당 2호관
小樽オルゴール堂2号館

프로마주 데니시 데니 르타오
フロマージュデニッシュデニルタオ

오타루 오르골당 본관
小樽オルゴール堂本館

증기시계

JR 미나미오타루역

시립병원

수이텐구
신사

JR 하코다테 본선

데마야선 철길
宮線跡地

서크닌자카

오타루 마사시 본점
おたる政寿司本店

협회병원

삿포로 방면 ↗

스미요시 신사

오타루 시청

오타루시 도서관

오타루 공원

덴구산 로프웨이
방면 ↓

사쿠라가오카
야구장

역 주변 지역	역 주변의 상가, 호텔, 상가(아케이드) 등의 비즈니스 지역이다.
운하 지역	운하 주변의 전통적인 관광지, 벽돌 건물, 옛 유럽형 건물 등 역사적 건축물이 많고 한적한 분위기이다.
로맨틱 지역	메르헨 교차로 주변의 관광 지역으로 오르골숍, 유리공예숍 등 선물을 구입하기에 최적인 지역이다.
유흥가 지역	오타루의 나이트 유흥가, 초밥집, 술집, 레스토랑, 나이트클럽, 바, 상가(아케이드) 등이 많은 지역이다.

✚ 오타루로 가는 법

1. JR

신치토세공항역 ▶ 오타루역
JR 쾌속 에어포트 1시간 15분 소요, 편도 1,910엔

삿포로역 ▶ 오타루역
JR 쾌속 에어포트 34분 소요, 편도 750엔

2. 버스

삿포로 ▶ 오타루
주오버스 오타루호 1시간 소요, 편도 680엔

✚ 오타루 여행법

1. 삿포로-오타루 구간은 철도, 버스 모두 편수가 많기 때문에 삿포로에서 당일치기 여행을 할 수가 있다.

2. 주요 관광 스폿은 오타루역에서 오타루 운하를 중심으로 약 2개의 지역에 집중되어 있다. 운하 주변과 북의 월가도 한가로이 걸어 다닐 수 있다. 언덕길이 많기 때문에 산책은 익숙하고 편안한 신발을 갖춰야 한다.

3. 오타루 수족관이나 덴구산 로프웨이 등 중심부에서 약간 떨어진 곳에 갈 때는 미리 버스 시간을 확인해 두자. 버스의 편수가 많지 않아 차를 놓치면 여행 계획이 틀어진다. 오르골당이 있는 메르헨 교차로에서 여행을 시작한다면 미나미오타루역에서 하차하여 출발하는 것이 효율적이다.

4. 오타루에 숙박하는 경우, 오타루역과 운하 변에 대형 호텔들이 들어서 있어 취향이나 예산에 따라 선택할 수 있다. 다만 오타루에서 숙박할 시 저녁 시간에는 딱히 할 게 없다.

인력거 에비스야 人力車えびす屋
오타루 지역의 인기 명소인 오타루 운하 주변은 물론이고 레트로한 거리와 관광지화되지 않은 숨은 명소까지, 오타루의 볼거리를 안내해 주는 관광 인력거다. 승차 시간과 거리에 따라 요금이 변동되며, 영어 가이드가 가능한 스태프도 있다. 인력거는 지붕이 달려 있어 비나 눈이 내리는 날에도 쾌적하게 관광을 즐길 수 있다. 인력거를 타고 사진 촬영도 가능하다.

위치 JR 오타루역에서 도보 7분
운영 09:30~일몰 시
휴무 연중무휴
요금 **1구간** 1명 4,000엔, 2명 5,000엔,
전화 0134-27-7771
홈피 ebisuya.com/kor/

JR 오타루역 JR小樽駅

日本語 제이아루 오타루에키

1903년 6월 28일, 당시 역의 명칭은 오타루 중앙역이었다. 현재 건물은 1945년에 건축되었다. 2012년 노스탤직 모던 스타일로 리뉴얼하면서 개업 당시의 모습으로 바뀌었다. 현관에 장식되어 있는 램프는 당시의 역장이 오타루의 특색을 보여주고 싶다며 유리 공방 기타이치 글라스에 요청한 것이다. 1987년 기타이치 글라스가 램프 108개를 역에 기증한 뒤, 1999년에 개찰구 상단 창문에 추가로 램프를 기증해서 현재 총 333개의 램프가 설치되어 있다.

Mapcode 164 719 410*75

오타루 삼각 시장 小樽三角市場

日本語 오타루 산카쿠 이치바

지붕과 땅의 모양이 삼각형 모양이어서 삼각 시장으로 불리게 되었다. 오타루역 바로 옆에 위치해 있어 현지인은 물론, 여행 기념품을 찾는 관광객에게도 인기가 높다. 시장 내에는 맛있는 성게 덮밥과 연어 덮밥, 제철 생선구이 등 제철 수산물을 맛볼 수 있는 식당도 있다.

위치 JR 오타루역에서 바로
운영 점포마다 다름
홈피 otaru-sankaku.com

Mapcode 164 719 500*14

오타루 운하 小樽運河

日本語 오타루 운가

오타루의 낭만을 상징하는 최고 스폿이 바로 오타루 운하다. 총길이 1,140m, 폭 20~40m의 운하는 걸어서 30분이면 모두 돌아볼 수 있을 정도로 아담한 규모다. 원래 하시케라는 소형선이 오하루항에 정박해 있는 화물선에서 운하 주변의 창고로 화물을 운반하기 위해 만들어진 것으로 한때 삿포로보다 번성했던 오타루의 영화를 이끈 주인공이었다. 지금은 관광지로서의 면모를 갖추게 된 오타루 운하는 해가 지면 63개의 가스등이 켜지며 오타루만의 낭만적인 밤 풍경을 연출한다.

위치 JR 오타루역에서 도보 10분

Mapcode 493 690 412*63(운하 주차장)

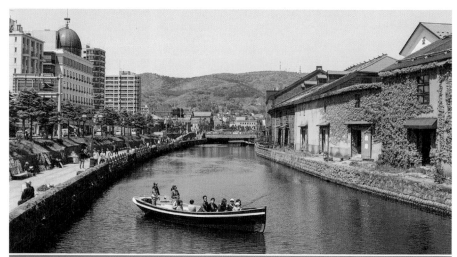

❹
오타루 운하 유람선 小樽運河クルーズ
日本語 오타루 운가 쿠루즈

오타루 운하의 주오바시 부근에서 탑승하여 약 40분 동안 주오바시-오타루항-북운하-아사쿠사바시를 돌아본다. 코스는 2종류, 출발 시간이 일몰 전인 데이 크루즈와 일몰 후인 나이트 크루즈가 운행된다. 데이 크루즈는 오타루의 거리와 역사적 건조물이 밝게 보이고 멋진 오타루의 사진을 찍는 데 알맞고, 나이트 크루즈에서는 조용한 오타루의 밤거리와 수면에 비친 건물의 불빛 등 낭만적 분위기를 즐길 수 있다.

위치 JR 오타루역에서 도보 11분
운영 운항 편수에 따라 변동, 홈페이지 참고
요금 **데이 크루즈** 어른 1,800엔, 어린이 500엔
나이트 크루즈 어른 2,000엔, 어린이 500엔
전화 0134-31-1733
홈피 otaru.cc
Mapcode 493 690 649*74

❺
운하 공원 運河公園
日本語 운가 코엔

오타루 운하 북쪽 끝에 조성된 면적 2,400여 평의 공원이다. 공원 내에는 국가 중요문화재로 지정된 구 일본우선주식회사 오타루지점과 오타루시 역사적 건조물로 지정된 구 일본석유창고가 있다. 구 일본우선주식회사 오타루지점 건물은 1906년에 만들어진 근세 유럽 부흥 양식의 석조 2층 건축물이며 영화 〈러브레터〉의 촬영장소이기도 하다.

위치 JR 오타루역에서 도보 17분
전화 0134-32-4111
Mapcode 493 720 520*54

❻ 오타루 예술촌 小樽芸術村

日本語 오타루 게에주츠무라

오타루 예술촌은 오타루가 영화를 누리던 20세기 초에 지어진 구 아라타 상회(오타루 예술촌 뮤지엄숍小樽芸術村ミュージアムショップ), 구 다카하시창고(스테인드글라스 미술관ステンドグラス美術館), 구 미쓰이 은행 오타루지점, 구 홋카이도 다쿠쇼쿠은행 오타루지점(니토리 미술관似鳥美術館) 등 4개의 건물을 중심으로, 각 건물에 일본화 및 아르데코 공예품 등 폭넓은 작품을 공개 전시하고 있다. 그중에서도 아르누보의 예술가와 루이스 C. 티파니가 맡은 스테인드글라스 작품이 매우 아름답다. 2022년 4월에는 오타루 아사쿠사바시 옆에 서양미술관이 개관했다. 19세기 말 활약하던 예술가인 에밀 갈레, 돔 형제, 르네 라리크, 가브리엘 아르지 루소, 아말릭 월터 등의 작품을 감상할 수 있다.

위치 JR 오타루역에서 도보 10분
운영 5~10월 09:30~17:00,
11~4월 10:00~16:00
휴무 5~10월 매월 네 번째 수요일,
11~4월 매주 수요일
요금 **공통입장료(4관)** 어른 2,900엔,
대학생 2000엔, 고등학생 1500엔,
중학생 1000엔, 초등학생 500엔
전화 0134-31-1033
홈피 www.nitorihd.co.jp
/otaru-art-base/ko/
Mapcode 493 690 409*77

오타루 데누키코지 小樽出抜小路

日本語 오타루 테누키코지

오타루 운하 맞은편, 아사쿠사바시의 교차점인 오타루 데누키코지는 현지 식재료로 만든 요리를 맛볼 수 있는 포장마차 거리다. 홋카이도 개척기의 거리를 재현한 이곳은 약 20개의 다양한 식당이 입점해 있다. 밤이 되면 초롱 등불이 켜지고, 한층 더 노스탤직한 분위기를 느낄 수 있다. '화재 감시용 망루'를 본떠 만든 전망대는 운하와 바다를 내다볼 수 있는 전망 명소다.

위치 JR 오타루역에서 도보 15분
운영 점포마다 다름
전화 0134-24-1483
홈피 otaru-denuki.com

Mapcode 493 690 412*63 (운하 주차장)

구 테미야선 철길 旧手宮線跡地

日本語 큐 테미야센 아토치

1880년에 개통되어 1985년 폐선된 옛 국철 테미야선 터. 현재는 총길이 1,600m의 산책로로 정비되어 선로 위를 자유롭게 걸을 수 있다. SNS상에서도 유명한 포토존이다.

위치 JR 오타루역에서 도보 5~10분

Mapcode 493 690 518*12

More & More
테미야선은?

일본에서는 3번째, 홋카이도에서는 처음 생긴 철도 노선으로 당시 관영 호로나이 철도의 일부로 1880년에 개통되었다. 관영 호로나이 철도는 1889년 홋카이도 탄광 철도北海道炭礦鉄道로 양도되었다가 1906년 국철로 인수되었다. 개통 당시 청어, 다시마 등 해산물의 수송을 맡았고 여객 열차도 운영했지만, 1962년 5월에 여객 운송을 중단했다. 이후 화물 운송만 하다가 그마저도 1985년 8월부터 중단했고, 결국 그해 11월 노선 자체가 폐지되었다. 전체 길이 2.8km, 2개의 역이 있던 이 노선이 현재 '구 테미야선 철길'이라는 산책로가 되었다.

❾

사카이마치도리 堺町通り

日本語 사카이마치도리

구 햐쿠주산은행 오타루지점에서 오타루 오르골당 본관까지 약 750m의 거리다. 오래된 상가와 석조 건물, 창고 등을 개조한 수공예 유리 가게나 음식점 등이 줄지어 서 있다. 관광객을 위한 전형적인 거리라고 할 수 있는데 다이쇼시대(1912~1926), 쇼와시대(1926~1989)의 건축물이 다수 남아 있어, 오래전 오타루가 번영했던 시절의 모습을 엿볼 수 있다.

위치 JR 오타루역에서 도보 16분

Mapcode 493 661 608*25

❿

오타루 오르골당 본관 小樽オルゴール堂本館

日本語 오타루 오루고루도 혼칸

1915년 지어진 중후한 외관의 벽돌 건물에 자리 잡은 오르골당 본관은 세계 각국에서 모인 약 80,000점의 오르골을 전시·판매하고 있다. 본관 주위에는 오르골당 2호관, 동물원을 테마로 한 잡화점인 가라쿠리 동물원, 체험 공방 유코보, 운하에서 가까운 사카이마치점 및 공방을 거느리고 있다. 2호관에서는 아름다운 음색을 가진 파이프 오르간 연주가 하루 6회 연주된다. 본관의 명물인 높이 5.5m, 폭 1m의 증기시계는 캐나다 밴쿠버의 가스타운에서 1977년 만들어진 것과 동형의 시계로, 컴퓨터 제어만으로 보일러의 증기를 가동시켜 15분마다 증기로 연주한다.

위치 JR 미나미오타루역에서 도보 7분
운영 09:00~18:00
전화 0134-22-1108
홈피 www.otaru-orgel.co.jp

Mapcode 493 661 372*03

오타루 캔들 공방 小樽キャンドル工房

日本語 오타루 칸도루 코보

다양한 양초를 판매하는 전문점이다. 병설 공방에서 만드는 오리지널 제품과 계절별 한정 캔들도 갖추고 있다. 2층에는 커피와 차, 디저트를 즐길 수 있는 카페도 마련돼 있다.

위치 JR 오타루역에서 도보 13분
운영 10:00~18:00(카페는 17:00까지)
전화 0134-24-5580
홈피 otarucandle.com

Mapcode 493 690 264*88

가마에이 공장직매점 かま栄工場直売店

日本語 카마에이 코조초쿠바이텐

1905년에 창업한 전통 있는 가마보코 브랜드의 직매점이다. 가마보코는 생선 살을 갈아 만든 요리로 우리나라에서 어묵으로 알려져 있다. 이곳은 연근해에서 잡히는 심해어를 원료로 하여 다양한 종류의 어묵을 수작업으로 만들고 있다. 매장 내 가마에이 카페에서는 시식도 가능하다.

위치 JR 오타루역에서 도보 15분
운영 5~10월 09:00~19:00,
　　 11~4월 09:00~18:00
전화 0134-25-5802
홈피 kamaei.co.jp

Mapcode 493 691 181*58

Sightseeing ★ ☆ ☆

⑬
오타루 슈세마에히로바 小樽出世前広場

日本語 오타루 슈세마에히로바

약 120년 전에 지어진 낙농회관을 이용한 건물에 식당이나 다시마 전문점, 화장품 가게, 민박집 등이 자리해 있다. 개척시대부터 메이지, 다이쇼시대를 거치며 오타루가 홋카이도에서 번영하던 시대의 상인들의 역사 자료도 전시하고 있다.

위치 JR 오타루역에서 도보 15분
전화 0134-22-3377

Mapcode 493 690 174*45

Sightseeing ★ ★ ☆

⑭
기타이치 글라스 3호관 北一硝子三号館

日本語 키타이치 가라스 산고칸

오타루 유리 공예품 대표 가게인 기타이치 글라스. 오리지널 유리 제품 외에 석유등 및 주류를 판매하고 있으며, 오타루의 인기 관광지 중 하나이다. 1891년에 세워진 오래된 석조창고를 리노베이션한 최초의 건물로 오타루시 역사적 건조물 21호로도 지정되었다. 주제별로 3개 층으로 나뉘며 그릇이나 유리, 램프와 액세서리까지 다양한 제품을 판매하고 있다. 쇼핑 후에는 167개의 램프가 환상적인 빛을 발하는 기타이치 홀에 들러보자. 은은한 석유 램프 등불 아래에서 가벼운 식사, 스위츠나 홍차를 즐길 수 있다.

위치 JR 미나미오타루역에서 도보 10분
운영 09:00~18:00
　　(기타이치 홀은 17:30까지)
전화 0134-33-1993
홈피 kitaichiglass.co.jp
　　기타이치 홀
　　kitaichiglass.co.jp/kitaichihall

Mapcode 493 661 699*11

오타루 수족관 小樽水族館

日本語 오타루 스이조쿠칸

홋카이도에서 가장 큰 수족관인 오타루 수족관은 약 250종 5,000여 점의 생물을 만나 볼 수 있다. 가장 큰 볼거리는 물개, 바다사자, 해마 등이 사는 해수 공원이다. 이 외에도 돌고래 쇼가 인기가 많고 겨울 시즌에는 펭귄들의 산책 시간이 있다. 오타루에서 가까워 아이들과 여행 시 들러볼 만하다.

위치	JR 오타루역에서 주오버스 오타루 스이조쿠칸小樽水族館행 25분, 종점 하차
운영	3월 중순~10월 중순 09:00~17:00, 10월 중순~11월 하순 09:00~16:00, 12월 중순~2월 하순 10:00~16:00
휴무	11월 하순~12월 중순, 2월 하순~3월 중순
요금	어른 1,800엔 초중생 700엔, 3세 이상 350엔
전화	0134-33-1400
홈피	otaru-aq.jp

Mapcode 493 841 145*02

오타루시 니신고텐 小樽市鰊御殿

日本語 오타루시 니신고텐

원래는 1897년 샤코탄 서쪽에 세웠으나, 1958년 창립 70주년을 맞은 홋카이도 탄광기선 주식회사가 현재의 위치로 이축 복원했다. 이축 후 오타루시에 기증되어 1960년 '홋카이도 유형문화재 청어 어장 건축'으로 지정되었다. 오타루가 청어잡이로 번성했던 시대를 상징하는 건축물로, 내부에는 청어잡이와 청어 가공에 사용된 도구와 당시 이곳에 살았던 사람들의 생활용품과 사진 등을 전시하고 있다.

위치	JR 오타루역에서 주오버스 오타루 스이조쿠칸小樽水族館행 약 25분, 종점 하차 후 도보 5분
운영	4월 상순~11월 하순 09:00~17:00
휴무	11월 하순~4월 상순
요금	어른 300엔, 고등학생 150엔, 초중생 무료
전화	0134-22-1038

Mapcode 493 842 219*07

구 아오야마 별저 오타루 귀빈관 旧青山別邸小樽貴賓館

日本語 큐 아오야마 벳테 오타루 키힌칸

아오야마 도메키치, 아오야마 마사키치 2대에 걸쳐 청어잡이로 부를 쌓은 아오야마 가문이 가장 번창했던 1917년, 6년 반에 걸쳐 완공한 저택이다. 당시 이 저택의 건축비는 31만 엔으로, 동시대 신주쿠의 유명 백화점 이세탄의 건축비가 50만 엔 정도였다는 점을 감안하면, 얼마나 호화스러웠는지 알 수 있다. 마사키치의 딸 마사에의 결혼 피로연 때는 오타루와 야마가타의 게이샤들을 이곳 저택에 불러 사흘 동안 흥청망청 즐겼다고 한다. 봄 벚꽃으로 시작해 모란과 작약, 진달래, 수국 등의 계절 꽃이 만발하는 정원도 볼거리다. 매년 5월 하순부터 7월 상순에는 '모란 작약축제'가 개최되며, 형형색색의 꽃들이 정원을 장식한다.

위치 JR 오타루역에서 주오버스 오타루스이조쿠칸행 약 20분, 슈쿠쓰3초메祝津3丁目 하차 후 도보 5분
운영 4~10월 09:00~17:00, 11~3월 09:00~16:00, 12월 29일~31일 09:00~15:00
휴무 1월 1~7일
요금 어른 1,100엔, 초등학생 550엔
전화 0134-24-0024
홈피 www.otaru-kihinkan.jp
Mapcode 493 811 463*26

오타루 종합박물관 小樽市総合博物館

日本語 오타루시 소고하쿠부츠칸

증기 기관차와 차량 등이 보존 · 전시되어 있는 박물관이다. 홋카이도 철도 역사 자료도 전시하고 돔형 스크린이 있는 천체 과학 전시실도 갖추었다. 여름 한정 SL 타기 체험도 참여할 수 있으며 옛 테미야선 철도 시설(시즈카호)은 국가 지정 중요문화재다.

위치	JR 오타루역에서 차로 7분
운영	09:30~17:00
휴무	화요일, 12월 29일~1월 3일
요금	어른 400엔, 고등학생 200엔, 중학생 이하 무료
전화	0134-33-2523

Mapcode 493 750 078*72

덴구산 로프웨이 天狗山ロープウェイ

日本語 텐구야마 로프웨이

시내 중심부에서 차로 약 15분, 해발 532.4m인 덴구산은 오타루의 상징적인 존재로서 전망대까지 케이블카를 타고 4분이면 올라갈 수 있다. 정상부의 덴구 테라스에서는 오타루항과 시가지, 멀리 샤코탄반도까지 볼 수 있다. 겨울에는 약 400m 길이의 스키장으로 변신한다.

위치	JR 오타루역에서 주오버스 텐구야마로프웨이행 약 15분
운영	09:00~21:00
요금	**왕복** 어른 1,600엔, 어린이 800엔
전화	0134-33-7381
홈피	tenguyama.ckk.chuo-bus.co.jp

Mapcode 164 657 014*35

★
북의 월가(北のウォ―ル街)

철도와 항만의 발달로 다이쇼-쇼와시대 초기에는 홋카이도 물류, 경제의 중심지였던 오타루. 일본 은행 거리를 중심으로 이 일대에 비즈니스 거리가 형성되었다. 당시 이 지역을 '이로나이色内 은행 가'라고 불렸지만, 나중에 여행 잡지 등에서 '북의 월가'라고 부르기 시작했다. 최전성기에는 25개의 금융기관이 오타루에 지점을 개설, 홋카이도 제일의 금융 도시로 번창했다. 그 시기에 지어진 건물 중 일부는 현재도 자료관이나 레스토랑으로 이용되고 있으며, 밤에는 불이 켜지며 아름다운 복고풍 건축물로 주목받고 있다.

일본은행 구 오타루지점 금융자료관 日本銀行旧小樽支店金融資料館

日本語 니혼긴코 큐 오타루시덴 긴유시료칸

일본은행의 역사와 금융 구조를 알기 쉽게 소개하는 자료관. 건물은 도쿄역을 설계한 다쓰노 긴고가 설계했고 1912년 완공되어 현재는 금융자료관으로 사용하고 있다. 2003년 개관 이후 70만 명이 넘는 사람들이 이곳을 방문했으며, 1억 엔이 들어 있는 모의 지폐 팩을 들어 올려보는 체험도 있다.

위치 JR 오타루역에서 도보 10분
운영 09:30~17:00
　　 (12~3월은 10:00부터)
휴무 수요일
요금 무료
전화 0134-21-1111

Mapcode 493 690 224*47

구 미쓰비시은행 오타루지점 旧三菱銀行小樽支店

日本語 큐 미츠비시긴코 오타루시텐

1922년에 건축된 이 건물은 그리스 로마 양식으로 1층에 6개의 원형 기둥이 세워져 있는 것이 특징이다. 현재는 주오버스 제2빌딩으로 주오버스 운하터미널로도 사용하고 있다.

위치 JR 오타루역에서 도보 13분

Mapcode 493 690 321*81

구 홋카이도은행 본점 旧北海道銀行本店

日本語 큐 홋카이도긴코 혼텐

1912년 7월에 지어진 구 홋카이도은행의 본점 건물이다. 원래는 석조 지상 2층, 일부 지하 1층의 건물을 다이쇼시대에 2배로 증축한 것이다. 1931년에 철근 콘크리트 지상 3층, 지하 1층의 신관이 증축되었다. 이후 1944년 홋카이도 다쿠쇼쿠은행에 인수 합병되어 잠시 홋카이도 해운국의 청사로 사용되었다. 1965년부터 홋카이도 주오버스가 취득하여 본사 빌딩으로 사용하고 있으며, 이탈리아 음식점 오타루 바인Otaru Bine도 자리한다. 100종류 이상의 와인을 갖춘 숍이자 카페로 제철 식재료를 이용한 푸짐한 요리까지 즐길 수 있다.

위치 JR 오타루역에서 도보 11분
운영 오타루 바인 11:30~20:00

Mapcode 493 690 285*14

오타루 맥주 오타루 창고 NO.1 小樽ビール小樽倉庫No.1

日本語 오타루 비루 조오조오쇼 오타루 소코 난바완

물, 엿기름, 홉만 들어간 독일 순수 맥주를 만드는 오타루 맥주의 직영 매장이다. 여름 시즌에는 운하 가까이에 테라스 자리가 대인기다. 정규 맥주(필스너 · 둔켈 · 바이스) 외 계절 한정 맥주도 즐길 수 있다. 매일 오전 11시 10분부터 오후 5시 10분까지 30분마다 양조장 견학도 운영한다.

위치 JR 오타루역에서 도보 12분
운영 11:00~21:00
전화 0134-21-2323
홈피 otarubeer.com/jp
Mapcode 493 690 532*87

비스트로 블랑쉬 ビストロブランシュ

日本語 비스토로 부란슈

다이쇼시대 말기에 건축된 건물에 자리한 프렌치 이탈리안 레스토랑으로 신선한 홋카이도산 식재료를 사용하는 맛집이다. 점심 메뉴는 파스타(900엔~)와 마르게리타 피자(1,050엔) 등의 단품 요리가 다양하며 저녁에는 아라카르트à la carte 외에 코스 요리도 맛볼 수 있다.

위치 JR 오타루역에서 도보 10분
운영 11:30~14:00, 17:30~20:30
휴무 화요일 및 부정기적
전화 0134-32-5514
홈피 bistrotblanche-otaru.com
Mapcode 493 690 372*17

양식당 만자레 타키나미

洋食屋マンジャーレ TAKINAMI

日本語 요오쇼쿠야 만자레 타키나미

오타루 지역의 신선한 해산물과 홋카이도산 밀 등 현지 식재료를 듬뿍 사용한다. 하나하나 정성스럽게 만드는 요리의 종류가 40여 가지로 다양한데 생선 요리나 파스타 외에 한 냄비씩 끓여내는 파에야도 추천할 만하다.

위치 JR 오타루역에서 도보 10분
운영 11:30~14:00, 17:30~20:00
휴무 화 · 수요일　　　　전화 0134-33-3394
Mapcode 493 690 733*45

❹ 우오마사 魚真

日本語 우오마사

JR 오타루역에서 5분 정도 걸어가면 도착하는 접근성이 뛰어난 곳에 자리한다. 일본의 유명 TV 프로그램에도 소개되어 지역 주민들에게 사랑받는 스시집이다. 스시는 고급 음식이라는 생각을 갖기 쉽지만, 우오마사는 이자카야를 겸하고 있어 술 한잔하러 편안한 마음으로 잠시 들러 부담 없이 스시를 맛볼 수 있다. 홋카이도답게 최상급의 해산물을 사용한 스시에, 술과 잘 어울리는 이자카야 메뉴까지 요리의 종류도 풍부하다.

위치 JR 오타루역에서 도보 5분
운영 12:00~14:00, 16:00~20:15
휴무 일요일
전화 0134-29-0259

Mapcode 493 690 398*84

More&More 오타루의 스시

만화 『미스터 초밥왕』의 주인공 쇼타의 고향, 오타루. 바다에 접해 있는 도시답게 신선한 해산물을 즐길 수 있는데, 오타루 현지에는 '스시 야도리寿司屋通り'라는 명칭이 붙은 도로가 있을 만큼 '스시 마을'로도 유명하다. 시내에 있는 스시집만 해도 무려 100곳 이상이다.

❺ 오타루 마사스시 본점 おたる政寿司本店

日本語 오타루 마사즈시 혼텐

『미스터 초밥왕』으로 유명한, 오타루의 스시 가게 중 대표적인 가게로 1938년 창업한 오랜 역사를 간직한 곳이다. 최근에는 도쿄의 긴자, 신주쿠 외에 방콕에도 지점이 생겼다. 언제나 많은 손님으로 붐비는데 도화새우, 게, 성게알 같은 오타루의 제철 해산물로 만든 스시는 이 지역은 물론 관광객들에게도 정평이 나 있다.

위치 JR 오타루역에서 도보 11분
운영 11:00~15:00, 17:00~21:00
휴무 수요일, 1월 1일
전화 0134-64-1101

Mapcode 493 690 013*46

⑥ 아마토우 본점 あまとう本店

日本語 아마토우 혼텐

1929년에 창업한 오랜 역사의 디저트 가게다. 판매한 지 반세기 이상 지났음에도 여전히 사랑받고 있는 마롱코롱マロンコロン이 명물이다. 매장 내 2층 커피숍에서는 케이크 세트나 젠자이, 크림 안 미츠 등의 디저트를 맛볼 수 있다.

위치 JR 오타루역에서 도보 5분.
　　 미야코도리 상점가 내
운영 10:00~19:00
휴무 목요일
전화 0134-22-3942
홈피 otaru-amato.com

Mapcode 493 690 182*57

⑦ 아이스크림 팔러 미소노

アイスクリームパーラー美園

日本語 아이스쿠리무 파라 미소노

1919년에 홋카이도에서 처음으로 아이스크림을 제조하고 판매한 가게. 홋카이도산 달걀이나 우유를 사용하여 창업 때부터 지켜온 방법으로 만든 아이스크림은 상큼한 단맛과 부드러운 맛을 동시에 느끼게 한다.

위치 JR 오타루역에서 도보 3분. 미야코도리 상점가 내
운영 11:00~18:00　　　　휴무 화·수요일
전화 0134-22-9043　　　홈피 www.misono-ice.com

Mapcode 164 719 389*03

⑧ 다이쇼가라스 쿠보야 大正硝子くぼ家

日本語 다이쇼가라스 쿠보야

수제 유리로 인기인 오타루 다이쇼가라스가 운영하는 카페다. 1907년에 잡화 도매상을 운영한 구 보쇼텐의 점포로 지어졌으며, 오타루의 역사적 건조물로 지정된 건물이다. 윤이 나는 검은 나무 기둥과 100여 년의 세월을 거쳐 온 회반죽 벽, 판유리 창과 미닫이문 위의 란마欄間도 고스란히 남아 있다. 식기 또한 오타루 다이쇼가라스의 제품을 사용한다. 커피와 카푸치노 등의 음료 외에 크림 젠자이 등의 디저트도 인기 있다.

위치 JR 오타루역에서 도보 10분
운영 10:00~19:00　　　전화 0134-31-1132

Mapcode 493 691 062*64

⑨
르타오 본점 ルタオ本店
日本語 루타오 혼텐

1998년에 창업한 르타오 본점은 동화 속에서 튀어나온 듯한 외관이 인상적인 르타오의 최초 매장이다. 본점 1층에서는 갓 만든 케이크나 구운 과자 이외에도 이곳만의 한정 상품을 구입할 수 있다. 2층은 카페 코너로, 메르헨 교차점을 바라보면서 디저트와 홍차 등을 맛볼 수 있다.

위치 JR 미나미오타루역에서 도보 7분
운영 09:00~18:00
전화 0134-40-5480

Mapcode 493 661 579*40

⑩
프로마주 데니시 데니 르타오 フロマージュデニッシュデニルタオ
日本語 후로마주 데닛슈 데니 루타오

르타오 본점 맞은편에 오픈한 프로마주 데니시 전문점이다. 프로마주 데니시란 홋카이도산 크림치즈와 이탈리아산 마스카르포네 치즈의 2중 밀키 치즈 크림을 데니시 반죽으로 감싸 구운 것이다.

위치 JR 미나미오타루역에서 도보 7분
운영 10:00~18:00   전화 0134-31-5580
Mapcode 493 661 608*70

⑪
누벨바그 르타오 쇼콜라티에 오타루 본점 ヌーベルバーグルタオショコラティエ小樽本店
日本語 누베루바구 루타오 쇼코라티에 오타루 혼텐

본점에서 오타루역 쪽으로 약 3분 거리에 위치한 르타오 초콜릿 디저트숍이다. 오리지널 쇼콜라 전문점으로 고품질의 카카오를 사용한 각종 쇼콜라 메뉴가 인기 있다.

위치 JR 미나미오타루역에서 도보 10분
운영 09:00~18:00   전화 0134-31-4511
Mapcode 493 661 787*65

Food

⑫ 르타오 파토스 ルタオパトス

日本語 루타오 파토스

누벨바그 르타오 쇼콜라티에 오타루 본점 반대쪽에 자리 잡은 르타오 파토스. 1층은 더블 프로마주를 시작으로 르타오의 다양한 인기 상품들이 즐비한 디저트 코너이며, 상당히 넓은 공간의 2층은 디저트 및 파스타, 수프 카레 등의 식사도 가능한 카페로 이루어져 있다.

위치 JR 미나미오타루역에서 도보 10분
운영 09:00~18:00   전화 0134-31-4500
Mapcode 493 661 819*86

Food

⑬ 르타오 플러스 ルタオプラス

日本語 루타오 프라스

르타오 파토스 옆에 위치한 르타오 플러스는 르타오의 인기 상품들을 구입하거나 오리지널 소프트크림 및 갓 구운 한정 디저트 등을 가볍게 즐길 수 있는 테이크아웃 전문 매장이다.

위치 JR 미나미오타루역에서 도보 10분
운영 09:00~18:00   전화 0134-31-6800
Mapcode 493 661 819*86

Food

⑭ 에키모 르타오 エキモルタオ

日本語 에키모 루타오

JR 오타루역 앞에 위치한 르타오의 지점으로 스테디셀러 스위츠를 판매하고 있다. 테이크아웃 코너에서는 오타루 공방에서 만들어진 홋카이도 한정 더블 프로마주를 맛볼 수 있다.

위치 JR 오타루역에서 바로
운영 10:00~18:00
전화 0134-24-6670
Mapcode 164 719 474*32

Food

⑮ 류게츠 오타루점 柳月オタルト店

日本語 류게츠 오타루토텐

오비히로의 유명 제과점 류게츠가 오타루에 처음 낸 지점이다. 류게츠는 초콜릿을 바른 바움쿠헨 산포로쿠三方六로 유명한 과자점이다. 나무 모양과 닮은 바움쿠헨은 버터와 달걀의 풍미가 뛰어나고, 부드럽고 촉촉한 반죽이 이상적이다. 오타르트 등 오타루 한정 제품도 판매한다. 카페에서는 소프트아이스크림도 맛볼 수 있다.

위치 JR 미나미오타루역에서 도보 12분   운영 09:30~17:30
전화 0134-64-5222   홈피 www.ryugetsu.co.jp
Mapcode 493 691 092*26

여름의 마을
샤코탄 積丹, Shakotan

홋카이도 원주민인 아이누족이 그들의 언어로 '여름의 마을'이라고 불렀다는 이곳. 홋카이도 서쪽 해안에 돌출되어 있는 샤코탄반도의 해안선 절경은 맑고 푸른 바다와 어우러져 잊지 못할 풍경을 보여준다. 홋카이도에서 유일한 해안 국정공원으로 지정되었으며 '일본의 비경 100선' 중 하나다.

Tip
샤코탄 여행 참고 사이트
샤코탄 관광협회
www.kanko-shakotan.jp
주오버스
www.chuo-bus.co.jp

✚ 샤코탄으로 가는 법

1. 버스
오타루 ▶ 가무이미사키
주오버스 고속 샤코탄호 1시간 40분 소요

2. 관광버스
봄부터 가을까지 주오버스에서 관광버스를 운행한다. 인터넷 예약도 가능하다.
주요 코스: 시마무이 해안, 가무이미사키, 미사키노유, 다나카 주조

✚ 샤코탄 여행법

샤코탄반도 여행은 자동차 여행을 추천한다. 삿포로에서 렌트하면 오타루, 닛카 위스키 공장, 요이치에서 샤코탄반도까지의 아름다운 해안선 풍경을 볼 수 있다. 렌터카 외에는 시외버스(봄-가을 운행), 관광버스, 현지 1일 투어만 가능하다.

Sightseeing ★ ★ ★
❶ 시마무이 해안 島武意海岸 日本語 시마무이 카이칸

샤코탄반도의 북쪽 끝에 자리한 시마무이 해안은 '일본의 해안 절경 100선'에 선정된 아름다운 곳으로 해안선 풍경이 샤코탄반도 제일로 알려져 있다. 해안선을 보기 위해서는 주차장에서 좁고 어두운 터널을 빠져나가야 한다. 1895년에 만들어졌다는 30m 길이의 터널은 옛날에는 인근에서 어획한 청어를 나르는 청어길이었다. 터널을 빠져나와 뷰포인트에 서면 눈앞에 눈부신 에메랄드빛 바다와 절경이 나타난다. 전망대에서 해안가로 내려가서 산책을 즐길 수도 있다.

위치 오타루 시가지에서 차로 1시간 20분

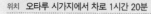
Mapcode 932 747 230*36

❷ 가무이미사키 神威岬

日本語 카무이미사키

샤코탄반도 서북단에 돌출된 높이 80m의 곶을 가무이미사키라 부른다. 가무이는 아이누어로 '신'을 뜻하며 1856년까지 여인들의 출입이 금지되기도 했다. 주차장에서 곶의 끝까지는 약 770m의 산책로를 따라가야 한다. 무인 등대가 서 있는 끝 지점에서 마주하는 바다 풍경은 가히 절경이란 말밖에 달리 표현할 수식어가 없다.

위치 오타루 시가지에서 차로 1시간 40분
운영 08:00~18:30

Mapcode 932 583 007*74

❸ 미사키노유 샤코탄 岬の湯しゃこたん

日本語 미사키노유 샤코탄

샤코탄반도를 대표하는 온천이다. 오른쪽으로 샤코탄미사키, 왼쪽으로 가무이미사키를 한눈에 볼 수 있는 곳에 자리 잡고 있다. 특히 해 질 무렵 붉은 석양으로 뒤덮이는 가무이미사키를 바라보며 온천욕을 즐길 수 있다.

위치 삿포로역전 버스터미널에서 주오버스로 3시간 5분
운영 11:30~19:00　　　　　　　　　　휴무 수 · 목요일
요금 어른 900엔, 어린이 450엔　　　전화 0135-47-2050
홈피 shakotango.jp/home#news

Mapcode 932 624 328*36

❶ 나카무라야 積丹中村屋

日本語 나카무라야

여름 시즌에 샤코탄반도를 여행한다면 꼭 들러봐야 할 맛집 중 하나. 여름 성게 알로 만든 우니동으로 유명하다. 우니의 고소함과 간장의 달고도 짭짤한 조화가 인상적이다.

위치 오타루역에서 차로 1시간 13분
운영 09:00~15:30　　　휴무 목요일
전화 0135-45-6500

Mapcode 932 686 278*22

홋카이도 제일의 와인 생산지
요이치 余市, Yoichi

삿포로에서 열차로 약 1시간, 오타루에서는 약 25분 거리에 있다. 닛카 위스키 공장, 와인, 관광과수원, 신선한 해산물을 찾으러 많은 관광객이 찾아오는 인기 여행지다. 홋카이도 제일의 와인 생산 지역으로 새로운 와이너리가 계속 생겨나 일본 국내는 물론 세계의 주목을 받고 있다.

Tip
요이치 여행 참고 사이트
요이치 관광협회
yoichicho.com/ko

Sightseeing ★ ★ ★
❶ 닛카 위스키 홋카이도 공장 요이치 증류소 ニッカウヰスキー北海道工場余市蒸溜所
日本語 닛카 위스키 홋카이도 코조 요이치 조류쇼

위스키의 고향 스코틀랜드를 떠올리게 하는 붉은 지붕과 석조 공장, 잔디와 수목이 우거진 풍경이 아름다운 곳이다. 닛카 위스키 요이치 증류소는 일본 위스키의 아버지로 불리는 다케쓰루 마사타카가 일본인으로선 처음으로 스코틀랜드로 건너가서 위스키 제조 기술을 익히고 돌아와 1934년에 건설했다. 가이드 투어도 가능하며(70분 소요, 무료 시음 포함) 1회에 1~9명 정도가 참여해 하루 12회 개최된다.

위치 JR 요이치역에서 도보 3분
운영 09:00~15:30
휴무 12월 23일~1월 7일
요금 투어 무료
전화 0135-23-3131
홈피 www.nikka.com/distilleries/
yoichi/index.html

Mapcode 164 635 876*25

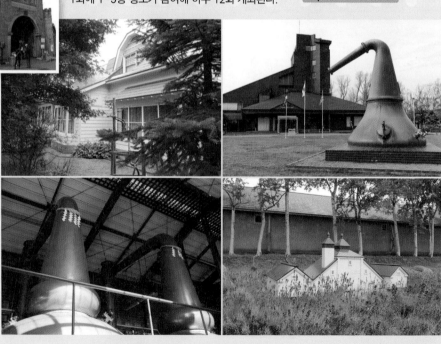

② 에비스 바위, 오오쿠로 바위 えびす岩·大黒岩

日本語 에비스 이와, 오오쿠로 이와

왼쪽이 에비스 바위, 도리이가 있는 오른쪽이 오오쿠로 바위다. 바위의 모양새가 칠복신 중에서 상업의 번성을 가져오는 에비스신과 오오쿠로신을 닮았다 하여 각각 에비스 바위, 오오쿠로 바위라고 부르게 되었고, 이 두 바위를 합쳐 '부부 바위'라고도 부른다. 두 바위 뒤로 우뚝 솟아 있는 절벽은 에보시미사키烏帽子岬다.

위치 JR 요이치역에서 차로 15분

Mapcode 654 868 110*34

③ 세타가무이 바위 セタカムイ岩

日本語 세타카무이 이와

국도 229호를 따라 가무이미사키 쪽으로 달리다가 요이치초와 후루비라초를 연결하는 길이 2,228m의 도요하마 터널을 지나 세타가무이 도로방재 기념공원으로 들어가면 공원에서 맛카미사키 끝에 있는 높이 80m의 바위가 세타가무이 바위다. '세타가무이'라는 말은 아이누어로 '개의 신'이라는 뜻이다. 멀리서 보면 마치 개가 고개를 들고 짖고 있는 것처럼 보인다.

위치 JR 요이치역에서 차로 20분

Mapcode 938 322 357*68

More & More
'세타가무이' 이름의 유래

옛날, 라르마키라는 젊은 어부가 개와 함께 살았다. 어느 날 라르마키는 고기잡이를 나갔다가 폭풍우에 조난을 당해 돌아오지 못했다. 이를 모르는 개는 주인의 귀가를 기다리며 폭풍우 속에서 계속 짖다가 바위가 되고 말았다. 또 다른 이야기로는 문화의 신 오키쿠루미가 사냥을 한 뒤 개를 두고 떠났다. 개는 그를 뒤쫓았지만 바다에 막혔고, 그곳에서 계속 울다가 돌이 되었다고 한다. 이 외에도 일본의 무장 미나모토노 요시쓰네가 이 땅을 떠날 때 기르던 개를 두고 갔고, 그 개가 바닷가의 바위가 되었다는 전설도 있다. 각기 다른 이야기지만 모두 다 주인에게서 남겨진 개가 너무 슬픈 나머지 돌이 되어버린 패턴이다. 그만큼 바다를 향해 솟아 있는 바위가 슬프게 짖어대는 개의 모습을 뚝 닮았다.

137

액티비티 천국
니세코 ニセコ, Niseko

요테이산 서쪽에 있는 니세코의 지명은 아이누어에서 따온 것으로 '깎아지른 벼랑(아래 흐르는 강)'을 뜻한다. 스키장이 있는 니세코안누푸리ニセコアンヌプリ는 '깎아지른 절벽이 있는 산'이라는 뜻이 된다. 동쪽으로 요테이산, 북쪽으로 니세코안누푸리 산악과 풍부한 자연이 가져다준 관광, 액티비티, 피서지, 그리고 많은 농산물을 비롯한 먹거리의 보고로도 알려져 있다. 한국인 여행자들에게 비교적 덜 알려진 지역이다.

Tip
니세코 여행 참고 사이트
니세코 리조트 관광협회
www.niseko-ta.jp

Sightseeing ★ ★ ★

1 요테이산 羊蹄山
日本語 요테이잔

에조후지蝦夷富士라고도 불리는 1,898m 높이의 요테이산은 '일본 100대 명산' 중 하나로 꼽히는, 홋카이도를 대표하는 산이다. 전형적인 성층화산으로 정상에 둘레 약 2km의 타원형 화구가 있고, 우뚝 솟아 있는 모습은 멀리 도야호에서도 보일 정도다. 6월 하순부터 등산할 수 있으며, 7월 상순부터 8월 상순에는 해발 1,700m 이상의 지대에서 100종류 이상의 고산 식물이 꽃을 피운다. 이 때문에 등산뿐만 아니라 자연 관찰과 야외 레크리에이션으로도 많은 사람들이 찾는다. 등산 코스는 4~6시간 정도 걸린다.

위치 JR 굿찬역에서 버스 루스츠 리조트행 또는 니세코버스 니세코에키마에ニセコ駅前행, 요테이잔 입구 하차 후 도보 이동. 굿찬 히라부 코스 등산로 입구까지 약 1.8km

Mapcode 385 547 847*16

② 니세코 파노라마 라인 ニセコパノラマライン

日本語 니세코 파노라마 라인

샤코톤반도 서쪽 네모토에서 도야호까지 연결하는 66호선 도로의 JR
니세코역에서 이와우치초까지의 구간을 통칭 '니세코 파노라마 라인'
이라고 부른다. 니세코의 높은 산과 원시림 사이를 완만한 곡선으로
돌아가기 때문에 풍경이 아름답다. 자동차 여행뿐만 아니라 오토바이
라이더들도 즐겨 찾는 이 도로는 가을이 되면 단풍의 절경으로 눈을
즐겁게 한다.

위치 JR 니세코역에서 차로 25분
(10월 하순부터 4월 하순까지
통행 금지)

Mapcode 398 784 242*28

③ 신센누마 神仙沼

日本語 신센누마

니세코 파노라마 라인의 명소 중 하나로 사시사철 모습을 바꾸는 환
상적인 풍경과 함께 니세코 주변의 많은 호수 중 가장 아름답다. 주차
장에서 늪까지는 나무 길이 정비되어 있어 도보 20분 정도면 부담 없
이 산책하며 고산 식물을 감상할 수 있는 곳으로 인기가 높다. 주차장
에는 간식 코너와 매점을 갖춘 레스트 하우스가 있고 화장실도 완비
되어 있어 안심할 수 있다. 전망대에서는 동해와 니세코의 고봉들이
한눈에 내려다보여 웅장한 자연이 빚어내는 절경을 만끽할 수 있다.

위치 JR 니세코역에서 차로 30분
홈피 www.town.kyowa.hokkaido.jp
/kankou/spot/shinsennuma.html

Mapcode 398 551 119

❹ 후키다시 공원 ふきだし公園

日本語 후키다시 코엔

요테이산이 만들어낸 축복 같은 곳. 요테이산에 내린 비와 눈이 틈새가 많은 지층으로 스며들어 수십 년 동안 여과돼 미네랄 가득한 물로 끊임없이 솟아난다. 하루 용출량은 8만 톤이고, 수온은 약 6.5도로 1년 내내 변화가 없다. 1985년 구 환경청(현 환경성) 선정 '일본의 명수 100선'에 선정되었다. 한국인 여행자들이 많이 찾는 곳이다.

위치 JR 굿찬역에서 도난버스
다테 방향으로 약 30분.
쿄고쿠버스터미널京極バスターミナル
하차 후 도보 약 15분

Mapcode 385 674 718*63

❺ 니세코 유모토 온천 오유누마 ニセコ湯本温泉大湯沼

日本語 니세코 유모토 온센 오유누마

니세코 파노라마 라인을 따라 란코시초蘭越町 치세누푸리チセヌプリ 산록에 위치한 니세코 유모토 온천의 원천(源泉). 두꺼운 진흙으로 둘러싸인 늪의 지름은 약 50m로, 중심부는 고온으로 끓어 오르는 유황천이다. 늪 주변의 산책로에서 강한 유황 향에 휩싸이며 진흙을 만져볼 수도 있다. 산책로 반대편에는 작고 맑은 물줄기가 흐르고 아름답게 빛나는 그 중심부에서는 차가운 물이 솟아나고 있다.

위치 JR 니세코역에서 버스로 25분

Mapcode 398 432 006

⑥ 나카야마 고개 中山峠

日本語 나카야마 토게

국도 230호선 삿포로시 미나미구와 아부타군 기모베쓰초의 경계에 있는 나카야마 고개는 홋카이도 도앙과 도남 지방을 연결하는 주요 간선 도로로 하루 통행량이 1만 대가 넘는다. 고개 정상부에 있는 휴게소에서 요테이산의 모습을 볼 수 있다. 맑은 날에는 산 정상의 하얀 눈과 푸른 하늘의 대비가 눈부시게 아름답다. 이곳 휴게소의 명물 아게이모^{あげいも}는 삶은 감자를 핫케이크 믹스나 밀가루에 계란이나 베이킹파우더 · 설탕 · 우유 · 물 등과 섞어 반죽한 뒤 튀긴 것이다. 꼬치에 3개 정도 꽂아 판다. 나카야마 휴게소에서는 1968년부터 판매했다.

위치 삿포로에서 차로 1시간 30분

Mapcode 759 672 363*58

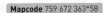

⑦ 쌍둥이 벚나무 双子のさくらんぼの木

日本語 후타고노 사쿠란보노키

예쁘게 늘어선 두 그루의 벚나무와 요테이산, 그리고 주변의 넓은 밭이 어우러져 니세코를 상징하는 촬영 스폿 중 하나가 되었다. 니세코를 소개하는 팸플릿이나 잡지 등에서 많이 보이는, 니세코의 아름다운 자연을 볼 수 있는 곳이다. 벚꽃이 피는 봄, 주변 밭이 푸른색으로 바뀌는 여름, 그리고 하얀 설경으로 바뀌는 겨울 등 사계절 내내 멋진 풍경을 볼 수 있다. 벚꽃이 만개하는 때는 5월 하순경이다.

위치 JR 니세코역에서 차로 약 7분,
　　단 사유지이므로 밭 안으로 절대 들어가선 안 된다.

Mapcode 398 322 299*71

⑧ 히가시야마 하나노오카 東山花の丘

日本語 히가시야마 하나노오카

니세코 다카하시 목장에 인접한 히가시야마 하나노오카는 홋카이도의 해바라기밭 명소다. 7월 하순부터 8월 중순에 걸쳐 요테이산과 니세코안누푸리를 배경으로 가득 피어난 해바라기의 모습은, 숨이 막힐 정도로 아름답다. 무료로 입장할 수 있어 부담 없이 기념 촬영을 즐길 수 있다.

위치 JR 니세코역에서 차로 6분

Mapcode 398 321 104*03

홋카이도 여행의 베이스캠프

아사히카와 旭川, Asahikawa

♦ **아사히카와 여행 참고 사이트**

아사히카와 관광협회

www.atca.jp/kankou

삿포로에 이어 홋카이도 제2의 도시인 아사히카와는 일본 최대의 국립공원 다이세쓰산 국립공원의 관문이며, 북쪽의 왓카나이와 동쪽의 아바시리, 그리고 라벤더와 아름다운 전원 풍경으로 유명한 후라노, 비에이로 가는 철도와 도로 노선의 교차로에 있어 이들 여행의 베이스캠프 역할을 한다. 일본 내에서 유명한 아사히야마 동물원이 위치해 있어 홋카이도에서 삿포로, 하코다테에 못지않은 연간 500만 명의 관광객이 방문하는 관광 도시이기도 하다. 이 외에 삼림에 둘러싸여 나무가 많은 아사히카와와 주변 지역에서는 옛날부터 가구 제조와 목공예의 기술이 발달해서 질 좋은 소재를 사용하여 세련된 디자인과 기능성을 담은 '아사히카와 가구' 브랜드로 유명하다.

More & More
아사히카와의 축제

아사히카와 겨울 축제
홋카이도에서 삿포로 다음으로 규모가 큰 눈 축제. 매년 2월 삿포로 눈 축제와 같은 시기에 개최된다.
위치 헤이와도리 가이모노 공원 행사장, 이시카리가와 아사히바시 강변 행사장 등
운영 2월 초
홈피 asahikawa-winterfes.jp

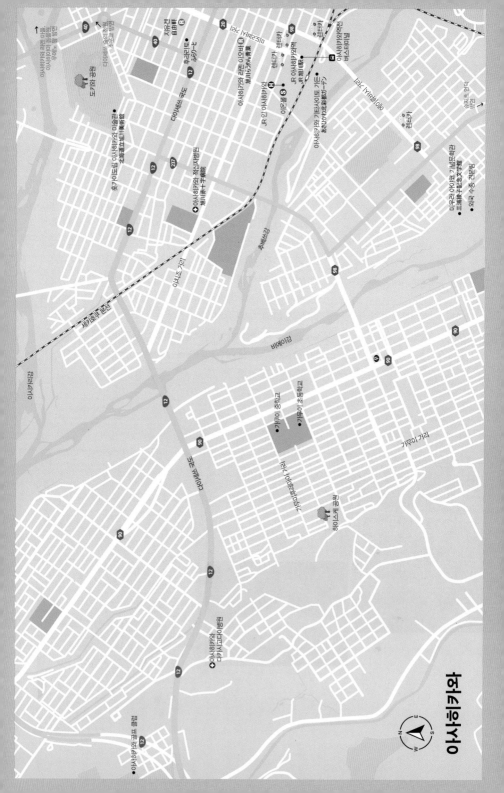

✚ 아사히카와로 가는 법

1. JR
삿포로역 ▶ 아사히카와역
JR 특급 가무이 · 라일락 1시간 25분, 편도 5,220엔

2. 버스
삿포로역전 버스승강장 ▶ 아사히카와역전 버스터미널
고속 아사히카와 2시간 5분 소요, 편도 2,300엔

아사쿠루 패스
아사히카와의 주요 관광지를 운행하는 버스(아사히카와 궤도버스, 도호쿠버스)를 1일 혹은 2일간 무제한 이용할 수 있는 패스.
요금 **1일권** 어른 1,200엔, 어린이 600엔 **2일권** 어른 1,800엔, 어린이 900엔

✚ 아사히카와 여행법

1. 관광지로서의 매력은 삿포로 못지 않은 곳이다. 아사히야마 동물 원이나 비에이 · 후라노 지역으로의 접근성이 좋지만, 의외로 아 사히카와역 주변이나 시가지에도 볼거리가 많다. 다만 JR이나 버 스 등의 공공교통편이 좋지 않아, 겨울을 제외한 계절 여행 때는 렌터카 여행을 적극 추천한다.

2. 비에이와 후라노, 아사히다케와 소운쿄 지역, 홋카이도 동부와 북 부 지역만을 여행하려 한다면 신치토세 공항보다는 아사히카와 공항을 이용해서, 아사히카와에 거점을 두고 여행하는 것이 효율 적이며 렌터카 여행을 추천한다.

①

미우라 아야코 기념문학관 三浦綾子記念文学館

日本語 미우라 아야코 기넨분카쿠칸

소설 『빙점』의 주요 무대가 된 외국 수종 견본림 입구에 미우라 아야코 기념문학관이 있다. 1997년에 문을 연 이곳은 작가의 문학 자료를 수집하여 보존하고 그녀의 문학적 업적과 작품의 시대적 배경을 알기 쉽게 소개한다. 본관 옆으로 미우라 아야코 부부가 살았던 집의 서재를 그대로 옮긴 분관이 2018년 개관했다. 책상이나 유리 선반, 시계 등 미우라 아야코와 미우라 미쓰요가 함께 작업했던 서재를 그대로 재현하고 있다. 바로 옆에 있는 울창한 숲으로 이루어진 외국 수종 견본림과 함께 돌아볼 만하다.

위치 JR 아사히카와역에서 차로 5분
운영 09:00~17:00(입장은 16:30까지)
휴무 11~5월의 월요일
요금 어른 700엔, 학생 300엔
전화 0166-69-2626
홈피 www.hyouten.com
Mapcode 79 312 126*17

②

아사히카와 기타사이토 가든 あさひかわ北彩都ガーデン

日本語 아사히카와 키타사이토 가덴

JR 아사히카와역과 바로 연결된 일본 내에서도 보기 드문 정원이다. 약 12만㎡ 부지에 10여 종의 화단이 펼쳐져 있어 계절별로 수많은 꽃이 피어난다. 단순한 산책뿐만 아니라, 시간을 내서 살펴볼 만하다.

위치 JR 아사히카와역에서 바로
Mapcode 79 314 721*75

❸ 후라리토 ふらりーと

日本語 후라리토

후라리토는 아사히카와시 5조도리 7초메에 있는 골목길로 쇼와 초기 분위기가 그대로 남아있는 유흥가다. 1920년경에 지금의 자리에 중앙시장이 들어섰으나 1939년 일대가 큰불로 소실되었다. 이후에는 라면 가게나 이자카야 등이 개업을 하면서 2004년 시민공모에 의해 '5 · 7코지 후라리토'라는 애칭이 붙여졌다. '코지'는 '좁은 골목'이라는 뜻. 이자카야, 라멘 가게 외에도 스시집, 야키토리 가게, 사케 전문 술집 등 18개의 음식점이 모여 있어 '야키토리 코지'라는 애칭도 있으며 특히 닭꼬치가 인기다.

위치 JR 아사히카와역에서 도보 약 10분

Mapcode 79 373 113*50

❹ 아사히카와 라멘 마을 あさひかわラーメン村

日本語 아사히카와 라멘무라

아사히카와의 라멘 문화를 널리 알리기 위해 설립된 아사히카와 라멘의 테마파크다. 시내의 유명 라멘집 8곳이 입주해 있다. 아사히야마 동물원과 가깝고, 대형 버스가 멈추는 주차장이 있기 때문에 단체 손님에게 인기가 높다.

위치 JR 아사히카와역에서 차로 20분
운영 11:00~20:00
전화 0166-48-2153
홈피 www.ramenmura.com

Mapcode 79 410 454*47

⑤

아사히야마 동물원 旭川市旭山動物園

日本語 아사히야마 도부츠엔

약 15만m² 부지 내에 약 100종의 동물이 살고 있는 아사히야마 동물원은 한때 쇠락해서 문을 닫기 일보 직전까지 갔다가 동물원 직원들의 헌신적인 노력과 생태 동물 전시로 수많은 관광객을 끌어들여 '기적의 동물원'이라는 별명을 가지고 있다. 정문, 동문, 서문 모두 3개의 출입구가 있는데 어느 문으로 입장하든 시계 반대 방향으로 관람을 하는 게 효율적이다. 인기 있는 시설은 서문 주위에 집중되어 있다. 겨울 시즌에는 펭귄 산책 프로그램으로 폭발적인 인기를 끌고 있다. 원내에 30개의 동물사가 있고 주요 동물만 보는 데도 2~3시간, 자세하게 돌아보려면 4~5시간이 소요된다.

위치 JR 아사히카와역에서 차로 20분
운영 하절기 09:30~17:15,
　　　동절기 10:30~15:30
휴무 홈페이지 참조
전화 0166-36-1104
홈피 www.city.asahikawa.hokkaido.
　　　jp/asahiyamazoo/
Mapcode 79 357 858*68

❻
우에노 팜 上野ファーム

日本語 우에노 파아무

우에노 팜은 아사히야마 동물원에서 차를 타고 7분 거리에 있는 영국식 정원이다. 아사히카와 출신으로 영국에서 조경 디자인을 공부한 우에노 사유키가 디자인했다. 사철 개화하는 다년초를 중심으로 가꾼 정원은 9개의 테마 가든과 더불어 카페와 모종이나 선물을 판매하는 가든숍도 자리해 있다.

위치 JR 세키호쿠 혼센 사쿠라오카桜岡역 하차 후 도보 15분
운영 4월 중순~10월 중순 10:00~17:00
휴무 10월 중순~4월 하순
요금 어른 1,000엔, 중학생 500엔, 초등학생 이하 무료
전화 0166-47-8741
홈피 uenofarm.net

Mapcode 79 508 652*88

❼ 슈지츠 언덕 就実の丘

日本語 슈지츠노 오카

아사히카와 공항의 남동쪽 구릉지에 숨어 있는 관광명소다. 슈지츠 언덕에서 북서쪽으로 가는 길은 업다운이 반복되는 롤러코스터 로드로 물결이 치는 듯하면서도 직선으로 이어지는 풍경이 볼 만하다. 멀리 보이는 아사히카와 시가지, 다이세쓰산 연봉과 도카치산을 한눈에 볼 수 있다. 주변의 밭은 사유지로 사진 촬영 시 주의해야 한다. 후라노 · 비에이 방면에서 아사히카와 공항 · 아사히다케 온천 방면으로의 이동 루트 도중에 들를 수도 있다.

위치 아사히카와 공항에서 차로 25분

Mapcode 389 165 302*20

❽ 다이세쓰 숲의 정원 大雪森のガーデン

日本語 다이세쓰 모리노 가덴

홋카이도의 아름다운 정원 8개를 잇는 홋카이도 가든 가도 중 첫 번째이자, 가장 북쪽에 위치한 화원이 다이세쓰 숲의 정원이다. 다이세쓰산 연봉을 바라보는 구릉 지대에 펼쳐진 숲에 만들어진 이곳은 900종류 이상의 다채로운 다년초가 피는 '숲의 화원'과 대자연의 나무와 우아한 산야초에 둘러싸여 있는 '숲의 영빈관', 가족 모두가 즐길 수 있는 '놀이의 숲', 이렇게 3개의 영역으로 구성되어 있다.

위치 JR 가미카와上川역에서 택시로 15분,
　　　여름 성수기 시즌에는 가미카와역에서 버스 운행
운영 4월 하순~10월 상순 09:00~17:00
휴무 10월 상순~4월 하순
요금 어른 800엔, 중학생 이하 무료(4월 하순~5월 중순 무료)
전화 01658-2-4655
홈피 www.daisetsu-asahigaoka.jp

Mapcode 623 459 391*01

Food

①

아사히카와 라멘 아오바 旭川らうめん青葉

日本語 아사히카와 라멘 아오바

JR 아사히카와역에서 도보 5분 거리에 위치한 아사히카와 라멘
아오바는 아사히카와 라멘의 원조로 알려져 있다. 1947년에 문을
연 이 가게는 산에서 키운 돼지고기와 닭고기, 건조시켜 끓인 다
랑어 및 가다랑어 같은 해산물 육수를 혼합한 것으로 유명하다.
이 특별한 육수 비법은 반세기가 넘는 시간 동안 3대를 걸쳐 전수
되었으며, 수준 높은 '진짜' 아사히카와 라멘을 원하는 현지인들
이 믿고 갈 수 있는 라멘 전문점으로 인정받고 있다.

위치	JR 아사히카와역에서 도보 5분
운영	09:30~14:00, 15:00~17:30
휴무	수요일
전화	0166-23-2820

Mapcode 79 343 622*37

Food

②

지유켄 自由軒

日本語 지유켄

옛날부터 축산으로 유명한 아사히카와에는 맛있는 고기 요리를
제공하는 맛집들이 많은데 돈카츠 야키니쿠 지유켄도 그중 하나
로, 돼지고기를 이용한 돈카츠, 오믈렛, 카레라이스 등의 양식 메
뉴가 주메뉴다. 추천하는 메뉴는 게살 크로켓으로, 한 입 베어 물
었을 때 녹는 듯한 크림 식감은 말로 표현할 수 없을 정도다. 한국
인들에게는 〈고독한 미식가〉에 등장했던 가게로 더 유명한 곳이
며 여기서 판매하는 '고로 세트五郎セット'는 게살 크로켓 외에도 흰
살생선(임연수) 튀김과 된장국이 따라 나온다.

위치	JR 아사히카와역에서 도보 7분
운영	11:30~14:00, 17:00~21:00
휴무	일요일
전화	0166-23-8686

Mapcode 79 373 147*03

대협곡 나들이

소운쿄 層雲峽, Sounkyo

★ ☆ ★ 아사히카와에서 한 발짝 더! 근교 여행

다이세쓰산은 크게 기타다이세쓰北大雪, 오모테다이세쓰表大雪, 히가시다이세쓰東大雪, 도카치 연봉十勝連峰으로 나뉘며 아사히다케, 구로다케, 소운쿄, 텐닌쿄 등은 오모테다이세쓰 구역에 위치한다. 다이세쓰산에서 가장 많은 등산객이 이용하는 코스는 아사히다케에서 출발해서 구로다케로 이어지는 루트다. 가을 단풍의 절경인 긴센다이, 다이세쓰 고원의 출발점이 바로 소운쿄이다.

이시카리강 연안을 따라 24km에 이르는 소운쿄는 높이 100m의 거대한 단애 절벽이 이어지는 대협곡이다. 다이세쓰산 국립공원의 중심지이며 조용한 분위기의 온천까지 자리 잡고 있어 사시사철 관광객의 발길이 끊이지 않는다. 소운쿄 온천은 협곡의 중간쯤에 있으며 아담한 온천 호텔들이 온천가를 이루고 있다.

✚ 소운쿄로 가는 법

1. JR+버스
아사히카와역에서 가미카와역까지 1시간 27분, 가미카와역에서 소운쿄행 버스로 환승해 30분 소요, 편도 890엔

2. 버스
아사히카와역전 버스터미널 ▶ 소운쿄 버스터미널
1시간 55분 소요, 2,140엔

✚ 소운쿄 여행법

소운쿄를 여행하기 좋은 시기는 여름, 가을 단풍, 겨울 빙폭 축제 기간이다. 가을 단풍 기간에는 여행객이 집중되므로 되도록 일찍 이동해야 한다. 소운쿄를 비롯한 다이세쓰 지역은 공공교통편이 많지 않아 렌터카 여행을 추천한다.

Tip
소운쿄 여행 참고 사이트
소운쿄 관광협회 sounkyo.net
도호쿠버스 www.dohokubus.com

More&More
소운쿄의 축제

소운쿄 빙폭 축제
소운쿄의 겨울을 상징하는 축제. '빙폭'이란 얼어붙은 폭포를 말하는데, 소운쿄의 유성 폭포와 은하 폭포가 이 시기에 얼어붙는다는 점에서 따온 겨울의 인기 이벤트다. 이시카리강 하천 부지에 설치된 얼음 조각상은 협곡의 자연과 매서운 추위를 최대한 활용하여 만들고, 밤이 되면 불이 켜져 환상적으로 빛난다. 또 겨울의 맑은 밤하늘을 아름답게 수놓는 불꽃놀이를 진행한다.
위치 소운쿄 온천 특설부지
운영 1월 하순~3월 하순

❶ 은하 폭포 · 유성 폭포 銀河·流星の滝

日本語 긴가 · 류우세노 타키

이시카리강을 따라 24km쯤 이어지는 절벽에 있는 2개의 폭포. 가늘고 섬세한 실들이 떨어지는 것 같은 은하 폭포와 굵은 한 줄기로 떨어지는 유성 폭포의 모습을 가까이에서 볼 수 있다. 폭포를 뒤로하고 20분 정도 비탈길을 오르면 전망대가 나온다.

위치 소운쿄 버스터미널에서 차로 5분

Mapcode 623 177 665*28

Sightseeing ★★☆

❷ 오바코 大函 日本語 오바코

소운쿄 계곡 상류부에 있는 곳으로 이시카리강을 끼고 우뚝 솟은 병풍 같은 협곡을 가까이에서 볼 수 있다.

위치 소운쿄 버스터미널에서 차로 10분

Mapcode 743 692 789*30

Sightseeing ★★★

❸ 구로다케 로프웨이 澄黒岳ロープウェイ

日本語 쿠로다케 로프웨이

소운쿄 온천에서 구로다케 5합목(1,300m)을 잇는 로프웨이. 일본은 산의 고도를 1~10으로 나누어 합목으로 표시한다. 봄에는 신록과 치시마자쿠라, 여름에는 고산 식물, 가을에는 단풍과 등산, 겨울에는 스키 등 계절별로 다양하게 구로다케를 즐길 수 있으며 무엇보다 웅장한 소운쿄 협곡의 풍경 전체를 볼 수 있다. 리프트로 환승해서 구로다케 7합목(1,520m)까지 올라갈 수 있다.

위치 소운쿄 버스터미널에서 도보 5분
운영 08:00~16:00(리프트 별도)
휴무 2024년 1월 4일~1월 26일
요금 **로프웨이** 왕복 어른 2,600엔, 어린이 1,300엔
　　　 리프트 1회권 어른 700엔, 어린이 350엔
홈피 www.rinyu.co.jp/kuredake

Mapcode 623 204 600*00

More & More
구로다케 가무이의 숲길 트레킹 黒岳カムイの森のみち

구로다케 리프트 종점에 내려 아마료 폭포 전망대あまりょうの滝展望台까지 편도 15분 거리의 가벼운 트레킹 코스. 가을 시즌 단풍 명소인 구로다케 부근을 돌아볼 수 있다.

Sightseeing ★★☆

❹ 긴센다이 銀泉台

日本語 긴센다이

다이세쓰 호수에서 길이 15km의 다이세쓰 관광도로를 지나면 그 막다른 곳에 긴센다이가 있다. 해발 1,490m 고지에서 바라보는 완만한 경사면을 따라 아름다운 단풍이 펼쳐진다. 보통 9월 20일 전후가 절정이다. 불타는 듯한 붉은색을 비롯해 노란색과 침엽수의 녹색이 어우러져 절로 탄성이 나온다. 다이세쓰산 아카다케 등산의 등산로이기도 해서 많은 등산객들에게 인기가 높다. 버스는 여름철에만 운행하고 단풍철에는 자가용 규제가 있어 셔틀버스가 운행하고 있다.

위치 소운쿄 버스터미널에서
도호쿠버스 긴센다이행 버스
(7~9월 운행) 1시간 소요,
종점 하차 후 바로

Mapcode 623 025 083

Sightseeing ★★☆

❺ 다이세쓰산 고원 大雪高原

日本語 다이세쓰잔 고겐

다이세쓰산 고원은 다이세쓰산 해발 1,260m 지점에 있는 습원으로 크고 작은 10개의 늪을 따라 이어지는 산행 코스로 유명하다. 가장 인기 있는 시즌은 9월 말부터 시작되는 단풍 시기다. 일본에서 가장 빨리 단풍이 물들어 그 풍경을 보기 위해 수많은 여행객이 찾아온다. 단풍 시즌 교통 규제 때문에 주차장에 차를 세우고 셔틀버스로 이동해야 한다. 이곳에 있는 다이세쓰산 고원 온천 산장은 눈이 완전히 녹은 6월 초부터 10월 초까지 1년 영업일이 123일에 불과한 온천이다. 전체 코스를 도는 데 약 4시간이 걸린다.

위치 소운쿄 온천에서 차로 40분
(온천 산장 숙박자는 무료 송영버스
운행), 임도 약 10km

홈피 www.daisetsu-kogen.com
/index.php

Mapcode 623 037 816*13

홋카이도의 여름이 빛난다
해바라기 마을

홋카이도의 여름 중 가장 멋진 풍경은 단연코 드넓은 평원을 가득 채운 해바라기다. 해마다 8월이면 나요로시名寄市와 호쿠류초北竜町에서 대규모 해바라기밭을 볼 수 있다. 두 지역 모두 아사히카와에서 출발하면 가까운 거리지만, 호쿠류초는 삿포로에서 당일 여행 코스로도 다녀올 만하다.

✚ 홋카이도의 해바라기밭 여행법

홋카이도 해바라기 축제는 보통 8월 초에서 중순에 개최된다. 호쿠류초는 아사히카와에서 가깝지만, 삿포로에서 다녀오는 것이 편리하다. 이동하는 시간과 해바라기밭을 돌아보는 시간까지 포함하면 기본적으로 반나절은 소요되기 때문에 일정을 세울 때 호쿠류초 이외의 다른 곳까지 여행하긴 어렵다. 이곳 모두 대중교통편으로 갈 수 있지만 되도록 렌터카 여행을 추천한다. 대중교통편 수가 많지 않을뿐더러 시간적인 제약이 있기 때문이다.

❶ 호쿠류초 해바라기 마을 北竜町ひまわりの里

日本語 호쿠류초 히마와리노사토

매년 20만 명 이상의 관광객이 찾는 호쿠류초의 대표적인 관광명소 해바라기 마을. 시즌 기간 중인 7월 중순부터 8월 하순까지, 23ha(도쿄돔 약 5개분)라는 광대한 부지에 약 200만 송이의 해바라기가 피어나고, 완만한 언덕 한 면이 선명한 노란색으로 물드는 광경은 압권이다. 원래는 1975년 전후에 건강식품 개발 목적으로 시작한 재배였지만 아름다운 풍경 때문에 관광지로 주목받게 되었다. 해바라기씨를 넣은 해바라기 소프트크림도 꼭 맛봐야 한다.

위치 JR 후카가와역에서 도보 3분,
후카가와주지가이深川十字街
정류장에서 호큐류온센행
소라치주오버스로 30분,
호큐류중학교 앞에서 하차 후
도보 3분
운영 7월 중순~8월 하순 09:00~18:00
휴무 8월 하순~7월 중순
전화 0164-34-2111
(호쿠류초 해바라기 관광협회)
홈피 hokuryu-kankou.com
/index.html

Mapcode 179 840 570*33

❷ 홋카이도립 선필러 파크 北海道立サンピラーパーク

日本語 홋카이도리츠 산피라 파쿠

아사히카와시의 북쪽, 가미카와진흥국 관내 최북단에 위치한 곳이 바로 나요로다. 나요로시의 해바라기밭은 호쿠류초에 버금가는 규모로, 대규모 해바라기밭이 두 군데 있다. 그중 도립 선필러 파크는 8월 중순부터 하순에 걸쳐 장관을 이루는데, 높다란 언덕 위에 자리해 있어 다른 꽃들도 감상할 수 있다. 또 당일 온천과 실내 위락 시설도 많아 가족 단위의 여행자가 찾아오기 알맞은 곳이다.

위치　JR 나요로역에서 차로 10분
운영　5~9월 09:00~18:00
홈피　www.nayoro.co.jp/sunpillarpark
Mapcode 272 747 554*73

❸ 나요로 해바라기밭 MOA なよろひまわり畑 MOA

日本語 나요로 히마와리바타케 모아

치에분智恵文 지역의 해바라기는 2006년까지 일본 최대 규모의 해바라기밭이었지만 감자의 병충해 발생원이 될 가능성 때문에 경작 면적을 대폭 줄였다. 선필러 파크가 고지대에 자리한 데 반해 이곳은 완만한 구릉지 위로 해바라기밭이 넓게 펼쳐져 있다. 다른 지역의 해바라기는 비료용으로 재배하지만, 이곳은 착유 용도로 재배하고 있다.

위치　JR 나요로역에서 차로 17분
Mapcode 272 888 694*71

04

사진의 마을

히가시카와 東川, Higashikawa

홋카이도 중앙의 가미카와 내륙 분지에 있는 인구 약 8,600 명의 아주 작은 마을이다. 마을 동쪽에 홋카이도 최고봉인 아사히다케旭岳(2,291m)가 있고 일본 최대의 자연공원인 다이세쓰산 국립공원 일부가 포함되어 있다. 등산로 입구에 해당하는 아사히다케 온천과 거대한 협곡 속의 텐닌교 온천 도 유명하다. 다이세쓰산에 쌓인 눈이 녹아 오랜 세월을 걸 쳐 지하수가 되어 마을까지 운반되고 있어, 히가시카와는 홋카이도에서 유일하고 전국적으로도 드문 상수도가 없는 마을이다. 수공예품의 마을로도 유명하고, 마을 영역 내에 는 목공 제품의 공방이나 세련된 카페와 베이커리들이 흩어 져 있다. 또 전원 풍경이 아름다워 홋카이도에서 처음으로 '경관행정단체'로 지정되어 대도시에서 온 이주자도 많은 곳이다. 최근에는 아사히다케 로프웨이 주변 트레킹과 일본 에서 가장 빠른 단풍 여행지를 보러 한국인 여행자들의 방 문이 늘고 있다.

◆ **히가시카와 여행 참고 사이트**
히가시카와 정보
www.welcome-higashikawa.jp

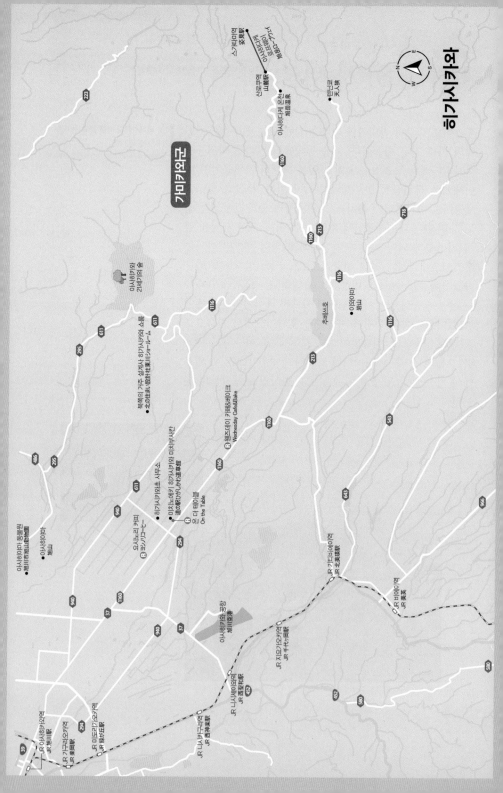

➕ 히가시카와로 가는 법

1. 버스
아사히카와역전 버스터미널 ▶ 히가시카와
아사히카와 궤도버스로 40분 소요, 미치쿠사칸道草館 하차.
편도 670엔

➕ 히가시카와 여행법

1. 평야가 펼쳐진 히가시카와의 전경도 아름답지만 아사히다케 로프
   웨이를 통해 여름에는 산악 트레킹을, 겨울에는 5월까지 스키를
   즐길 수 있다.

2. 아사히다케 트레킹의 경우 초보자도 가볍게 돌 수 있는 코스이면
   서 트레킹 로드 주변 고산 식물과 아사히다케의 전망을 만끽할 수
   있어 추천할 만하다.

3. 히가시카와초 지역 내를 운행하는 버스나 택시 승강장이 없기 때
   문에 되도록 렌터카 여행을 추천한다. 단순하게 아사히다케만 간
   다면 아사히카와역 앞에서 버스를 이용하면 된다.

> **Travel Tip**
> **셔틀버스 이데유호いで湯号**
>
> 아사히카와 시내에서 아사히카와
> 역, 아사히카와 공항, 아사히다케
> 온천 등을 거치며 하루 4차례 운행
> 한다.
> 요금 **아사히카와역-아사히다케**
> **온천** 편도 1,800엔

❶ 아사히다케 온천 旭岳温泉

日本語 아사히다케 온센

다이세쓰산 국립공원 내 홋카이도 최고봉인 아사히다케의 기슭에 있는 온천 마을이다. 이곳은 10곳 남짓한 건물, 목조 오두막, 유스호스텔과 대형 호텔 2~3곳으로 이루어져 있다. 다이세쓰산의 관문 역할을 하는 곳으로, 여름날과 가을날에는 트레킹과 단풍을 보러 온 여행객들로 특히 더 혼잡하다.

위치 JR 아사히카와역 앞에서 버스로 1시간 40분

Mapcode 796 829 388*44

❷ 아사히다케 로프웨이 旭岳ロープウェイ

日本語 아사히다케 로푸웨에

아사히다케 로프웨이는 아사히다케 산로쿠山麓역에서 아사히다케 5부 능선 스가타미姿見역(1,600m)까지 운행한다. 아사히다케는 일본에서 맨 처음 단풍이 드는 곳이자, 가장 먼저 눈이 내리는 곳이다. 9월 중순이면 아름다운 가을 단풍을 보기 위해 수많은 여행객이 이곳을 찾는다. 여름 시즌에도 로프웨이 스가타미역 부근을 일주하는 트레킹 코스를 찾는 한국인 여행자가 많아지고 있다. 아사히다케 로프웨이를 이용할 때는 반드시 사전에 운행 여부를 확인해야 한다. 산로쿠역과 스가타미역의 날씨가 다른 경우가 많아서 미리 확인하지 않으면 시간만 낭비하게 된다.

위치	JR 아사히카와역 앞에서 버스로 1시간 50분
운영	3~11월 09:00~17:00, 12~2월 09:00~16:00
휴무	기계 정비 시
요금	**6월~10월 20일** 어른 3,200엔, 초등학생 1,600엔 **10월 21일~5월** 어른 2,200엔, 초등학생 1,500엔 ※ 왕복 기준
홈피	asahidake.hokkaido.jp/ko

Mapcode 796 831 778

More&More
아사히다케 트레킹(6~10월)

해발 2,291m, 홋카이도 최고봉 아사히다케. 아사히다케 로프웨이 스가타미역에 약 1시간 거리의 산책 코스가 있어 초보자도 트레킹을 즐길 수 있다. 약 1.7km의 코스 내에는 가가미 연못, 스리바치 연못, 스가타미 연못과 아사히다케를 조망할 수 있는 전망대가 여러 개 마련되어 있다. 그중에서도 스가타미 전망대에서는 맑은 날, 수면 위로 아사히다케가 비치는 모습을 볼 수 있다. 산책하다 보면 연기가 나는 곳이 보이는데, 분기공(噴氣孔)에서 뭉게뭉게 수증기가 올라가는 모습이다. 제3전망대에서 제4전망대로 가는 길은 에조시마리스(홋카이도 다람쥐)가 나타나는 곳으로도 유명하다. 일본에서 가장 빠르다는 아사히다케 단풍의 시작은 8월 말부터이며 10월 상순에 산기슭까지 내려오고, 9월이면 산책 코스 내에도 가을이 찾아온다. 등산화 또는 바닥이 두꺼운 신발, 우비 또는 비바람을 견딜 수 있는 긴팔 옷이 필요하다. 신발은 스가타미역에서 빌릴 수 있다.

❸
미치노에키 히가시카와 미치쿠사칸 道の駅ひがしかわ道草館

日本語 미치노에키 히가시카와 미치쿠사칸

미치쿠사칸은 아사히카와와 아사히다케 온천을 잇는 도로 옆에 위치한다. 인포메이션에서는 히가시카와초의 볼거리와 이벤트 정보, 맛집 정보를 안내하고 있다. 히가시카와 여행 시 반드시 들러 확인하는 것이 좋다. 여름부터 가을까지는 바로 수확한 신선한 야채도 판매하고 있으며 동네 가게에서 가져와 판매하는 김밥, 샌드위치, 빵, 스위츠 등은 워낙 인기가 많아 오후에는 매진된다. 화장실은 휴무일 없이 24시간 이용할 수 있다.

위치	JR 아사히카와역 앞에서 아사히카와 궤도버스로 40분, 미치쿠사칸道草館 하차
운영	4~9월 09:00~18:00, 10~3월 09:00~17:00
휴무	12월 31일~1월 4일
전화	0166-68-4777
홈피	www.facebook.com /MIchikusakan

Mapcode 389 406 345*12

❹
북쪽의 거주 설계사 히가시카와 쇼룸
北の住まい設計社東川ショールーム

日本語 키타노 스마이 셋케에샤 히가시카와 쇼루무

히가시카와초 곳곳에는 30곳 이상의 목공 아틀리에와 갤러리가 있다. 홋카이도 특유의 기후 풍토에 맞는 생활을 제안하는 가구 및 주택 브랜드 북쪽의 거주 설계사는 히가시카와를 대표하는 공방 중 하나로 홋카이도산 활엽수를 이용한 수제 가구를 전시하고 있다. 식기 및 잡화 등도 판매하고 있으며, 부지 내에 있는 카페&베이커리도 들러볼 만하다.

위치	JR 아사히카와역에서 차로 30분		
운영	10:00~18:00	휴무	수요일
전화	0166-82-4556		
홈피	kitanosumaisekkeisha.com		

Mapcode 389 445 503*03

웬즈데이 카페&베이크 Wednesday Cafe&Bake

日本語 웬즈데 카훼 안도 베이쿠

히가시카와의 중심부에서 약 7km, 변두리에 자리 잡은 이곳은 구 농협 창고를 개조한 리노베이션 카페다. 히가시카와에서 재배한 쌀과 가까운 지역에서 자란 야채를 사용한 점심이나 히가시카와의 물로 끓이는 커피 등을 즐길 수 있다. 매장에서는 유기농 귀리를 사용한 수제 그래놀라와 커피빈 등도 판매하고 있다.

위치 JR 아사히카와역에서 차로 3분
운영 11:00~17:00
휴무 목요일
전화 0166-85-6283
홈피 www.instagram.com
/wednesday_cafeandbake

Mapcode 389 292 775*22

요시노리 커피 ヨシノリコーヒー

日本語 요시노리 코히

요시노리 커피는 스페셜티 커피 전문 카페로 가게에서 직접 볶은 원두도 판매하고 있다. 가게는 농가의 헛간을 개조하여 더욱 운치 있다.

위치 JR 아사히카와역에서 차로 6분   운영 10:00~18:00
휴무 수 · 목요일   전화 0166-56-00990
홈피 www.yoshinoricoffee.com

Mapcode 79 177 743*53

온 더 테이블 On the Table

日本語 온 자 태부루

시내 중심부 건물 2층에 자리한 카페이자 식당, 그리고 술집이다. 식사 메뉴로는 나폴리탄 스파게티, 햄버그스테이크, 돼지고기 생강구이, 그린 카레 등을 맛볼 수 있다. 한 잔씩 핸드 드립한 커피도 즐길 수 있고 금 · 토 · 일 저녁에는 술도 판매한다.

위치 미치노에키 히가시카와 미치쿠사칸에서 도보 2분
운영 식당 11:30~17:00, 카페 15:00~17:00,
술집(금 · 토 · 일) 17:00~22:00
휴무 수요일, 첫째 · 셋째 주 화요일   전화 0166-73-6328
홈피 www.instagram.com/on_the_table2012

Mapcode 389 406 313*14

05

푸른 언덕의 마을

비에이 美英, Biei

높고 푸른 하늘과 끝없이 이어지는 초원, 그리고 여름날의 언덕에 펼쳐진 색색의 꽃과 라벤더의 향기가 한 폭의 수채화 같은 풍경을 연출하는 비에이. 대부분의 홋카이도 지역이 사계절 모두 아름다운 자연 경치로 유명하지만 특히 여름날의 비에이는 한 장의 풍경 사진만으로도 마음이 설레는 곳이다.

♦ 비에이 여행 참고 사이트
비에이 관광협회
www.biei-hokkaido.jp/ja

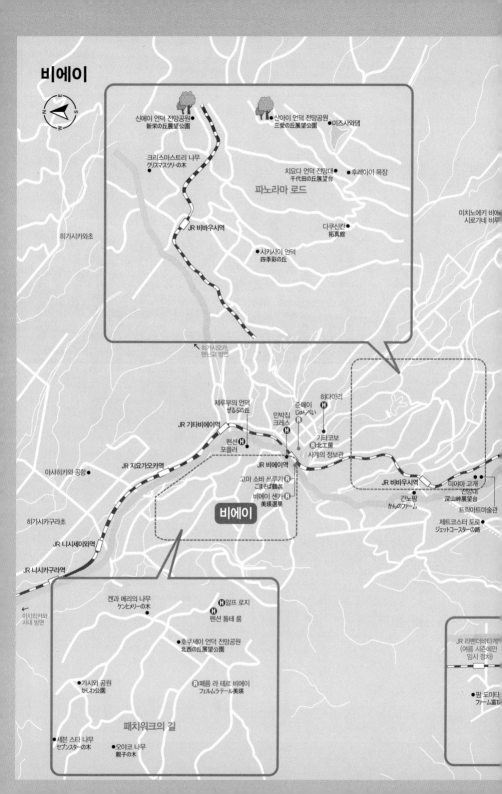

비에이

신에이 언덕 전망공원
新栄の丘展望公園

산아이 언덕 전망공원
三愛の丘展望公園

미즈사와댐

크리스마스트리 나무
クリスマスツリーの木

치요다 언덕 전망대
千代田の丘展望台

후레아이 목장

파노라마 로드

미치노에키 비에이
시로가네 비루

히가시카와초

JR 비바우시역

다쿠신칸
拓真館

시키사이 언덕
四季彩の丘

↑ 히가시오카, 텐닌교 방면

제루부의 언덕
ぜるぶの丘

준메이
じゅんぺい

히다마리

JR 기타비에이역

민박집 크레스
クレス

기타코보
北工房

펜션 포플러

JR 지요가오카역

JR 비에이역

사게의 정보관

JR 비바우시역

미야마 고개
深山峠展望台

전망대

아사히카와 공장

고마 소바 쓰루기
ごまそば鶴亀

비에이 센카
美瑛選果

비에이

간노팜
かんのファーム

트릭아트미술관

히가시카구라초

제트코스터 도로
ジェットコースターの路

JR 니시세이와역

JR 니시카구라역

← 아사히카와 시내 방면

켄과 메리의 나무
ケンとメリーの木

알프 로지

펜션 톰테 룸

JR 라벤더바타케역
(여름 시즌에만 임시 정차)

호쿠세이 언덕 전망공원
北西の丘展望公園

가시와 공원
かしわ公園

페름 라 테르 비에이
フェルムラテール美瑛

팜 도미타
ファーム富田

패치워크의 길

세븐 스타 나무
セブンスターの木

오야코 나무
親子の木

✚ 비에이로 가는 법

1. JR

삿포로역 ▶ 아사히카와역(환승) ▶ 비에이역
2시간 10~30분 소요, 편도 5,800엔

삿포로-후라노 에어리어 패스
신치토세 공항-삿포로-오타루-후라노-비에이-아사히카와를 연결하는 JR 특급, 쾌속, 보통열차의 지정석 및 자유석을 4일간 이용할 수 있는 티켓이다.
요금 어른 10,000엔, 어린이(6~11세) 5,000엔 ※웹사이트 예매 기준
홈피 www.jrhokkaido.co.jp/global/korean

2. 버스

아사히카와역전 버스터미널 ▶ 비에이역
50분 소요, 편도 580엔

아사히카와 공항 ▶ 비에이역
25분 소요, 편도 380엔

✚ 비에이 여행법

1. 삿포로에서 후라노까지 차로 3시간 정도다. 후라노를 포함한 당일 여행도 가능하지만 이동 시간을 포함하면 거의 하루가 소요된다. 아사히카와를 거점으로 하면 아사히야마 동물원도 여행할 수 있다. 렌터카나 JR을 이용한 여행이 어렵다면 삿포로에서 출발하는 1일 투어가 활성화되어 있어, 비교적 저렴한 비용으로 이용할 수 있다.

2. 렌터카 여행을 주로 추천하는 지역이지만 라벤더의 계절인 7~8월에는 라벤더 명소 주변 도로가 극심한 정체를 빚게 된다. 이 시즌에는 되도록 이른 아침부터 움직이기 시작해야 후라노의 라벤더밭이나 비에이 언덕을 하루 안에 돌 수 있다.

3. 후라노 · 비에이를 중심으로 둘러본다면 지역 내 호텔이나 펜션을 이용하고, 아사히카와를 중심으로 히가시카와, 아사히다케, 아사히야마 동물원, 소운쿄 등을 여행한다면 아사히카와 시내의 비즈니스호텔 등을 이용하는 것이 좋다. 다만 성수기에는 숙소 예약이 쉽지 않기 때문에 여행 계획이 어느 정도 세워졌다면 예약을 서두르자.

미유버스 美遊バス

비에이의 관광버스. 여름 시즌에는 비에이의 주요 여행지인 시로가
네 온천의 흰수염 폭포, 청의 호수, 13ha의 꽃밭이 펼쳐진 시키사이
언덕, 도카치다케 연봉을 볼 수 있는 신에이 언덕 전망공원 등을 운
행한다. 시즌에 따라 운행 코스와 요금이 달라지므로 이용 전 홈페
이지를 확인하자. 오프라인 티켓 구매는 JR 비에이역에서 나와 왼쪽
에 자리한 사계의 정보관四季の情報館에서 가능하다.

홈피 www.biei-hokkaido.jp/ja/bus_ticket

후라노 비에이 노롯코호 富良野美瑛ノロッコ号

라벤더가 만발한 후라노·비에이의 언덕과 다이세쓰산의 산줄기를
바라보며 달리는 JR 홋카이도의 관광열차 후라노 비에이 노롯코호.
DE15형 디젤 기관차와 510계 객차 3량으로 '느릿느릿 달리는 토롯
코 열차ノロノロ走るトロッコ列車'가 이름의 유래다. 노선 주변에 흩어져 있는
붉은 지붕의 집이나 라벤더원 등 차창 밖의 풍경을 위해 천천히 운
전하기도 한다(일부 열차 제외).

홈피 www.jrhokkaido.co.jp/global/korean/train/guide/norokkko.html

자전거

시간과 체력적 여유가 있다면 자전거 여행도 추천할 만하다. 다만
전체 코스의 길이가 40km가 넘는 데다 언덕의 기복이 심하기 때문
에 뜨거운 햇빛에 노출되는 한여름은 피하는 것이 좋다.

자전거 대여소

우노 상점宇野商店	전화 0166-92-1851
마쓰우라 상점松浦商店	전화 0166-92-1415
데라시마 상회寺島商会	전화 0166-92-2191
스기모토スギモト	전화 0166-92-1462

Travel Tip
여행 전 알아두기

비에이의 주요 관광 코스는 3개로
나눌 수 있다. 비에이역을 기점으
로 하여 북쪽 지역을 패치워크 로
드라고 한다. 비에이역의 남쪽 지
역은 파노라마 로드라고 부른다.
나머지 한 지역은 아오이이케와 시
로가네 온천 지역이다.

연작을 방지하기 위해 구획마다 밭에 각기 다른 농작물을 심은 것에서 그 이름이 유래되었다. 비에이와 후라노를 관통하는 국도 237호선의 서쪽 지역에 해당하는데, 이곳에는 호쿠세이 언덕 전망공원, 제루부의 언덕, 켄과 메리의 나무, 세븐 스타 나무, 오야코 나무 등이 있다. 주요 명소가 좁은 범위에 집중되어 있어 차로 여행할 경우 1~2시간이면 모든 스폿을 돌아볼 수 있다.

Sightseeing ★★☆

①

호쿠세이 언덕 전망공원 北西の丘展望公園

日本語 호쿠세이노 오카 덴보코엔

1995년에 개원한 전망공원으로 언덕에 위치한 피라미드형 전망대에서 비에이의 언덕들과 도카치다케 연봉을 한눈에 볼 수 있다. 전망대 앞 주변부에 라벤더밭이 있다. 여름철에는 공원 내 관광안내소가 문을 열어 삶지 않고 생으로 먹을 수 있는 옥수수 등을 판매한다.

위치 JR 비에이역에서 차로 5분

Mapcode 389 070 315

Sightseeing ★★★

②

켄과 메리의 나무 ケンとメリーの木

日本語 켄토 메리노 키

찻길 옆에 서 있는 수령 90년의 포플러나무로 높이 약 31m이다. 1972년에 출시한 닛산 차의 '켄과 메리의 스카이라인' CF 시리즈에 등장한 이후 비에이를 대표하는 명소가 되었다. 또 CF에 소개된 이후 '켄과 메리의 나무'로 불리게 되었다.

위치 JR 비에이역에서 차로 5분

Mapcode 389 071 545*48

❸
세븐 스타 나무 セブンスターの木

日本語 세븐 스타노 키

언덕 위에 서 있는 한 그루의 떡갈나무로 1976년 담배 '세븐 스타'의 패키지로 채택되면서 비에이를 대표하는 나무 중 하나가 되었다. 나무 주위에 재배되는 작물들이 매년 달라지므로 해마다 다른 풍경을 볼 수 있는데 하얀 감자꽃이 비에이의 낮은 구릉을 뒤덮는 초여름이 가장 멋있다. 바로 옆에 도로를 따라 줄지어 서 있는 자작나무는 새롭게 떠오른 포토 스폿으로 유명하다.

위치 JR 비에이역에서 차로 10분

Mapcode 389 157 129

❹
제루부의 언덕 ぜるぶの丘

日本語 제루부노 오카

국도 237호선이 지나는 언덕 위에 1998년 마을 청년들이 만든 침목의 로그 하우스와 꽃밭이다. 약 6만m²의 광활한 원내에 라벤더와 해바라기 등 형형색색의 꽃들이 언덕을 동심원 모양으로 물들인다. 원내를 한 바퀴 돌 수 있는 바이크(500엔)도 탈 수 있다.

위치 JR 비에이역에서 차로 5분
운영 4월 중순~10월 중순
　　09:00~17:00
휴무 4~5월 부정기적,
　　10월 중순~4월 중순

Mapcode 389 071 595

❺

오야코 나무 親子の木

日本語 오야코노 키

세 그루의 떡갈나무가 언덕 위에 사이 좋게 뿌리를 내리고 있다. 나무들은 겨울의 눈보라와 여름의 비바람에도 당당하게 서 있는 데 그 모습이 마치 '부모와 자식' 같다 하여 '오야코' 나무라고 불린다.

위치 JR 비에이역에서 차로 12분

Mapcode 389 097 860*15

❻

가시와 공원 かしわ公園

日本語 카시와 코엔

떡갈나무가 우거진 고지대에 있는 공원으로 웅장한 도카치다케 연봉과 패치워크 모양의 언덕이 한눈에 들어오는 전망이 좋다. 공원 내에는 기념식수를 한 벚나무도 있어 봄에는 벚꽃놀이 장소로 유명하다.

위치 JR 비에이역에서 차로 10분

Mapcode 389 129 586*44

파노라마 로드 パノラマロード

농지의 경계선마다 낙엽송으로 이루어진 방풍림이 띠 모양으로 퍼져 있어 도카치다케 연봉을 배경으로 장엄한 풍경을 보여주는 파노라마 로드에는 신에이 언덕 전망공원, 산아이 언덕 전망공원, 시키사이 언덕, 크리스마스트리 나무, 치요다 언덕 전망대 등이 자리 잡고 있다. 차로 이곳을 여행할 때 언덕의 경사가 심하기 때문에 과속에 주의해야 한다.

Sightseeing ★ ★ ☆

신에이 언덕 전망공원 新栄の丘展望公園

日本語 신에이노 오카 텐보코엔

비에이 남쪽 파노라마 로드에 자리한 공원으로 비에이와 다쿠신칸의 중간 지점에 있다. 이곳에서 바라보는 석양은 일본 제일이라고 할 정도로 아름답다. 한국 드라마 〈겨울연가〉로 유명한 윤석호 감독의 일본 영화 〈마음에 부는 바람〉(2017)의 무대가 되기도 했다.

위치 JR 비에이역에서 차로 7분

Mapcode 349 790 676

Sightseeing ★ ★ ☆

산아이 언덕 전망공원 三愛の丘展望公園

日本語 산아이노 오카 텐보코엔

파노라마 로드의 전경을 조망할 수 있는 공원. 이곳에서 다이세쓰산과 도카치다케의 연봉, 비바우시 소학교의 첨탑과 끝없이 펼쳐지는 비에이의 언덕을 볼 수 있다. 7월에는 감자꽃의 아름다운 경치를 볼 수 있어 많은 사진작가가 찾아오는 촬영 포인트다.

위치 JR 비에이역에서 차로 7분

Mapcode 349 792 477

❾

치요다 언덕 전망대 千代田の丘展望台

日本語 치요다노 오카 텐보다이

1998년 전망대로 조성되었는데, 이 주변은 원래 코스모스밭이었으나 현재는 잔디밭으로 바뀌었다. 파노라마 로드에서 의외로 관광객이 적은 곳이다. 이곳 전망대에 오르면 치요다 목장과 미즈사와 댐, 그리고 그 너머로 도카치 연봉 및 아사히다케를 감상할 수 있다.

위치 JR 비에이역에서 차로 10분
Mapcode 349 734 579

❿

다쿠신칸 拓真館

日本語 타쿠신칸

1987년 폐교한 구 치요다 소학교를 리노베이션해서 개관한, 풍경 사진가 마에다 신조의 사진 갤러리다. 마에다 신조는 비에이의 풍경을 세계에 알린 사진가로, 이곳에서 그가 촬영한 비에이의 아름다운 사진을 감상할 수 있다. 또 넓은 부지 내에 자작나무 회랑과 라벤더밭도 있어 산책을 즐기기에도 적당하다.

위치 JR 비에이역에서 차로 15분
운영 5~10월 10:00~17:00,
　　 11~4월 10:00~16:00
휴무 수요일(7~10월은 무휴)
전화 0166-92-3355
Mapcode 349 704 245*48

⑪

시키사이 언덕 四季彩の丘

日本語 시키사이노 오카

15ha의 부지에 봄부터 가을까지 튤립, 팬지, 작약 등 수십여 종의 꽃이 핀다. 완만한 경사의 언덕이 독특한 풍경을 자아내고 도카치 다케 연봉을 촬영할 수 있어 사진작가들의 촬영 포인트로도 인기다. 원내에는 농산물 직매소나 레스토랑, 알파카 목장이 있다. 겨울에는 스노래프팅, 썰매, 스노모빌 등을 즐길 수 있다.

위치 JR 비에이역에서 차로 12분
운영 1~4월 09:10~17:00,
　　 5·10월 08:40~17:00,
　　 6~9월 08:40~17:30,
　　 11·12월 09:10~16:30
휴무 12월 31일~1월 1일
요금 7~9월 어른 500엔, 초중생 300엔
　　 ※각종 승차 및 알파카 목장 별도
홈피 www.shikisainooka.jp

Mapcode 349 701 160

⑫

크리스마스트리 나무 クリスマスツリ-の木

日本語 크리스마스츠리노 키

드넓은 밭 한가운데 가문비나무 한 그루가 서 있는데, 나무의 모양과 위쪽 가지가 크리스마스트리를 연상시킨다고 하여 크리스마스트리 나무라고 불린다. 이 나무는 여름보다는 눈이 쌓인 겨울에 봐야 더 낭만적이며 붉은 노을이 질 때의 풍경도 무척 인상적이다.

위치 JR 비에이역에서 차로 15분

Mapcode 349 788 146

비에이역을 기점으로 북쪽 지역이 패치워크 로드, 남쪽 지역이 파노라마 로드이며, 그 외 나머지 한 지역은 아오이이케와 시로가네 온천 지역이다. SNS상에서 화제성이 높은 푸른 빛의 호수 아오이이케와 흰수염 폭포, 그리고 자작나무 길과 도카치다케의 웅장한 모습으로 둘러싸인 시로가네 온천 지역은 비에이의 대표적인 관광명소로 자리 잡고 있다.

Sightseeing ★ ★ ☆

 13

JR 비에이역 JR美瑛駅

日本語 제이아루 비에이에키

일본의 아름다운 역 100선에 뽑힌 비에이역은 아담한 규모로 비에이의 자연 풍경을 더욱 돋보이게 한다. 역사와 창고는 인근 지역의 돌을 사용하여 건축한 석조건물로 중후한 멋을 풍겨 CF에도 종종 등장한다. 비에이 여행의 출발점이다.

전화 0166-92-1854

Mapcode 389 010 595*25

Sightseeing ★ ★ ★

 14

아오이이케 青い池

日本語 아오이이케

푸른빛의 신비로운 호수로 비에이를 대표하는 여행지다. 호수의 물이 파란 것은 시로가네 온천의 흰수염 폭포에서 알루미늄을 포함한 물이 흘러들어 비에이강의 물과 섞였기 때문이다. 이 과정에서 사람의 눈에는 잘 보이지 않는 입자가 생성되고 그것이 햇빛을 산란시켜 파랗게 보인다. 11월부터 이듬해 2월까지 매일 오후 5시부터 9시까지 조명을 설치하여 라이트업 행사를 한다. 아오이이케가 가장 예쁜 시즌은 신록과 푸른 호수의 대비가 아름다운 여름, 단풍으로 물드는 가을 시즌이다.

위치 JR 비에이역에서 차로 25분

Mapcode 349 569 603

백화가도 白樺街道

日本語 시라카바카이도

'홋카이도 자연 100선'에 선정된 자작나무 가로수길. 시로가네 온천 방면으로 가는 도로 966호(도카치다케 비에이선) 변에 약 4km 정도 이어진다. 자작나무는 도카치다케 분화로 생긴 황무지에 자생한 것이다. 날씨가 좋을 때는 정면에 보이는 비에이다케와 흰색이 돋보이는 자작나무가 멋진 풍경을 연출한다.

위치 JR 비에역에서 차로 20분
Mapcode 796 210 544*14

흰수염 폭포 白ひげの滝

日本語 시로히게노 타키

양질의 온천수가 솟아나는 비에이의 대표적인 온천인 시로가네 온천. 온천의 절벽 틈새에서 물줄기가 쏟아져 내리는 모습이 흰 수염 같다고 해서 붙여진 이름이다. 전체 폭은 40m, 폭포의 낙차는 30m다. 겨울에도 얼지 않고 물이 쏟아지는 모습을 볼 수 있다.

위치 JR 비에역에서 차로 30분
Mapcode 796 182 604

도카치다케 전망대 十勝岳望岳台

日本語 도카치다케 보가쿠다이

시로가네 온천에서 도카치다케 방향으로 5km 정도 지점에 위치한 표고 930m의 뷰 포인트. 활화산인 도카치다케를 가까이서 볼 수 있으며, 비에이의 전체 풍경도 볼 수 있다. 주변에는 약 1.1km, 45분 정도가 소요되는 산책로가 들어서 있으며 여름에는 고산 식물, 가을엔 멋진 단풍을 볼 수 있다. 도카치다케 주변의 등반 거점인 레스트 하우스와 주차장이 병설되어 있다.

위치 JR 비에이역에서 차로 45분

Mapcode 796 093 194*72

시로가네 모범목장 白金模範牧場

日本語 시로가네 모한보쿠조

시로가네 온천 북쪽 해발 730m에 위치한 약 400ha 크기의 목장이다. 도카치다케 연봉을 배경으로 6~9월에 걸쳐 낙농가들이 약 200여 마리의 소를 맡기고 사육하는 목장이며 관광시설은 전혀 없지만, 화창한 날의 경치는 압도적이다. 특히 도카치다케 전망대에서 내려다보는 풍경을 추천한다.

위치 JR 비에이역에서 차로 25분

Mapcode 796 243 861

기타코보 北工房

日本語 키타코보

대만의 여행 가이드북에 소개되면서 유명해진 곳으로 비에이 시내의 조용한 주택가에 있다. 친절한 주인 내외가 반겨주는 이 커피 가게는 동네 사랑방처럼 지역 주민들이 즐겨 찾으며 최근 들어 한국인 관광객의 방문도 늘고 있다. 직접 만들어주는 커피의 그윽한 맛이 지친 심신을 달래준다.

위치 JR 비에이역에서 도보 10분
운영 10:00~18:00
휴무 수요일
전화 0166-92-1447
홈피 www.kitakouboh.com

Mapcode 389 011 271*03

페름 라 테르 비에이 フェルムラ·テール美瑛

日本語 훼루무 라 테루 비에이

'자연에 살다'라는 콘셉트로 비에이에서 재배되는 신선한 재료로 만든 음식을 맛볼 수 있는 레스토랑이자 디저트 카페다. 가게 이름을 직역하면 '대지의 농장'인데 이름답게 자연 친화적인 음식을 만들어내고 있고, 특히 푸딩이 맛있기로 유명하다.

위치 JR 비에이역에서 차로 7분
운영 **숍** 10:00~17:00
　　레스토랑 런치 11:00~15:00,
　　디너 17:00~20:00
전화 0166-74-4417
홈피 www.laterre.com/fermebiei

Mapcode 389 039 527*77

❸

고마 소바 쓰루기 ごまそば鶴喜

日本語 고마 소바 츠루기

비에이의 국도변에 위치하기 때문에 현지인들이 많이 찾는 가게다. 각종 온소바, 냉소바, 세트 메뉴를 갖추고 있다. 최근에는 한국인 여행자들이 준페이와 더불어 많이들 찾는다.

위치 JR 비에이역에서 차로 5분,
　　　도보 20분
운영 11:00~19:00
전화 0166-68-7700

Mapcode 389 010 572*25

Food

❹

준페이 じゅんぺい

日本語 준페이

비에이에서 한국인 여행자들에게 가장 많이 알려진 새우 덮밥 가게. 오리지널 블렌드 커피, 에스프레소, 소프트아이스크림 등의 카페 메뉴까지 갖추었다. 워낙 인기가 많아 사전 예약 필수.

위치 JR 비에이역에서 도보 7분
운영 11:00~15:00
휴무 월요일
전화 0166-92-1028
홈피 youshokutocafejyunpei.com

Mapcode 389 011 378*15

Food

❺

비에이 센카 美瑛選果

日本語 비에이 센카

2007년 오픈한 비에이 농축산물 안테나숍이다. 비에이 지역에서 생산되는 신선한 야채와 과일, 갓 구운 빵 등을 저렴하게 판매한다. 현지 식재료를 맛볼 수 있는 프렌치 레스토랑도 있다.

위치 JR 비에이역에서 도보 10분
운영 09:30~17:00
　　　(시기와 점포에 따라 다름)
휴무 **레스토랑** 수요일
　　　마켓 12월 30일~1월 5일
전화 0166-92-4400
홈피 bieisenka.jp

Mapcode 389 010 510*25

♦ **후라노 여행 참고 사이트**
후라노 관광협회 www.furano.ne.jp/kankou
가미후라노 도카치다케 관광협회 www.kamifurano.jp
나카후라노 관광협회 nakafukanko.com
후라노버스 www.furanobus.jp
도호쿠버스 www.dohokubus.com

보랏빛 라벤더의 향기

06 후라노 富良野, Furano

라벤더로 잘 알려진 후라노는 국도 237호선을 따라 자리 잡고 있다. 비에이와 함께 홋카이도에서 가장 로맨틱한 자연 풍경으로 유명하다. 또 홋카이도의 한가운데 자리한 덕에 '배꼽 마을'이라는 별칭도 얻었다. 여름에는 화려한 라벤더 꽃으로, 겨울에는 순백의 눈과 함께 스키의 고장으로 연간 200만 명이 넘는 관광객이 찾는다.

More&More 후라노의 축제

헤소 마츠리
홋카이도의 정중앙에 위치한 후라노는 홋카이도의 배꼽으로 불린다. 이러한 지리적 특성에서 비롯된 헤소 마츠리(우리말로 배꼽 축제)는 배에 얼굴을 그리고 재미있는 춤을 추며 시작된다. 라벤더가 가장 화려한 시기에 열리는 후라노의 대표 축제다.
위치 후라노 시내
운영 7월 28~29일
홈피 www.furano.ne.jp
/hesomatsuri

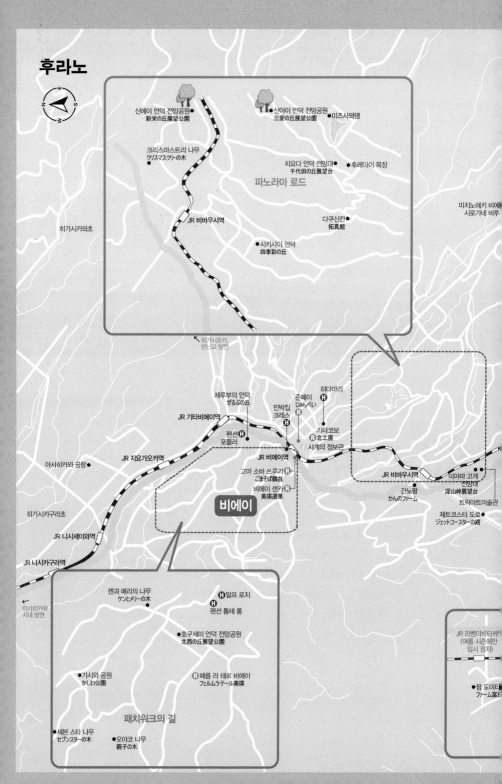

후라노

파노라마 로드

신에이 언덕 전망공원
新栄の丘展望公園

산아이 언덕 전망공원
三愛の丘展望公園

미즈사와댐

크리스마스트리 나무
クリスマスツリーの木

치요다 언덕 전망대
千代田の丘展望台

후레아이 목장

JR 비바우시역

미치노에키 비에이
시로가네 비루

히가시카와초

다쿠신칸
拓真館

시키사이 언덕
四季彩の丘

← 히가시오카,
탄난교 방면

제루부의 언덕
ぜるぶの丘

히다마리

민박집
크레스

준페이
じゅんぺい

JR 기타비에이역

펜션
포플러

기타코보
北工房
사계의 정보관

아사히카와 공항

JR 지요가오카역

JR 비바우시역

미야마 고개
深山峠展望台

비에이

JR 니시세이와역

고마 소바 쓰루기
ごまそば鶴居

비에이 센카
美瑛選果

간노팜
かんのファーム

트릭아트미술관

히가시카구라초

제트코스터 도로
ジェットコースターの路

JR 니시카구라역

← 아사히카와
시내 방면

켄과 메리의 나무
ケンとメリーの木

알프 로지

펜션 톰테 룸

호쿠세이 언덕 전망공원
北西の丘展望公園

JR 라벤더바타케역
(여름 시즌에만
임시 정차)

가시와 공원
かしわ公園

페름 라 테르 비에이
フェルムラテール美瑛

패치워크의 길

팜 도미타
ファーム富田

세븐 스타 나무
セブンスターの木

오야코 나무
親子の木

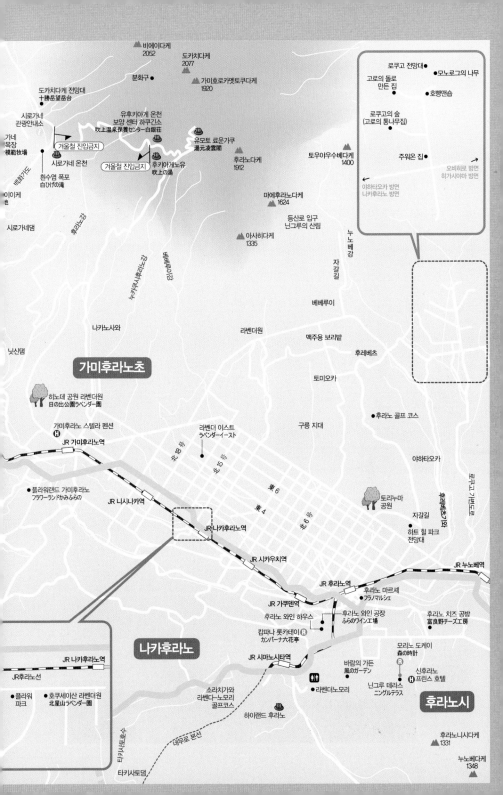

후라노로 가는 법

1. JR
삿포로역 ▶ 후라노역
후라노 라벤더 익스프레스 약 2시간 소요
(운행 기간은 사전 확인 필요)

아사히카와역 ▶ 후라노역
JR 후라노선 1시간 10분 소요, 편도 1,290엔

2. 버스
삿포로 ▶ 후라노
주오버스 고속 후라노호 2시간 37분 소요, 편도 2,500엔

아사히카와 공항 ▶ 후라노
후라노버스 라벤더호 1시간 10분 소요, 편도 790엔

아사히카와역전 버스터미널 ▶ 후라노역전 버스터미널
1시간 40분 소요, 편도 900엔

✚ 후라노 여행법

1. 삿포로에서 후라노까지는 이동시간이 3시간 정도 걸리고 여름 시즌에는 비에이까지 포함해야 하므로 당일치기 여행은 한계가 있기에, 되도록 1박 2일 이상의 일정을 추천한다. 여기에 여름 시즌 라벤더 명소는 핵심적인 2~3곳만 보는 것이 효율적이다. 광범위한 지역에 볼거리가 흩어져 있어 렌터카 여행이 필수적이다.

2. 라벤더 시즌에는 극심한 차량 정체가 있으므로 혼잡을 피해 이른 아침부터 출발해 후라노의 꽃밭을 보고 비에이로 이동하는 것이 좋다.

팜 도미타 ファーム富田

日本語 파무 도미타

후라노를 물들이는 라벤더. 후라노가 라벤더 마을로 불리는 이유를 확인하기 위해서는 한여름인 7~8월에 이곳을 찾으면 된다. 후라노의 3대 라벤더 관광지는 팜 도미타, 미야마 고개, 히노데 공원이다. 팜 도미타는 후라노 라벤더의 원조 혹은 라벤더의 고향이라 불리는데 연간 관광객이 90만 명에 이를 정도로 라벤더의 명소다. 최근에는 계절별로 다양한 종류의 꽃들을 볼 수 있으며 원내에는 하나비토 하우스, 드라이플라워 하우스 등 라벤더와 관련된 다양한 제품을 판매하는 선물 코너가 있어 관광객의 발걸음을 붙잡는다.

위치 JR 나카후라노역에서 차로 5분. 여름 시즌에만 임시 정차하는 라벤더바타케ラベンダー畑역에서 도보 7분
운영 09:00~17:00
전화 0167-39-3939
홈피 www.farm-tomita.co.jp

Mapcode 349 277 672

라벤더 이스트 ラベンダーイースト

日本語 라벤더 이스토

팜 도미타에서 4km 정도 떨어진 곳에 있는 약 14만m² 부지를 가진 일본 최대의 라벤더밭. 오일용 라벤더가 재배되는데 개화기인 7월에만 일반 개방한다.

위치 JR 나카후라노역에서 차로 10분
운영 7월 상순~7월 중순 09:30~16:30
휴무 개방 기간 외
전화 0167-39-3939
홈피 www.farm-tomita.co.jp/east

Mapcode 349 251 408

LAVENDER EAST

③ 히노데 공원 라벤더원 日の出公園ラベンダー園

日本語 히노데 코엔 라벤더엔

가미후라노역에서 도보 15분 거리에 있는 약 60m 높이의 낮은 언덕에 자리 잡은 라벤더 공원. 히노데 공원이 있는 가미후라노는 일본 최초의 라벤더 재배를 성공한 곳으로 알려져 있다. 전망대에 올라서면 남쪽으로는 후라노 분지와 아시베쓰산, 동쪽으로는 도카치다케 연봉이 한눈에 들어온다. 해돋이와 석양의 명소이기도 하고, 결혼사진 촬영 성지로도 유명하다.

위치 JR 가미후라노역에서 도보 15분
홈피 www.town.kamifurano.
hokkaido.jp/index.php?id=1854

Mapcode 349 463 374

④ 플라워랜드 가미후라노 フラワーランドかみふらの

日本語 후라와란도 카미후라노

개인이 운영하는 10만m²의 라벤더 공원으로 5월부터 9월까지 다양한 종류의 꽃을 즐길 수 있으며 트랙터 버스(어른 600엔, 초등학생 400엔)를 타고 공원을 일주하며 꽃밭을 감상할 수 있다. 여름 시즌에는 아스파라거스와 멜론 뷔페도 운영하고 있다.

위치 JR 가미후라노역에서 차로 6분
운영 3·4·11월 09:00~16:00,
5·6·9·10월 09:00~17:00,
7·8월 09:00~18:00
휴무 12~2월
요금 무료
전화 0167-45-9480
홈피 flower-land.co.jp

Mapcode 349 518 415

⑤ 호쿠세이산 라벤더원 北星山ラベンダー園

日本語 호쿠세이야마 라벤더엔

겨울에는 스키장으로 이용되는 호쿠세이산은 라벤더 시즌에는 약 3.7만㎡ 넓이의 사면에 라벤더와 메리골드가 피어난다. 경사면에 펼쳐지는 3종류의 라벤더를 바라보면서, 7분 정도 소요되는 관광 리프트를 타고 호쿠세이산 정상에 갈 수 있다. 도카치다케 연봉과 시골 풍경이 펼쳐지는, 나카후라노다운 경치를 즐길 수 있다. 또 후라노 지방의 여름을 이끄는 라벤더 축제와 불꽃놀이의 개최 장소이기도 하다.

위치 JR 나카후라노역에서 차로 5분
운영 리프트(6월 하순~8월 상순)
　　 09:00~16:40
휴무 연중무휴
요금 **리프트(왕복)** 어른 400엔,
　　 초중생 200엔
전화 0167-39-3033

Mapcode 349 276 030*23

⑥ 간노팜 かんのファーム

日本語 칸노파무

국도 237호를 따라 비바우 고개에 펼쳐진 꽃밭. 공원 안에는 수십 종 이상의 꽃들이 만발하며 정상에서는 도카치다케 연봉과 언덕을 배경으로 한 웅장한 경관이 한눈에 들어온다. 자가 재배 채소와 꽃모종을 판매하는 가게도 함께 운영하고 있다.

위치 JR 비바우역에서 차로 5분
운영 6월 상순~10월 하순
　　 09:00~17:00
휴무 10월 하순~6월 상순
전화 0167-45-9528
홈피 www.kanno-farm.com

Mapcode 349 728 754

❼ 후라노 와인 공장 ふらのワイン工場

日本語 후라노 와인 코조

후라노 와인의 제조 공정과 숙성 창고 등을 견학한 후 와인도 시음할 수 있다. 와인 공장은 1976년 설립되었다. 이 지역에서 재배된 질 좋은 포도만을 100% 사용하여 만든 후라노 와인은 홋카이도 전역에 판매되고 있으며 관광객들에게 기념 선물로도 인기가 높다. 와인 공장 뒤편에는 라벤더 공원 있는데 한가롭게 라벤더를 감상할 수 있다.

위치	JR 후라노역에서 차로 5분
운영	09:00~17:00
요금	무료
전화	0167-22-3242
홈피	www.furanowine.jp

Mapcode 349 060 639*28

❽ 후라노 치즈 공방 富良野チーズ工房

日本語 후라노 치즈 코보

후라노 치즈 공방은 후라노의 목장에서 자란 젖소의 신선한 우유로 5종류의 치즈를 만든다. 1층에는 치즈 제조실과 숙성실이 있고 창 너머로 견학할 수 있다. 2층은 직판 코너로 치즈 공방에서 제조된 치즈, 우유, 버터를 사용한 과자류 등을 구입할 수 있다. 바로 옆에 있는 아이스 밀크 공방에서는 아스파라거스, 시금치 등의 채소로 만든 아이스 밀크를 맛볼 수 있으며 피자 공방에서 판매하는 후라노 치즈가 듬뿍 들어간 나폴리 화덕 피자도 추천할 만하다.

위치	JR 후라노역에서 차로 10분
운영	4~10월 09:00~17:00, 11~3월 09:00~16:00
전화	0167-23-1156
홈피	www.furano-cheese.jp/html /koubou.html

Mapcode 550 840 171*88

⑨

닌그루 테라스 ニングルテラス

日本語 닌구루 테라스

신후라노 프린스호텔 부지 내 자리 잡은 닌그루 테라스는 산책로를 따라 15개의 작은 통나무 가게들이 자리하며 나무 조각품부터 유리 제품, 복잡한 종이 조각품, 매혹적인 만화경에 이르기까지 다양한 제품을 판매한다. 밤이 깊어지면 은은한 조명으로 몽환적인 분위기를 연출하며 마법의 원더랜드로 변신한다.

위치 JR 후라노역에서 차로 10분
운영 12:00~20:45(점포마다 다름)
휴무 부정기적
전화 0167-22-1111
홈피 www.princehotels.co.jp/
　　 shinfurano/facility
　　 /ningle_terrace

Mapcode 919 553 393*85

⑩

바람의 가든 風のガーデン

日本語 카제노 가덴

2008년 동명의 드라마 속 무대가 된 곳이다. 넓은 부지에 450품종 이상의 꽃과 들풀이 계절마다 피어난다. 촬영 세트가 일부 재연되어 있고 7~8월에는 모닝 가든을 개최, 꽃들이 가장 생생한 시간에 산책을 즐길 수 있다.

위치 JR 후라노역에서 차로 10분
운영 08:00~17:00
　　 (7·8월은 06:30부터, 9월 19일~10월 9일 16:00까지)
휴무 겨울 시즌　　　　　요금 어른 1,000엔, 초등학생 600엔
전화 0167-22-1111
홈피 www.princehotels.com/shinfurano/facilities
　　 /kaze-no-garden

Mapcode 919 553 451*77

⑪

후라노 마르셰 フラノマルシェ

日本語 후라노 마루쉐

후라노시 중심부에 있는 쉼터로 물산 센터, 농산물 매장, 베이커리 등이 들어선 3개의 건물로 구성되어 있다. 인접한 마르셰 2도 전천후형 아트리움을 비롯한 스위츠, 카페, 반찬 가게, 삼각김밥 가게, 꽃집, 생활잡화 가게 등이 들어서 있다.

위치 JR 후라노역에서 도보 7분
운영 10:00~18:00(하계는 19:00까지)
휴무 11월 중순~12월 상순 중 4~5일간
전화 0167-22-1001　　　　홈피 marche.furano.jp

Mapcode 349 001 717*64

제트코스터 도로 ジェットコースターの路

日本語 젯토코스타노 미치

가미후라노 8경 중 한 곳으로 JR 가미후라노역에서 국도 237호선을 약 9.7km 나아간 곳에 있는 도로. 심한 오르막과 내리막의 직선 도로가 약 4.5km나 이어진다. 급상승과 급강하를 반복하여 마치 제트코스터에 탄 것 같은 기분이 된다고 하여 제트코스터 도로라고 불리게 되었다.

위치 JR 가미후라노역에서 차로 10분
Mapcode 349 667 154*33

미야마 고개 전망대 深山峠展望台

日本語 미야마 토게 텐보다이

후라노 국도(237호)를 따라가다가 가미후라노와 비에이의 경계에 있는 고개 전망대. 여름 시즌 라벤더밭 너머로 펼쳐진 아름다운 구릉 지대, 그 배경에 이어진 도카치다케 연봉의 모습을 볼 수 있다. 인근에 트릭아트미술관, 관람차, 기념품점, 아트 체험, 아이스 공방 등이 있어 여름 시즌 여행 때 잠시 쉬어 갈 수 있다.

위치 JR 가미후라노역에서 아사히카와행 버스로 약 8분, 미야마토게深山峠 하차 후 바로
Mapcode 349 639 702*40

Food

①

캄파나 롯카테이 カンパーナ六花亭

日本語 칸파나 롯카테이

홋카이도의 유명한 제과 브랜드 롯카테이가 운영하는 커피숍 겸 기념품 가게이다. 후라노역에서 차로 약 8분 거리에 있다. 24,000m²의 광대한 포도원 내에 위치한 이 카페는 광활한 포도원과 저 멀리 도카치산맥의 봉우리가 보이는 숨 막히는 전경이 펼쳐지며 놀랍고도 편안한 분위기를 제공한다. 이곳에서는 롯카테이의 다양한 제품을 구입할 수 있을 뿐 아니라 맛있고 다양한 간식도 즐길 수 있다.

위치 JR 후라노역에서 차로 8분
운영 10:00~16:30
휴무 부정기적
전화 0167-39-0006
Mapcode 349 090 406*17

Food

②

모리노 도케이 森の時計

日本語 모리노 토케이

닌그루 테라스 끝 지점에 있는 목조 커피숍이다. 2005년 방영된 일본 드라마 〈자상한 시간〉의 배경이 된 커피숍이기도 한 이곳은 드라마 촬영 당시의 테이블과 의자를 그대로 유지하고 있다. 대표 메뉴로는 포레스트 카레와 스노 스튜가 있다. 그리고 '첫눈', '눈 쌓임', '눈이 녹다' 등 눈이 내리는 이미지를 딴 케이크도 있다. 커피숍에서 수동 커피 그라인더를 제공하여 직접 핸드 드립한 커피를 맛볼 수 있다.

위치 JR 후라노역에서 차로 10분
운영 12:00~20:00
전화 0167-22-1111
홈피 www.princehotels.co.jp
/shinfurano/facility/tokei
Mapcode 919 553 463*75

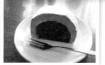

후라노의 온천

후라노에는 홋카이도에서 가장 높은 곳에 위치한 도카치다케 온천이 있다. 도카치다케의 풍경과 후라노 전체를 조망할 수 있는 천혜의 절경으로 유명하다.

도카치다케 온천 十勝岳温泉

日本語 토카치타케 온센

JR 가미후라노역에서 약 20km 거리, 구불구불한 산길을 오르면 도카치다케 온천 마을에 닿는다. 이곳은 도카치다케, 후라노다케의 등산 기지이기도 하며 3곳의 온천시설과 천연 노천탕이 흩어져 있다. 표고 1,280m 이상의 고지대에 위치하기 때문에 일본에서 가장 빨리 단풍을 즐길 수 있다.

위치 JR 가미후라노역에서 마을버스로
46분

└ 유모토 료운가쿠 湯元凌雲閣

日本語 유모토 료운카쿠

원조 도카치 온천으로 홋카이도에서 가장 높은 곳인 표고 1,280m에 위치한다. 노천탕에서 도카치다케의 연봉을 감상하면서 노천온천을 즐길 수 있다.

위치 JR 후라노역에서 차로 45분
운영 당일 입욕 08:00~19:00
요금 어른 1,000엔, 초등학생 500엔
전화 0167-39-4111
홈피 www.ryounkaku.jp

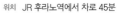

후키아게 온천 吹上温泉

日本語 후키아게 온센

도카치다케 연봉 중턱에 자리 잡은 후키아게 온천의 무색투명한 온천수는 신경통이나 류머티즘, 부인병 등에 효험이 있는 것으로 알려져 있다.

위치 JR 가미후라노역에서 마을버스로
46분

└ 후키아게노유 吹上の湯

日本語 후키아게노유

일본 드라마 〈북쪽 나라에서〉의 촬영을 위해 배우 미야자와 리에가 입욕한 것으로 일약 유명해진 혼욕 무료 노천온천이다. 산에서 솟아나는 온천수는 석고를 함유한 식염천으로 무색투명의 무취가 특징이다. 후키아게 온천 하쿠긴소에서 걸어서 5분 정도 거리에 있다. 따로 탈의실이 없으므로 수영복을 착용하거나 수건을 감고 목욕하는 것을 추천한다. **Mapcode** 796 031 238*37

└ 후키아게 온천 보양 센터 하쿠긴소 吹上温泉保養センター白銀荘

日本語 후키아게 온센 호요 센타 하쿠긴소

후키아게 온천의 공공온천 겸 간이숙소인 후키아게 온천 보양 센터 하쿠긴소는 남녀 각각 4개씩 총 8개의 탕을 갖추고 있으며, 정원풍의 노천탕이 유명하다. 최근 한국인 여행자들이 급증하고 있는 곳이다.

위치 JR 가미후라노역에서 차로 20분
운영 09:00~22:00
요금 어른 700엔, 중고생 500엔,
초등학생 300엔
전화 0167-45-3251
홈피 kamifurano-hokkaido.com
/?page_id=2
Mapcode 796 032 433*06

취향대로 즐기는
후라노 근교 나들이

Sightseeing ★ ★ ☆

❶ 이쿠도라역 幾寅駅

日本語 시이쿠도라에키

미나미후라노초에 위치한 JR 홋카이도 네무로 본선의 무인역이다. 역명이자 지명인 '이쿠도라'는 인근의 유쿠토라슈베쓰강을 가리키는 아이누어에서 따온 것으로 '사슴이 오르는 강'을 뜻한다. 이 역은 영화 〈철도원〉에서 호로마이선(비요로-호로마이)의 종착역인 호로마이역으로 등장했다. 영화 촬영 이후에 '호로마이역'이라는 간판을 걸었다. 역 앞에는 영화에 등장했던 식당 건물과 거리 세트장이 아직도 남아 있으며, 영화에서 운행하던 기차인 키하 40-764호의 일부도 보존되어 있다. 2016년 홋카이도를 덮친 태풍 피해로 2016년 9월부터 무기한 운휴 중이었는데, 2024년 4월 1일 후라노-신토쿠 구간 폐선이 확정되어 이 역도 폐역될 예정이다.

위치 JR 후라노역에서 차로 45분

Mapcode 550 293 115

Sightseeing ★ ★ ☆

❷ 호시노리조트 토마무 星野リゾートトマム

日本語 호시노리조토 토마무

해발 540m의 토마무산 자락에 있는 홋카이도 최대급 리조트 토마무 더 타워와 리조나레 토마무. 2개의 호텔을 중심으로 일본 최대급 실내 수영장 미나미나 비치를 비롯해 다양한 액티비티와 스키를 즐기며 휴식을 취할 수 있다. 안도 다다오가 설계한 물의 교회와 이른 아침 곤돌라를 타고 오르는 운해 테라스는 이곳의 명물이다. 히다카산맥을 넘어 광활한 운해가 흘러드는, 자연이 빚어낸 다이내믹한 절경을 만날 수 있다.

위치 JR 토마무역에서 무료 셔틀버스로 5분
전화 0167-58-1111
홈피 www.snowtomamu.jp/winter/

Mapcode 608 511 276*42

└ 운해 테라스 雲海テラス

1,088m 높이에 위치하고 있으며 기상 조건이 갖춰진 이른 아침에 환상적인 운해를 바라볼 수 있는 시설이다. 리뉴얼을 통해 전망 데크가 이전보다 돌출되어 더 가까이에서 운해를 감상할 수 있다. 리조나레 토마무나 토마무 더 타워 숙박자는 송영버스를 타고 오를 수 있다.

운영 5월 9일~10월 15일 05:00~07:00 ※2024년 기준, 시기에 따라 다름
요금 **곤돌라** 어른 1,900엔, 초등학생 1200엔 ※호시노리조트 숙박자 무료
홈피 www.snowtomamu.jp/summer/unkai

└ 물의 교회 水の教会

일본의 유명 건축가 안도 다다오가 설계한 교회. 종교적인 교회가 아니라 호시노리조트 토마무의 부속 시설로, 주로 결혼식 장소로 사용된다.

홈피 tomamu-wedding.com
　　　/waterchapel

More&More 운해 테라스의 전망 포인트

· Cloud Pool
　가로 · 세로 10m의 거대한 해먹을 연상시키는 전망 장소. 산비탈에 설치되어 마치 구름 위에 있는 것 같다. 운해 테라스 내에 위치.

· Cloud Bed
　구름을 이루는 '운립'을 이미지화한 전체 길이 약 15m의 전망 명소. 직경 40~60cm의 탄력 있는 쿠션이 함께 설치되어 있다. 구름 위에 있는 것 같은 기분으로 기대앉거나 자유로운 자세로 운해를 바라볼 수 있다.

· Cloud Walk
　구름 위를 둥실둥실 걷는 듯한 구름 모양의 전망 장소다. 지면 밖으로 돌출되어 약 210도의 광활한 경치를 감상할 수 있다. 전체 보행 거리는 57m, 지면으로부터의 높이는 최대 10m이다. 현수교 구조라 걸으면 조금 흔들린다.

· Cloud Bar
　2019년 여름에 문을 연 시설로 운해와 아침 해 등 절경을 바라볼 수 있는 바 카운터를 형상화한 전망 장소다. Cloud Walk 앞에 지상 3m, 길이 13m의 카운터와 의자가 나란히 있다. 의자는 1인용과 2인용 두 종류가 준비되어 있으며 최대 7인이 이용 가능하다.

· 雲 Cafe
　운해 테라스 내에 있는 전천후형 실내 카페. 큰 유리창에서 토마무의 절경을 감상할 수 있다. 하늘에 펼쳐진 구름을 표현한 구름 소프트나, 레몬과 바닐라 2가지 맛을 즐길 수 있는 구름 마카롱, 구름 모양 마시멜로를 곁들인 운해 커피, 솜사탕이 얹힌 운해 소다 등 구름을 딴 메뉴를 제공하고 있다.

More&More
노보리베츠의 축제

노보리베츠 지옥 축제
노보리베츠의 대표적인 여름 축제로, 염라대왕을 실은 수레나 거대한 귀신 가마를
중심으로 집단 군무가 펼쳐진다.

위치 **노보리베츠 온천가**   운영 8월 마지막 주 금~일요일

오니하나비(지옥계곡 도깨비 불꽃)
도깨비 불꽃에 얽힌 전설이 전해 내려오는 지고쿠다니의 귀신 '유키진'들이 마치
분화라도 하듯 무서운 기세로 밤하늘에 도깨비 불꽃을 쏘아댄다. 도깨비들이 북과
피리 소리에 따라 춤을 추면서 사람들의 액운을 물리쳐준다.

위치 **지고쿠다니 전망대**
운영 6월~7월 상순 매주 월 · 목요일(10월은 매주 목요일 20:00~20:15)

노보리베츠 온천탕 축제
노보리베츠 온천의 효능에 대한 감사와 온천의 번영을 기원하는 겨울 축제. 매서
운 추위가 한창인 2월 3~4일에 온천가에 도깨비로 분장한 사람들이 흥겨운 춤판
을 벌인다.

위치 **노보리베츠 온천가**   운영 2월 3~4일

◆ 노보리베츠 여행 참고 사이트
노보리베츠 관광협회
noboribetsu-spa.jp/?lang=ko
도난버스
www.donanbus.co.jp

07 홋카이도를 대표하는 온천 마을
노보리베츠 登別, Noboribetsu

아이누어로 '색이 진한 강'을 뜻하는 노보리베츠. 이곳의 온천은 일본 3대 온천 중 하나로 꼽히며 하루에 1만 톤의 온천수가 샘솟는다. 또한 각기 성분이 다른 온천수가 용출되기 때문에 온천 백화점이라는 별칭도 있다. 원생림으로 둘러싸인 자연 친화적인 환경과 신치토세 공항에서 1시간 10분 거리에 자리한 지리적 이점이 더해지며 매년 300만 명 이상의 관광객이 찾는 홋카이도 제1의 온천 마을이다.

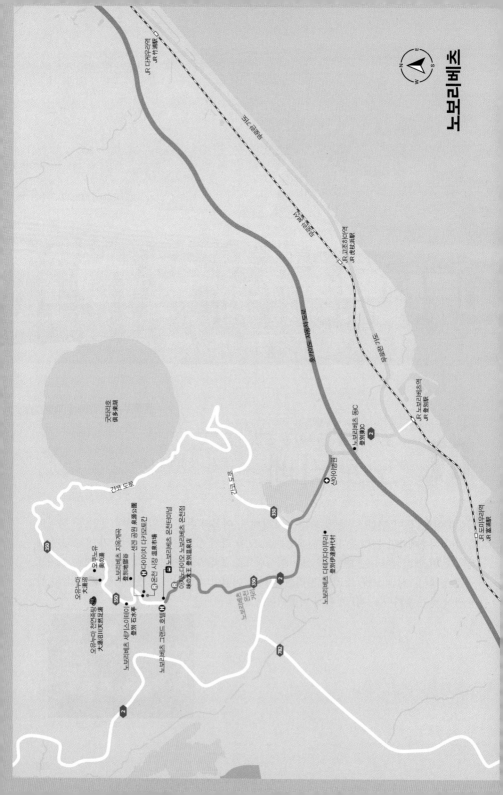

노보리베츠

JR 다카우라역
JR 竹浦駅

실키만도

기타이도 자동차도로

JR 고조하이역
JR 虎杖浜駅

우로란 가도

노보리베츠 등C
登別東IC

노보리베츠역
JR 登別駅

JR 도아우리역
JR 富浦駅

간코 도로

굿타라호
俱多楽湖

신이아명문

350

간코 도로

350

노보리베츠 다테지다이무라
登別伊達時代村

노보리베츠
온천 거리

오유누마
大湯沼

오유누마 천연족탕
大湯沼川天然足湯

오유누마
湯の湯

노보리베츠 지옥계곡
登別地獄谷

선넨 공원 泉源公園

다이이치 다기모토칸

온센 시장 温泉市場

노보리베츠 온천테미널

노보리베츠 온센
登別温泉

노보리베츠 세키스이테이
登別 石水亭

노보리베츠 그랜드 호텔
登別グランドホテル

아지노 다이오 노보리베츠 온천점
味の大王 登別温泉店

노보리베츠 온천
登別温泉象店

2

350

762

2

➕ 노보리베츠로 가는 법

1. 삿포로역 ▶ 노보리베츠역
JR
특급 호쿠토 · 스즈란으로 1시간 10분 소요, 편도 4,780엔

버스
고속 온천호 1시간 50분 소요, 편도 2,200엔(예약제)

2. 신치토세공항역 ▶ 노보리베츠역
JR
신치토세공항역 → 미나미치토세(에어포트 이용, 환승) →
노보리베츠역(특급 호쿠토 · 스즈란 이용) 52분 소요, 편도 4,220엔

버스
① 고속 에어포트호(예약제) 1시간 15분 소요, 편도 1,540엔
② 고속 하야부사호(예약제) 1시간 15분 소요
(시오미자카汐見坂에서 노보리베츠온천행 노선버스로 환승)

➕ 노보리베츠 여행법

1. 노보리베츠 온천은 온천터미널에서 지옥계곡까지 도보로 10분이
   면 갈 수 있을 정도로 규모가 작고 온천가에는 특별한 볼거리가
   없다. 지옥계곡과 가장 가까운 온천 호텔은 다이이치 다키모토칸
   으로 노천온천을 즐기면서 지옥계곡을 볼 수 있다.

2. 렌터카를 이용하는 경우, 여행 일정을 공항 도착 첫날 혹은 마지
   막 숙박지로 정하는 것이 효율적이다. 신치토세 공항과 가까운 거리
   이기 때문에 출입국 일정을 맞추기가 쉽다.

3. 노보리베츠 온천의 주요 온천 호텔들은 삿포로역이나 신치토세
   공항까지 송영 서비스를 제공하므로 이를 이용하면 교통비를 아
   낄 수 있다.

4. 추천 여행 코스
   노보리베츠 온천터미널 ▶ (도보 10분) ▶ 지옥계곡 ▶ (도보 30분) ▶ 오
   유누마 ▶ 오쿠노유 ▶ (도보 12분) ▶ 오유노유 천연족탕 ▶ (도보 16분)
   ▶ 센겐 공원 ▶ (도보 7분) ▶ 노보리베츠 온천터미널

> **Travel Tip**
> **노보리베츠 온천터미널로 이동하기**
>
> 노보리베츠역에서 노보리베츠 온
> 천터미널까지는 도난버스를 이용
> 할 수 있다. 25분이 소요된다.
> 요금 편도 350엔

노보리베츠 지옥계곡 登別地獄谷

日本語 노보리베츠 지고쿠다니

다아이치 다키모토칸에서 5분 정도 경사로를 올라가면 유황 냄새가 진동하는 지름 약 450m, 면적 약 11ha의 폭렬 화구가 나타난다. 곳곳에 용출구와 분기공이 있으며 부글부글 끓어오르는 모습이 '귀신이 사는 지옥'을 떠올리게 해서 지옥계곡이라 부른다. 1일 1만 톤에 이르는 온천수가 솟아 나오고 있다. 산책로가 잘 정비되어 있으며 산책로를 따라 지옥계곡 전체를 돌아보는 데 10분 정도 걸린다.

위치 노보리베츠 온천터미널에서
　　　도보 10분
운영 08:00~18:00

Mapcode 603 287 236*85

오유누마 大湯沼

日本語 오유누마

지옥계곡에서 산책로를 따라 20분쯤 가면 원시림으로 둘러싸인 늪이 나오는데 이곳이 오유누마로 굿타라 화산 폭발 분화구 터에 생긴 둘레 약 1km의 표주박형 늪이다. 늪 바닥에서는 130도의 유황천이 격렬하게 분출하고 있다. 옛날에는 바닥에 퇴적하는 황을 채취하기도 했다.

위치 **노보리베츠 온천터미널에서 차로 10분**

Mapcode 603 318 007*55

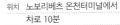

오쿠노유 奥の湯

日本語 오쿠노유

오유누마 반대쪽에 있는 연못으로 히요리야마 폭렬 화구 터의 일부다. 연못 밑에서 회흑색의 유황천이 뿜어져 나오는 오쿠노유의 표면 온도는 75~80도로 매우 뜨겁다. 분출된 온천수는 일부 온천 호텔 등에서 사용한다.

위치 **노보리베츠 온천터미널에서 차로 10분**

Mapcode 603 288 850*34

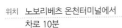

오유누마 천연족탕 大湯沼川天然足湯

日本語 유누마카와 텐넨아시유

오유누마에서 흘러나오는 온천수를 이용한 천연족탕 명소로, 강둑에 나무 의자와 데크만 있을 뿐이다. 상류는 열탕이지만 강을 흐르는 동안 온도가 내려가 적정 온도가 된다. 이곳을 이용할 때는 다리를 닦을 수건이 필수. 주변의 세키스이테이 제2주차장에 차를 세우고 가자. 편도 2분 거리.

위치 노보리베츠 온천터미널에서
도보 20분

Mapcode 603 287 856*46 (주차장)

센겐 공원 泉源公園

日本語 센겐 코엔

노보리베츠 온천 오픈 150주년을 기념하여 지옥계곡에서 흘러나오는 간헐천을 활용한 공원이다. 3시간 간격으로 박력 넘치는 소리, 수증기와 함께 힘차게 솟아나는 간헐천이 장관이다. 격렬한 찬물이 약 8m 높이까지 솟구친다. 제50회 노보리베츠 지옥 축제를 기념해서 '유키진 도깨비의 9개 방망이湯鬼神の九金棒'도 설치되어 있다.

위치 노보리베츠 온천터미널에서 도보 7분

Mapcode 603 287 081*84

⑥ 노보리베츠 다테지다이무라 登別伊達時代村

日本語 노보리베츠 다테지다이무라

400여 년 전 에도시대의 거리와 문화를 고스란히 재현한 테마파크다. 총 94동의 건물이 있으며 에도시대의 복장을 한 유녀나 일본의 대표적 캐릭터 닌자가 등장하는 액션 쇼, 재미와 감동이 뒤섞인 사극 코미디 등을 매일 공연한다. 일본 문화에 관심이 있다면 구경할 만하다.

위치 JR 노보리베츠역에서
　　 노보리베츠온천행 도난버스 10분
운영 4~10월 09:00~17:00,
　　 1~3월 09:00~16:00
요금 **프리패스** 어른 3,300엔,
　　 어린이 1,700엔, 유아 600엔
전화 0143-83-3311
홈피 edo-trip.jp

Mapcode 603 169 318*76

Food

① 아지노 다이오 노보리베츠 온천점

味の大王登別温泉店　日本語 아지노 다이오 노보리베츠 온센텐

음식점이 많지 않은 노보리베츠 온천가의 인기 라멘집이다. 매운맛을 선택하고 싶으면 0에서부터 마음대로 단계를 설정하면 된다. 현재 최고 기록은 60인데 10 이상을 다 먹으면 벽면에 자신의 이름을 기념으로 남길 수 있다.

위치 **노보리베츠 온천터미널에서** 도보 2분
운영 11:30~15:00

Mapcode 603 257 739*87

Food

② 온천 시장 温泉市場

日本語 온센 이치바

노보리베츠는 대부분 온천 지역으로 알고 있지만, 바다와 산과 호수로 둘러싸인 태평양으로 향하는 거대한 어항이 있는 곳이다. 노보리베츠 인근의 분카만과 히다카 주변에서 잡히는 신선도가 좋은 해물을 이용하여 해물 덮밥이나 생선회, 버터구이, 숯불구이 등을 판매한다.

위치 **노보리베츠 온천터미널에서** 도보 5분
운영 11:30~20:00　　　　휴무 부정기적

Mapcode 603 287 021*54

도야호 洞爺湖, Toyako

신치토세 공항에서 차로 약 90분 거리에 있는 도야호. 남쪽 기슭으로 우스산과 쇼와신산 등의 활화산이 솟아 있고, 중심부에 나카지마라 불리는 섬이 있는, 도넛 같은 모양이 특징인 칼데라호다. 유람선에 승선하면 우스산, 요테이산 등을 바라보면서 나카지마를 도는 약 50분의 호수 크루즈를 즐길 수 있다. 4개의 나카지마 중 하선이 가능한 오시마에서는 숲속 트레킹도 할 수 있다. 호수 남쪽에 도야 온천이 있는데 여름에는 불꽃놀이 축제, 겨울에는 일루미네이션 등 다양한 이벤트가 열린다.

More&More 도야호의 축제

도야호 롱런 불꽃놀이
도야호 온천에서 4월 하순에서 10월까지 매일 저녁 8시 45분부터 약 20분간 배에서 쏘아 올린 불꽃놀이를 감상할 수 있다. 도야호 호반에 있는 호텔의 객실이나 노천탕에서도 즐길 수 있다.
위치 도야호 호반　　　　운영 4월 하순~10월

일루미네이션 터널
도야호 온천 중심부의 번화한 광장에 40만 개의 전구를 사용한 70m의 터널과 지름 9m의 돔이 생긴다. LED 조명을 이용해 장식한 전구가 환상적인 분위기를 연출한다.
위치 도야호 온천가 중심부　운영 11~3월

♦ 도야호 여행 참고 사이트
도야호 온천관광협회 www.laketoya.com
도난버스 www.donanbus.co.jp

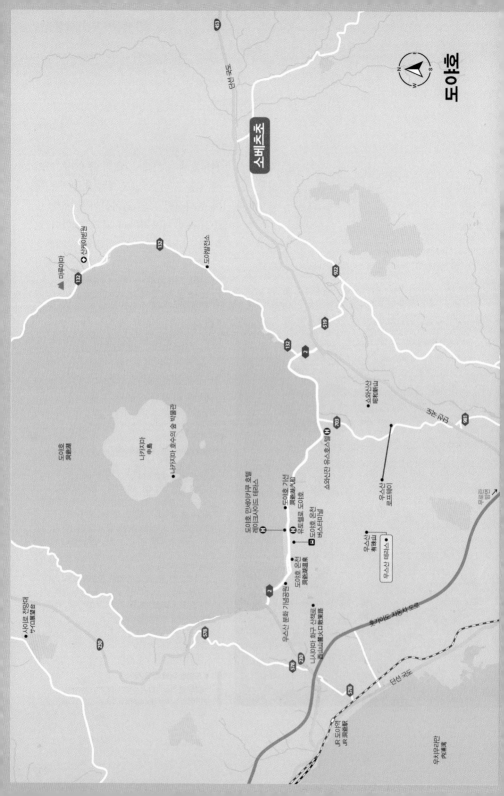

도야호

소베츠초

433
단선 국도

922
519

132
132
마루야마
▲ 신카이아별원 ♨

도야호
洞爺湖

132
도야벌전소

2
132

나카지마
中島

● 나카지마 호수의 숲 박물관

703

소와신산
昭和新山

도아호 만세이가쿠 호텔
레이크사이드 테라스

도야호 기선
洞爺湖관광선

도아멜로 도아호

도아호 온천 유보도 버스터미널
H 도야호 온천
洞爺湖温泉

소와신산 유스호스텔 H

노보리베츠

981

우스잔
有珠山

우스잔 테라스
우스잔
로프웨이

우스잔 보화 기념공원

나사야바 화구 산책로
西山麓火口 散策路

578
230

▲ 사이로 전망대
サイロ展望台

230
578

578

우치우라만
內浦灣

JR 도야역
JR 洞爺駅

단선 국도

웃카이드 자동차도로

N
W · E
S

➕ 도야호로 가는 법

1. JR+버스
① **삿포로역 ▶ 도야역**
특급 호쿠토 1시간 50분 소요, 편도 6,360엔

② **도야역 ▶ 도야호 온천 버스터미널**
도난버스 20분 소요, 편도 340엔

➕ 도야호 여행법

1. 도야호 주변의 우스산과 쇼와신산, 니시야마 화구 산책로를 효율적으로 돌아보려면 렌터카를 이용하는 것이 좋으며 우스산은 로프웨이를 타고 정상에 다녀오려면 최소 2시간은 걸리므로 시간 배분에 주의해야 한다.

2. 호수면이 잔잔하다면 유람선을 타보도록 하자. 날씨가 좋으면 유람선에서 우스산과 쇼와신산, 멀리 요테이산까지 보인다. 1년 중 요테이산을 볼 수 있는 날은 손에 꼽을 정도라서 요테이산을 본 사람은 행운이다.

3. 도야호 호반 산책도 추천한다. 산책로 중간에 크고 둥근 돌이 깔린 100m 정도 되는 구간은 발바닥에 적당한 자극이 느껴지는 '지압 건강 코스'다. 그리고 43km나 되는 호수 주변에는 58개의 조각 작품들이 설치되어 있다. 특히 도야호 온천 부근부터 우스산 분화 기념공원에 이르는 구간에 작품들이 많이 밀집되어 있다. SNS에 올릴 멋진 사진을 얻을 수 있다.

도야호 온천 洞爺湖温泉

日本語 도야코 온센

도야호 남쪽에 위치한 도야호 온천은 풍부한 수량과 아름다운 호수 풍경으로 널리 알려진 홋카이도의 대표적인 온천가다. 우스산의 기생 화산인 요소미산의 분화 활동으로 1910년에 온천수가 솟기 시작했으며 7년 후부터 온천 휴양지로 개발되었다. 에조후지라고 불리는 요테이산羊蹄山의 절경, 화산이 빚은 변화무쌍한 자연, 갖가지 체험시설로 연간 300여 만 명 이상의 관광객이 찾는다. 그러나 노보리베츠와 마찬가지로 온천 호텔이 대부분이어서 1인 여행객은 숙박이 쉽지 않다.

위치 JR 도야역에서 도난버스로 20분,
도야호 온천 버스터미널에서 하차

Mapcode 321 518 337

도야호 기선 洞爺湖汽船

日本語 도야코 기센

도야호의 나카지마를 오가는 유람선으로, 운항 도중 나카지마에 내릴 수도 있다(겨울 시즌 제외). 도야호의 명물인 불꽃 축제 시기에는 불꽃놀이 유람선도 운항하여 호수에서 쏘아 올리는 불꽃을 감상할 수 있다.

위치 도야호 온천 버스터미널에서
도보 5분
운영 하절기 09:00~16:30(30분 간격)
동절기 09:00~16:00(1시간 간격)
요금 어른 1,500엔, 초등학생 750엔
전화 0142-75-2137
홈피 www.toyakokisen.com

Mapcode 321 518 489*12

3

사이로 전망대 サイロ展望台

日本語 사이로 텐보다이

도야호 온천에서 루스쓰리조트로 가는 230번 국도를 따라가다 보면 도야호 전체를 볼 수 있는 사이로 전망대가 나타난다. 도야호를 비롯해 나카지마, 우스산, 쇼와신산, 도야호 온천가, 니시야마 화구 등을 볼 수 있다. 또 에조후지라고 불리는 요테이산을 시작으로 루스쓰 시리베쓰다케, 니세코 연산, 콘부다케 등 유명한 산들이 한눈에 들어온다. 신록으로 우거진 여름과 단풍이 물드는 가을 풍경이 가장 아름답다.

위치 도야호 온천에서 차로 15분
운영 5~10월 08:30~18:00,
11~4월 08:30~17:00
전화 0142-87-2221
홈피 toyako.biz

Mapcode 321 726 732*66

④
우스산 有珠山

日本語 우스잔

우스산은 20세기에 4차례 폭발한 활화산이다. 96인승의 대형 우
스산 로프웨이로 약 6분간 공중 산책을 즐기며 정상까지 올라갈
수 있다. 역 옆에 있는 도야호 전망대에서는 쇼와신산과 도야호를
볼 수 있고 걸어서 7분 거리에 자리한 화구 전망대火口原展望台에서
는 1977년에 폭발한 화구를 눈앞에서 볼 수 있다.

위치 **도야호 온천 버스터미널에서
도난버스로 15분**

Mapcode 321 433 408*74

└ 우스산 테라스 有珠山テラス

日本語 우스잔 테라스

2021년 봄 도야호 전망대에 새로 설치된 전망 테라스다. 카페가 자리해 있고 소파 자리에 앉아 좀
더 편안하게 도야호를 볼 수 있다.

위치 08:15~17:45
(15분 간격, 시기에 따라 다름)
요금 **로프웨이(왕복)** 어른 1,800엔,
초등학생 900엔
전화 0142-87-2221
홈피 usuzan.hokkaido.jp/ko

❺ 니시야마 화구 산책로 西山山麓火口散策路

日本語 니시야마 산로쿠 카코 산사쿠로

2000년 3월 우스산의 분화로 탄생한 화구군에 정비된 산책로다. 피해 건물과 융기된 도로가 그대로 남아 있어 산책하는 동안 당시의 모습과 자연의 위협을 가까이서 느낄 수 있다. 또 전망대에서 보이는 아름다운 경치도 매력적이다.

위치	JR 도야역에서 버스 15분, 니시야마유호도西山遊歩道 하차 후 도보 3분
운영	4월 중순~11월 중순 07:00~18:00 (10월부터 17:00까지)
휴무	11월 중순~4월 중순 및 악천후 시

Mapcode 321 516 558

❻ 쇼와신산 昭和新山

日本語 쇼와신잔

우스산의 화산 활동으로 1943년 12월 28일부터 2년간 생성된 높이 407m의 화산이다. 일본에서도 보기 드문 활화산으로 1957년 특별 천연기념물로 지정되었다. 활화산이므로 정상에는 오를 수 없고 아래에서만 관찰할 수 있다

위치	도야호 온천 버스터미널에서 도난버스로 15분, 종점 하차 후 바로

Mapcode 321 433 269

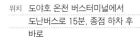

홋카이도 남부의 항만 도시
무로란 室蘭, Muroran

★ ☆ ★ 도야호에서 한 발짝 더! 근교 여행

인구 8만 명의, 철강업과 화학 공업이 발달한 무로란은 홋카이도 유일의 공업 지역으로 1872년 개항했다. 태평양과 우치우라만 경계에 돌출되어 있는 에토모반도에 위치하고 산과 바다가 한 도시에 함께 있다는 특징으로 절경이 발달해 있다. 무로란시에서는 지큐미사키 등 자연적인 볼거리 8가지를 모아 '무로란 8경'이라는 호칭으로 홍보하고 있다.

Tip
무로란 여행 참고 사이트
무로란 관광협회
muro-kanko.com

Sightseeing ★ ★ ☆

❶ 돗카리쇼의 기승 トッカリショの奇勝

日本語 돗카리쇼노 키쇼오

높이 100m 정도의 깎아지르는 듯한 절벽과 기암이 이어진 해안선과 절벽 위를 뒤덮은 녹색 얼룩 조릿대를 멀리서도 볼 수 있다. 에토모반도 곳곳에 위치한 무로란 8경 중 반도의 바다로 막 돌출하려는 부분에서 가장 가까운 스폿이다.

위치 JR 무로란역에서 차로 12분,
JR 히가시무로란에서 차로 15분

Mapcode 159 196 782*14

② 지큐미사키 チキウ岬

日本語 지큐미사키

아이누어 '찌케푸'에서 유래된 이름으로 '절벽'이라는 뜻이다. 이것을 일본어로 옮길 때 가장 유사한 발음이 '지큐(한문으로 地球)'여서 지큐미사키라고 불리게 되었다. 에토모반도의 태평양 쪽 해안은 100m 전후의 절벽이 약 14km 정도 이어지는데, 그 정점에 자리한다. 해발 약 130m의 절벽 위에 있는 등대를 내려다볼 수 있는 고지대에 전망대가 있고, 날씨가 좋고 공기가 맑으면 쓰가루 해협 건너편에 아오모리현의 시모기타반도가 보이는 날도 있다고 한다.

위치 JR 무로란역에서 차로 10분

Mapcode 159 195 136

More & More
무로란의 야경

무로란은 홋카이도를 대표하는 공업 도시로 수많은 공장 불빛이 만들어내는 야경이 새로운 관광 소재로 떠오르고 있다. 동일본에서 가장 큰 현수교인 하쿠초대교가 환하게 불을 밝히고, 그 뒤로 반짝이는 공장 야경이 장관을 연출한다.
시내의 인기 야경 감상 명소인 소쿠료산 전망대測量山展望台에서 하쿠초대교와 공장 야경이 자아내는 절경을 감상할 수 있다.

위치 **소쿠료산 전망대** JR 무로란역에서 차로 약 10분

Mapcode 159 250 312*68
(소쿠료산 전망대 주차장)

하코다테

09

역사와 낭만의 도시로 가다

하코다테 函館, Hakodate

홋카이도 남부 오시마반도 남쪽 끝에 위치한 하코다테는 인구 23만의 항구 도시다. 지금은 삿포로에 홋카이도의 중심 도시라는 타이틀을 넘겨줬지만, 홋카이도가 에조로 불린 에도 시대에는 하코다테가 홋카이도의 정치 행정 중심지였다. 1854년 미일화친조약에 의해 일본 최초의 개항지가 된 이후 각국의 문화가 유입되어 항구와 시가지 곳곳에 서양풍 건축물들이 들어서면서 하코다테만의 독특한 매력을 지니게 되었다. 하코다테산의 야경은 홍콩, 나폴리와 더불어 세계 3대 야경으로 꼽힌다.

◆ **하코다테 여행 참고 사이트**
하코다테 국제관광컨벤션
hakodate-kankou.com
하코다테버스
www.hakobus.co.jp

More&More 하코다테의 축제

하코다테 항구 축제
하코다테에서 가장 큰 여름 이벤트다. 이벤트 첫날에는 항구에서 불꽃놀이를 하고 왓쇼이 하코다테는 2만 명 이상이 참가하는 초대형 퍼레이드다. 퍼레이드에서는 유카타 복장을 한 여성들의 전통적인 하코다테항 춤과 하코다테 오징어 춤 등을 볼 수 있다.
위치 하코다테시 도요카와초 　　　　　 운영 8월 1~5일
홈피 www.hakodate-minatomatsuri.org

하코다테 크리스마스 판타지
자매도시인 캐나다의 핼리팩스시에서 보내오는 거대한 크리스마스트리를 설치해 아카렌가 창고군을 화려하게 물들인다. 16:30~17:45, 18:00~22:00에 두 번의 일루미네이션 점등 시간이 있다. 기간 중 매일 오후 6시부터 불꽃놀이도 한다. 또 모토마치 언덕길과 교회, 고료카쿠의 일루미네이션도 시작되어 겨울 동안 환상적인 풍경을 즐길 수 있다.
위치 아카렌가 창고 앞 　　　　　 운영 12월 1~25일
홈피 www.hakodatexmas.com

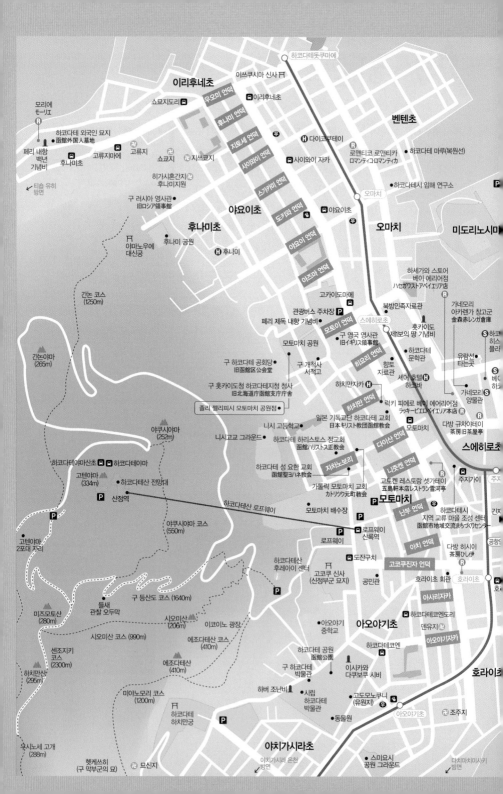

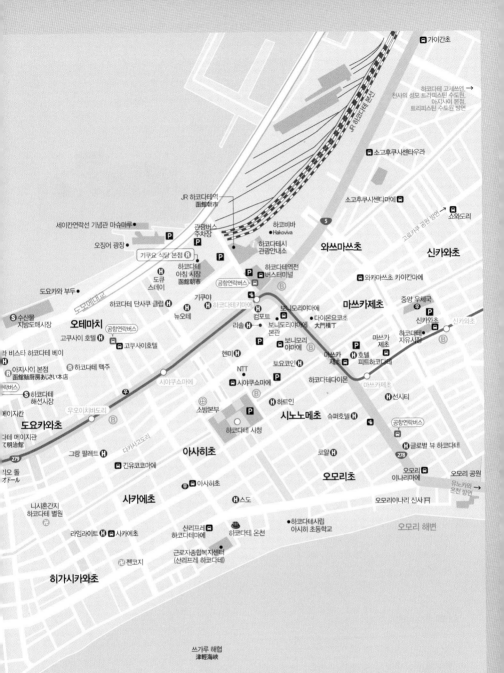

✚ 하코다테로 가는 법

1. 항공
삿포로 오카다마 공항 ▶ 하코다테 공항
JAL항공 40분 소요, 편도 19,950엔~

2. JR
삿포로역 ▶ 하코다테역
JR 특급 호쿠토 3시간 50분 소요, 편도 9,440엔

3. 버스
삿포로역전 버스승강장 ▶ 하코다테역전 버스터미널
하코다테 특급 뉴스타호 5시간 15~30분 소요, 편도 4,800엔

✚ 하코다테 여행법

1. 하코다테의 메인 지역은 하코다테역 주변과 모토마치&베이 에어리어, 고료카쿠인데, 이 지역을 위주로 여행한다면 최소 1박 2일의 일정이 필요하고, 주변 지역까지 포함한다면 최소 2박 3일 혹은 3박 4일 일정이어야 한다.

2. 하코다테에서 온천 숙소를 원한다면 단연 유노카와 온천이다. 이곳 온천 호텔들의 노천온천은 모두 쓰가루 해협을 볼 수 있고 위치상 하코다테역과 공항의 중간에 있으며 시 전차와 버스, 택시로 쉽게 접근할 수 있다.

3. 주요 여행지인 모토마치와 베이 에어리어는 전차와 도보로 충분히 돌아볼 수 있다. 하코다테 시내에서 버스를 타야 하는 경우는 하코다테야마행 등산버스와 트라피스틴 수도원으로 가는 것뿐이다.

✚ 하코다테의 교통

1. 전차
2개 노선으로, 2호선과 5호선이 있다. JR 하코다테역, 모토마치&베이 에어리어, 고료카쿠 각 지역은 노면전차로 이동할 수 있다. 티켓은 하코다테역 관광안내소, 전차 안에서 구입할 수 있다.

요금	**1회권** 210엔 (거리에 따라 다름)
	1일 승차권 어른 600엔, 어린이 300엔

하코다테 전차 노선도

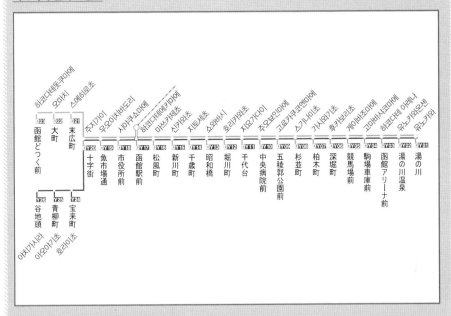

전차 하이카라호 箱館ハイカラ號

하코다테는 1913년 홋카이도에서 최초로 노면전차를 운행했다. 하코다테 하이카라호는 메이지 · 다이쇼시대의 노면전차를 재현한 하코다테시의 인기 차량이다. 매년 4월 중순~10월에 한정으로 운행하며, 기간 중 토 · 일 · 공휴일에 하루 3번 왕복한다. 붉은색과 하얀색의 투톤 컬러 외관과 라탄 소재의 손잡이, 목제 벽과 창문 등 클래식한 인테리어에서 레트로한 감성이 흘러넘쳐 SNS용 사진 촬영 피사체로도 매우 인기 있다. 하이카라호가 그려진 확인용 티켓은 여행기념품으로도 인기다.

2. 도난 이사비리 철도 道南いさりび鉄道

쓰가루 해협을 바라보며 바다를 따라 기코나이역에서 고료카쿠역까지 37.8km를 달린다. 차창 밖으로 반짝반짝 빛나는 수평선이 펼쳐지고 저녁때 어선이 바다로 나가는 시간과 맞을 경우 어화(漁火)를 볼 수도 있다. 또 노선 주변에는 쓰가루 해협과 하코다테산, 시모키타반도가 내려다보이는 조망 명소 미소기하마 みそぎ浜와 일본 최초의 가톨릭 남자 수도원인 트라피스트 수도원, 벚꽃 가로수 터널이 아름다운 벚꽃 명소 마쓰마에번 헤키리지 진지 터 松前藩戸切地, 그리고 국가 특별사적 고료카쿠가 있다.

①

JR 하코다테역 JR函館駅

日本語 제이아루 하코다테에키

JR 하코다테역은 하코다테 본선의 기점역이자, 하코다테 여행의
출발점이다. 1902년 개업했고 현재의 역사는 5대째다. 역 내부에
는 하코다테 관광안내소를 비롯해 기념품 상점인 홋카이도사계
채관, 패스트리 스내플스, 아지사이 라멘 등이 들어서 있다.

Mapcode 86 072 643*76

②

하코다테 아침 시장 函館朝市

日本語 하코다테 아사이치

하코다테의 명물인 하코다테 아침 시장은 1945년 태평양전쟁이
끝난 직후 주변 농촌의 부녀자들이 이른 아침에 수확한 채소와
과일을 팔았던 것에서 시작되었다. 그 후 1955년 지금의 위치에
정착하면서 생선 가게들이 등장했고 현재 약 250개의 점포가 줄
지어 늘어서 꽃게와 연어 등의 해산물까지 판매하고 있다. 제철의
어패류 등을 판매하는 에키니 시장에서는 하코다테의 명물인 오
징어를 낚는 체험도 할 수 있으며 신선한 해물 덮밥을 먹을 수 있
는 식당들도 모여 있다.

위치 JR 하코다테역에서 도보 1분
운영 1~4월 06:00~14:00,
      5~12월 05:00~14:00
휴무 점포마다 다름
전화 0138-22-7981
홈피 www.hakodate-asaichi.com

Mapcode 86 072 344*33

하코비바 Hakoviva

日本語 하코비바

2019년 2월에 등장한 복합상업시설. 3개의 건물 (스테이션 사이드, 게이트 사이드, 스퀘어 사이드)이 하코다테역 쪽으로 열린 형태로 자리 잡고 있다. 라젠트 스테이 호텔과 이어져 있으며 1860년 창업한 과자 가게 센슈안카료千秋庵菓寮의 하코다테점과 스위츠 가게 프티 메르베유Petite Merveille 등이 입점해 있다.

위치 하코다테역에서 바로
운영 10:00~23:00(점포마다 다름)

Mapcode 86 072 561*55 (라젠트 스테이 하코다테역점)

다이몬요코초 大門横丁

日本語 다이몬요코초

하코다테가 번영하던 시절을 재생시키고자 만든 포장마차 골목. 다이몬요코초에는 이자카야, 라멘, 스시, 징기스칸 등 26곳의 다양한 맛집이 입점해 있다. 지금은 왕년의 활기를 되찾아 연일 현지인들과 관광객들이 찾아오고 있다.

위치 JR 하코다테역에서 도보 5분
운영 11:00~01:00(점포마다 다름)   휴무 점포마다 다름
홈피 www.hakodate-yatai.com

Mapcode 86 073 331*62

가네모리 아카렌가 창고군 金森赤レンガ倉庫

日本語 카네모리 아카렌가 소코

이국적 분위기의 가네모리 아카렌가 창고군은 빨간 벽돌의 창고가 늘어선 하코다테를 대표하는 풍경 중 하나다. 나가사키 출신 사업가 와타나베 구마시로가 1887년 기존 건물을 매입하여 창고업에 착수한 것이 그 시초다. 1907년 대화재로 소실되었다가 재건된 것이 현재의 건물들이다. 그 뒤 쇼핑이나 식사를 즐길 수 있는 복합시설로 바뀌었고 전체 4개 시설로 나뉘어 약 50여 점포가 영업 중이다. 밤에는 건물에 조명이 켜져 낮과는 또 다른 풍경을 볼 수 있다. 현재 가네모리 이벤트홀, 레스토랑 등의 점포가 입주한 상업시설 베이 하코다테, 비어홀 등이 있는 하코다테 히스토리 플라자, 인테리어 잡화 등을 취급하는 가네모리 양물관, 다목적으로 이용 가능한 가네모리 홀이 있다.

위치 전차 주지가이十字街 정류장에서
     도보 5분
운영 점포마다 다름
전화 0138-27-5530
홈피 hakodate-kanemori.com

Mapcode 86 041 552*33

❻ 하코다테 메이지관 はこだて明治館

日本語 하코다테 메이지칸

1911년에 건축된 빨간 벽돌의 옛 하코다테 우체국을 재활용한 시설로, 당시 건물을 거의 원형 그대로 이용하여 쇼핑몰로 운영 중이다. 건물 내에선 수제 오르골 공방, 유리 제품, 테디 베어 등을 판매하고 있다. 가을과 겨울, 풍경 사진의 촬영 포인트이기도 하다.

위치	전차 주지가이十字街 정류장에서 도보 5분
운영	09:30~18:00(계절에 따라 다름)
휴무	점포마다 다름
전화	0138-27-7070(오르골 메이지관)
홈피	www.hakodate-factory.com /meijikan

Mapcode 86 041 621*55

❼ 구 하코다테 공회당 旧函館区公会堂

日本語 큐 하코다테쿠 코카이도

파란색과 노란색의 색조가 조화를 이루는 구 하코다테 공회당은 대화재로 소실된 마을 주민들의 집회소를 재건하고자 거상이었던 소마 텟페이와 주민들의 기부금으로 1910년에 완성되었다. 건축 당시에 유행하던 서양풍 양식으로 지어졌고 귀빈실은 화려한 벽지와 샹들리에, 난로 등으로 꾸며져 중요문화재로 지정되었다. 2018년 10월부터 보존 수리 공사로 휴관했다가 2021년 4월 26일부터 새롭게 오픈했다. 3월부터 12월에는 메이지시대의 드레스를 입어볼 수 있는 하이카라 의상관을 운영한다.

위치	전차 스에히로초末広町 정류장에서 도보 7분
운영	4~10월 화~금 09:00~18:00, 토~월 09:00~19:00 11~3월 09:00~17:00
휴무	12월 31일~1월 3일
요금	어른 300엔, 학생 150엔, 유아 무료
전화	0138-22-1001
홈피	hakodate-kokaido.jp

Mapcode 86 040 434

하코다테 하리스토스 정교회 函館ハリストス正教会

日本語 하코다테 하리스토스 세이쿄카이

1860년 건립된 일본 최초의 러시아 정교회 성당으로 하코다테의 이국적인 거리 풍경을 대표하고 있다. 1861년 하코다테에 온 청년 사제 성 니콜라이가 일본에서 최초로 정교회를 전도하기 시작한 장소이기도 하다. 1907년 하코다테 화재로 건물이 소실되었으나 1916년에 2번째 성당이 재건되었고 1983년에는 국가 중요문화재로 지정되었다. 새하얀 회반죽 벽과 초록색 지붕의 대비가 아름답다. 2023년 1월 보수 공사가 끝나 내부가 개방되었지만 사진 촬영은 할 수 없다.

위처	전차 주지가이+字街 정류장에서 도보 15분
운영	월~금 10:00~17:00, 토요일 10:00~16:00, 일요일 13:00~16:00
휴무	부정기적
요금	**헌금** 어른 200엔, 중학생 100엔
전화	0138-23-7387
홈피	www.orthodox-hakodate.jp

Mapcode 86 040 206*41

가톨릭 모토마치 교회 カトリック元町教会

日本語 카토리쿠 모토마치 쿄카이

1859년 파리 외방전교회의 사제 메르메 드 카시용이 하코다테에 들어와 소묘지에 거주하면서 교회당에서 외국인을 위해 미사를 집전하거나 무사에게 외국어를 가르치는 한편, 스스로는 일본어와 아이누어를 배웠는데 그 교회가 가톨릭 모토마치 교회의 전신이다. 현재의 고딕양식 건물은 1924년에 완성되었다. 성당 내 중앙 제단과 부제단 양쪽 벽에 있는 십자가도행의 14벽상은 화재를 위로하는 뜻으로 로마 교황 베네딕트 15세가 기증한 것이다.

위처	전차 주지가이+字街 정류장에서 도보 10분
운영	월~토 10:00~16:00, 일요일 12:00~16:00
휴무	미사 중 견학 불가
요금	무료
전화	0138-22-6877
홈피	motomachi.holy.jp

Mapcode 86 040 299*06

하코다테 성 요한 교회 函館聖ヨハネ教会

日本語 하코다테 세이 요하네 쿄카이

1874년 영국의 선교사 데닝 사제가 하코다테를 찾아 선교 활동을 시작해서 1878년에 성당이 세워진 영국 개신교 교회. 하늘에서 보면 사방으로 펼쳐진 지붕이 십자가 모양으로 보이도록 설계한 아름다운 교회다. 처음 세워진 이후 거듭된 화재로 소실되었지만 1979년에 중건되어 현재에 이르고 있다.

위치 전차 주지가이+ 字街 정류장에서
　　도보 15분
전화 0138-23-5584
홈피 nskk-hokkaido.jp/church
　　/hakodate.html
Mapcode 86 040 178*44

일본 기독교단 하코다테 교회 日本キリスト教団函館教会

日本語 니혼 키리스토쿄단 하코다테 쿄카이

미국인 선교사 메리먼 콜버트 해리스가 1874년에 전도한 것이 시초인데, 홋카이도 개신교의 시작이기도 하다. 당시 해리스는 미국 영사를 겸임하고 있었고, 해리스 부인은 여학교(현재의 이아이여자중고등학교遺愛女子中学校·高等学校) 개설을 건의한 인물로 알려져 있다. 최초의 교회 건물이 완성된 것은 1877년. 그 후 대화재로 소실과 재건을 수없이 반복하면서 현재의 철근 콘크리트 구조 2층 건물의 회당은 1931년에 완성된 것이다. 회당 내에는 1981년에 설치된 독일제 파이프 오르간이 지금도 사용되고 있다.

위치 전차 주지가이+ 字街 정류장에서 도보 13분
전화 0138-22-3342
Mapcode 86 041 391*51

구 영국 영사관 旧イギリス領事館

日本語 큐 이기리스 로지칸

1859년 개항과 함께 미국, 러시아에 이어 하코다테에서 세 번째로 개설된 영사관. 현재의 건물은 1913년 준공된 것으로 1934년까지 영사관 역할을 했다. 1992년 복원된 이후 2009년 개항 150주년을 계기로 관내를 리뉴얼하고 오픈했다. 영사 집무실과 가족 거실은 3대 영사 리처드 유스덴이 사용하던 당시를 재현했으며 의자에 앉거나 비품을 만져볼 수 있다. 1층 카페에서는 영국 홍차와 구운 과자 등을 맛볼 수 있으며 약 23종 60주의 장미가 심어진 장미정원도 자리한다.

위치 전차 스에히로초末広町 정류장에서 도보 5분
운영 4~10월 09:00~19:00, 11~3월 09:00~17:00
전화 0138-27-8159
휴무 12월 31일~1월 1일
홈피 www.fbcoh.net

Mapcode 86 040 561*58

구 홋카이도청 하코다테지청 청사 旧北海道庁函館支庁庁舎

日本語 큐 홋카이도초 하코다테시초오 초샤

옛 홋카이도청 하코다테지청 청사는 1909년에 세워지고 1982년 복원 정비되었다. 주랑 현관의 엔타시스 기둥이 특징으로, 메이지의 목조 건축 중에서도 유난히 아름답다. 메이지시대 말기 서양식 건축물로서 역사적 가치가 높아, 홋카이도 지정 유형문화재로 지정되어 있다. 외관만 견학 가능하다.

위치 전차 스에히로초末広町 정류장에서 도보 7분
전화 0138-27-3333

Mapcode 86 040 467*84

구 러시아 영사관 旧ロシア領事館

日本語 큐 로시아 료지칸

급경사의 언덕에 자리한 벽돌 건축물이다. 1908년 완공되어 1944년까지 사용되었고 제정러시아시대의 화려함이 남아 있다. 하코다테시가 1964년 건물을 구입하여 그 이듬해부터 1996년까지 청소년 숙박 연수 시설로 사용하다가 이후 외부 관람만 가능해졌다. 현재는 나고야의 민간 회사에 매각했고 카페, 바, 가든 카페, 호텔로 사용하기 위해 개수 공사 중이다. 2025년 3월 오픈 예정이다.

위치 전차 오마치大町 정류장에서 도보 15분

Mapcode 86 039 740*58

하코다테 외국인 묘지 函館外国人墓地

日本語 하코다테 가이코쿠진 보치

하코다테만을 내려다볼 수 있는 석양의 명소. 1854년 페리 제독과 함께 왔다가 숨진 2명의 미군 수병을 매장한 것이 그 시작이다. 개신교 묘지, 러시아인 묘지, 중국인 묘지 등이 있으며 종교와 국적을 떠나 많은 사람들이 이곳에 잠들어 있다.

위치 전차 하코다테돗쿠마에函館どつく前 정류장에서 도보 15분

Mapcode 86 039 783*71

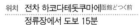

하코다테 공원 函館公園
日本語 하코다테 코엔

벚꽃 명소로 유명한 하코다테 공원은 하코다테
주재 영국 영사 리처드 유스덴이 제언한 것을
찬동한 시내의 사업가 4명이 중심이 되어 기부
금을 모아 1879년 개원했다. 1889년부터 5년에
걸쳐 현지의 상인 헨미 고에몬이 하코다테 공원
을 나라현의 요시노산처럼 만들고 싶다고 벚나
무 5,280그루를 심었지만, 쇼와시대 초기 큰불
로 대부분이 소실되었다. 현재는 왕벚나무를 중
심으로 약 400그루의 벚나무가 심어져 있다. 원
내에는 분수 광장, 박물관, 미니 유원지, 동물 사
육 시설 등이 있고 역사적인 건조물이나 비석도
많기 때문에 산책하면서 돌아볼 만하다.

위치 전차 아오야기초青柳町에서 도보 3분

Mapcode 86 011 400*82

다치마치미사키 立待岬
日本語 타치마치미사키

하코다테산 남쪽, 쓰가루 해협에 돌출한 곳. 과거에는 외국 선박
을 감시하는 요새가 있던 장소로 해발 약 30m 절벽에서 오모리
해변의 해안선이 한눈에 내려다보인다. 맑은 날에는 아오모리현
쓰가루반도와 시모키타반도까지 볼 수 있다. 곳으로 가는 언덕 중
간에는 홋카이도를 대표하는 시인 이시카와 다쿠보쿠와 그의 가
족묘가 있다.

위치 전차 야치가시라谷地頭 정류장에서
도보 20분

Mapcode 951 296 117*41

고료카쿠 공원 五稜郭公園

日本語 고료카쿠 코엔

하코다테 전쟁(1868~69년) 때 막부군과 신정부군이 격전을 벌인 장소로 유명하다. 1914년 공원으로 일반에게 개방되었다. 5각형 별 모양으로 되어 있으며 공원 내에는 하코다테 전쟁 당시의 대포와 해자 등이 남아 있다. 봄에는 약 1,500그루의 벚꽃이 피는 벚꽃 명소이기도 하다. 2010년 공원 중앙에 에도 막부의 관공서였던 하코다테 봉행소가 복원되었다. 공원에 인접한 고료카쿠 타워 전망대에서는 공원의 별 모양 요새와 하코다테 시가지와 쓰가루 해협이 한눈에 들어온다.

위치 전차 고료카쿠코엔마에五稜郭公園前 정류장에서 도보 18분
운영 4~10월 09:00~18:00, 11~3월 09:00~17:00
휴무 연말연시
전화 0138-51-2864
홈피 hakodate-bugyosho.jp

Mapcode 86 165 294*14 (주차장)

⑲ 하코다테시 지역 교류 마을 조성 센터 函館市地域交流まちづくりセンター

日本語 하코다테시 치이키 코류 마치 즈쿠리 센타

난부자카 교차점에 있는 이 오래된 건축물은 원래 마루이 이마이 백화점 건물이었다. 1923년 내진·내화성이 뛰어난 철근 콘크리트 구조의 3층 건물로 건축되었고 외관은 서양식을 기조로 한 '근세부흥식'이라고 불리는 건축양식을 수용해 교차로에 면한 모서리를 원형으로, 옥상에는 돔형의 전망실이 설치되었다. 1930년에는 영업 면적을 확대할 필요가 있어 기존 부분에 4, 5층이 증축되었다. 건물 안쪽 탑옥 부분의 엘리베이터와 대계단도 이때 설치되었다. 건물 노후화에 의한 안전성 문제로 2005년부터 2007년 보강 공사가 이루어졌고, 외관은 1934년 신축 당시의 모습을 충실하게 복원했다.

위치 전차 주지가이+字街 정류장에서 도보 1분
운영 10:00~21:00　　전화 0138-22-9700
Mapcode 86 041 313*76

⑳ 하코다테 고세쓰엔 函館香雪園

日本語 하코다테 코세츠엔

하코다테 공항과 유노카와 온천 부근의 미하라시 공원 내에 있는 하코다테 제일의 단풍 명소다. 원래는 이와후네라고 하는 이전부터 하코다테시에서 활동한 대상인이 별장으로 사용했던 곳이다. 고세쓰엔이란 이름은 당시의 '살구 향이 나는 눈의 공원梅香る雪の園'이라는 의미를 맞춰 지었다. 단풍 시즌인 10월 하순부터 11월 중순에는 '하코다테 MOMI-G 페스타'가 개최되어 라이트업 이벤트가 진행된다.

위치 JR 하코다테역에서 버스로 40분
운영 09:00~17:00
휴무 12~3월
전화 0138-22-6789
홈피 www.hakodate-jts-kosya.jp
Mapcode 86 141 652*40

㉑

천사의 성모 트라피스틴 수도원 天使の聖母トラピスチヌ修道院

日本語 텐시노 세에보 토라피스치누 슈도인

일본 최초의 수녀원으로 1898
년 설립되었다. 현재의 성당은
1927년에 재건되었다. 붉은 벽
돌 외벽, 반원형의 창문 등 고딕
과 로마네스크 건축양식이 혼합
되어 인상적이다. 수도원 내부
는 출입이 금지되어 있으나, 성
모상과 대천사 미카엘상을 비롯
하여 잔다르크상 등이 있는 정
원과 원내의 생활과 수도원의
역사 등을 소개하는 자료관, 수
녀들이 직접 만드는 인기 기념
과자 마들렌과 쿠키, 버터 캔디,
로사리오(묵주) 등을 판매하는
매점은 둘러볼 수 있다.

위치	JR 하코다테역에서 버스 40분, 토라피스치누이리구치 トラピスチヌ入口 하차 후 도보 10분
운영	09:00~11:30, 14:00~16:30
홈피	www.ocso-tenshien.jp
전화	0138-57-2839

Mapcode 86 144 214*00

㉒

트라피스트 수도원 トラピスト大修道院

日本語 토라피스토 슈도인

1896년 창립된 일본 최초의 가톨릭 남자 수도원. '로마로 가는 길'
이라는 이름이 붙은 수도원으로 가는 길은 삼나무와 포플러 가로
수가 나란히 늘어선 아름다운 풍경이 펼쳐진다. 매점에서는 선물
로 유명한 발효 버터나 버터 사탕, 버터 쿠키 등을 판매하고 있다.
여성은 원내에 들어가지 못하고 남성도 관람하려면 사전 신청이
필요하다.

위치	도난 이사리비 철도 오시마토베쓰 渡島当別역에서 도보 20분
운영	4월~10월 15일 09:00~17:00, 10월 16일~3월 08:30~16:30
휴무	1~3월의 일요일, 12월 25일
전화	0138-75-2108

Mapcode 951 248 501*35

유노카와 온천 湯の川温泉

日本語 유노카와 온센

하코다테의 안방이라고 불리는 유노카와 온천은 1453년 자연 용출이 발견된 홋카이도 유수의 명탕이다. 하코다테 전쟁 시 에노모토 다케아키가 거느리던 막부군의 부상병들이 온천수로 치료를 했다고 전해진다. 현재는 36개의 온천이 있으며 노천온천들은 모두 쓰가루 해협을 바라보게 되어 있어 온천을 즐기면서 하코다테만의 야경을 즐길 수 있다.

위치 전차 유노카와湯の川 정류장에서 하차
전화 0138-57-8988 (하코다테
　　　유노카와 온천 여관협동조합)
홈피 hakodate-yunokawa.jp/lan
　　　/kr.html

Mapcode 860 795 90

야치가시라 온천 谷地頭温泉

日本語 야치가시라 온센

1953년부터 하코다테 시민이 이용하고 있는 온천시설. 2013년 민영화와 함께 리뉴얼 오픈했다. 전차 정류장과 가까워서 부근의 다치마치미사키와 함께 돌아보면 좋다. 온천을 하고 나서 야치가시라 정류장 부근의 유명 소바 가게 마루다이滿る大, 맛있는 빵 가게 가마쿠라窯蔵, 하코다테 지역에서 유명한 모찌 가게 시나카야市中屋 등을 들러보는 것도 추천한다.

위치 전차 야치가시라谷地頭 정류장에서
　　　도보 5분
운영 **온천** 06:00~22:00
　　　식당 11:00~14:30, 17:00~19:00
휴무 둘째 주 화요일(식당은 매주 화요일)
전화 0138-22-8371

Mapcode 951 296 844*81

★

하코다테의 언덕

하코다테에는 하코다테산 주변으로 모두 19개의 언덕이 있다. 이 언덕들은 하코다테의 근현대 역사와 함께하고 있으며 언덕 주변으로 하코다테의 주요 관광지가 자리한다. 시간적인 여유가 있다면 이 언덕길을 돌아보길 추천한다.

하치만자카 八幡坂

日本語 하치만자카

하코다테의 언덕들 가운데 가장 유명한 언덕으로 '하치만자카'라는 이름은 과거 이 땅에 '하코다테 하치만궁'이 있었던 데서 유래되었다. 가네모리 아카렌가 창고 근처 베이 에어리어에서 하코다테산을 올라가 뒤돌아보면 푸른 하늘과 푸른 바다, 그리고 돌바닥으로 된 언덕길이 아름다운 풍경을 만들어낸다. 항구를 내려다보면 곧게 펼쳐진 길과 하코다테만, 거기에 정박한 하코다테 세이칸 연락선 기념관 마슈마루를 한눈에 볼 수 있다.

위치 **전차 스헤히로초**末広町 **정류장에서 도보 2분**

Mapcode 86 040 324*11

다이산자카 大三坂

日本語 다이산자카

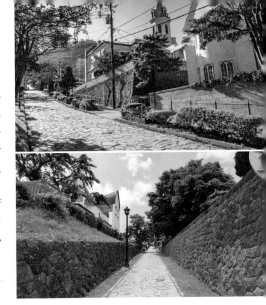

1987년 국토교통성이 정한 '일본 길 100선'에 선정되었으며, 가을이면 마가목 단풍과 새빨간 열매가 거리를 붉게 물들인다. '다이산자카'라는 언덕 이름은 당시 지방에서 봉행소로 온 사람들을 위해 언덕 입구에 세워져 있던 숙소의 인장이 '다이산ㅊ三'이라는 글자였던 데서 유래되었다. 언덕을 따라 올라가면 다이산자카 빌딩, 에비스 상회, 구 가메이 저택 등 눈길을 끄는 서양식 건축물이 가득하다. 그 앞을 오르면 가톨릭 모토마치 교회가 있고, 바로 옆에 성 요한 교회, 하코다테 하리스토스 정교회 등이 자리한다.

위치 전차 주지가이+字街 정류장에서 하차 후 도보 5분

모토이자카 基坂

日本語 모토이자카

산기슭에서 모토이자카를 내려다보면 정면에는 구 하코다테 공회당, 모토마치 공원, 구 영국 영사관, 구 홋카이도청 하코다테지청 청사 등이 보인다. 예전에 이곳은 하코다테의 중심지였다. 메이지시대에 들어서면서 언덕 아래 도로에 거리를 재기 위한 출발점, 원표가 설치된 것에서 이름이 붙여졌다. 에도시대 중기에는 관공서가 설치되었고 마쓰마에번 통치 시대의 가메다번소, 막부 직할 시대의 하코다테 봉행소, 메이지시대에는 초기의 지청, 홋카이도청 하코다테지청, 홋카이도청 지청 등의 행정 기관 모두가 이곳에 설치되었다. 맑은 날 바다 쪽에서 모토이자카를 올려다보면 청회색과 노란색 외관이 눈에 띄는 구 하코다테 공회당이 푸른 하늘과 선명한 대비를 이루며 아름다운 풍경을 보여준다. Mapcode 86 040 621*01

237

★
하코다테의 야경

하코다테 야경 포인트는 쓰가루 해협과 하코다테만에 끼인 지형이다. 화려한 네온사인이 없는 항구 도시의 부드러운 빛을 깊은 남색 바다가 돋보이게 하는, 마치 보석함을 뒤집은 듯한 반짝임을 보여준다. 특히 초여름의 안개 긴 야경을 볼 수 있다. 안개가 하코다테의 거리 불빛을 엷게 감싸 일몰 전부터 일몰 후 변화하는 경치가 환상적이고 드라마틱하다. 매년 8월 1일은 하코다테 항구 축제의 불꽃놀이가 펼쳐져 수중 불꽃과 커다란 구슬 같은 불꽃이 밤하늘에 반짝인다. 크리스마스에는 눈이 쌓여 하얗게 변한 거리의 일루미네이션과 야경의 빛이 더해져 더욱 아름답다.

ⓒ 하코다테 관광협회

하코다테산 函館山
日本語 하코다테야마

하코다테산은 하코다테 시가지의 서쪽 끝에 있는 산으로, 원래는 섬이었으나 지금은 육지와 연결된 육계도이다. 높이는 해발 334m, 주위 약 9km로, 소가 누워 있는 것 같은 모습이라 와우산臥牛山이라고도 불린다. 약 100만 년 전 해저 화산 분출물이 바탕이 되어, 그 폭발에 의한 융기·침강을 반복하여 큰 섬이 만들어졌고, 해류와 비바람에 깎이고 유출된 토사가 퇴적되어 만들어진 사주가 약 5,000년 전에 오시마반도와 연결된 것이다. 현재 하코다테의 중심가는 이 모래톱 위에 있다.

> **Travel Tip**
> **하코다테산 야경 베스트 타임**
>
> 주위 산줄기가 어렴풋이 보이는 일몰 30분 후가 최적이다. 매월 1일 일몰 시각 기준, 1월 16:10, 2월 16:50, 3월 17:30, 4월 18:00, 5월 18:30, 6월 19:00, 7월 19:10, 8월 19:00, 9월 18:10, 10월 17:10, 11월 16:30, 12월 16:00

└ 하코다테산 로프웨이 函館山ロープウェイ

日本語 하코다테야마 로푸웨이

하코다테산의 산록과 정상의 높낮이는 278.5m 로, 이를 약 3분 만에 연결하는 125인승 로프웨이다. 벚꽃, 신록, 단풍, 겨울의 일루미네이션 등 사계절 아름다운 풍경을 즐길 수 있다.

위치 전차 주지가이＋字街 정류장에서 도보 10분
운영 4월 20일~9월 10:00~22:00,
　　　10월~4월 19일 10:00~21:00 ※15분 간격 운행
휴무 정비 점검일
요금 **왕복** 어른 1,800엔, 어린이 900엔
전화 0138-23-3015　　　　홈피 334.co.jp

Mapcode 86 041 004*55

└ 하코다테산 전망대 函館山展望台

日本語 하코다테야마 텐보다이

4층 건물로, 1층에 산정역과 대합실, 2층에 레스토랑과 이벤트 홀, 3층에 티 라운지 등이 있다. 지상에서 로프웨이로 3분 만에 도착한다. 그 외 등산 도로 개통 기간의 저녁 시간에는 JR 하코다테역 앞 출발 등산버스가 운행된다. 이때 일반 차량은 통행할 수 없다. 전망대 최상층에 있는 옥상 전망대는 최적의 사진 촬영장소다. 산정역 옆의 이사리비 공원도 추천한다.

Mapcode 86 009 749*03

하코다테산 등산버스

등산 도로 개통 기간(4월 하순~11월 상순)의 해 질 무렵 운행한다. 하코다테역 버스터미널 4번 승강장에서 출발, 베이 에어리어 경유 약 30분 소요. 등산버스 시간은 하코다테 버스 홈페이지에서 확인하자.

요금 **편도** 어른 500엔, 어린이 250엔
홈피 www.hakobus.co.jp/news

More&More 하코다테시 뒤편의 야경을 볼 수 있는 곳

고료카쿠 타워 五稜郭タワー
지상 80m의 높이에서 시가지와 하코다테산을 볼 수 있다. 일몰 시각이 빠른 가을부터 봄까지만 볼 수 있는 야경이다.
위치 고료카쿠 공원 앞　　　　　　　　　운영 09:00~18:00
요금 어른 1,000엔, 중고생 750엔, 초등학생 500엔　홈피 www.goryokaku-tower.co.jp

Mapcode 86 165 057*03

시로타이 목장 전망대 城岱牧場展望台
나나에초에 있는 시로타이 목장은 방목된 소가 여유롭게 풀을 뜯는 초영 목장으로 낮에는 녹음이 짙은 풍경을 즐길 수 있고, 밤에는 하코다테산 건너편에서 바라보는 '숨은 야경'을 감상할 수 있는 장소로 유명하다. 하코다테산에서 내려다보는 야경과는 다르게 옆쪽의 경치가 펼쳐진다.
위치 JR 나나에역에서 차로 17분
운영 4월 하순~11월 중순 10:00~16:00　　　휴무 11월 중순~4월 하순

Mapcode 86 610 204*03(주차장)

기지히키 고원 파노라마 전망대 きじひき高原パノラマ展望台
해발 560m의 전망대에서 호쿠토시와 하코다테시, 심지어 오누마, 고마가타케까지 바라볼 수 있다. 하코다테의 뒤편 야경을 최대 규모로 볼 수 있다.
위치 JR 신하코다테호쿠토역에서 차로 15분
운영 4월 하순~11월 상순 08:30~20:00(7·8월까지는 21:00까지)
휴무 11월 상순~4월 하순

ⓒ 하코다테 관광협회

Mapcode 490 074 852*22

기쿠요 식당 본점 きくよ食堂本店

日本語 키쿠요 쇼쿠도 혼텐

1956년 창업한 전통 맛집으로, 지금은 아침 시장의 명물이 된 해산물 덮밥의 원조인 곳이다. 이곳에서 특히 인기 있는 것이 원조 하코다테 토모에동. 홋카이도 특산품인 우니(성게), 호타테(가리비살), 이쿠라(연어알) 3종류를 유메피리카 쌀로 지은 밥 위에 올려 먹는 덮밥이다. 아침 시장 내에 2개의 점포, 베이 에어리어에 자매점이 있는 것 외에 신치토세 공항에도 지점이 있다.

위치	하코다테 아침 시장 내
운영	5~11월 06:00~14:00, 12~4월 06:00~13:00
전화	0138-22-3732

Mapcode 86 072 372*88

럭키 피에로 베이 에어리어점 ラッキーピエロベイエリア本店

日本語 랏키 피에로 베이 에리아 혼텐

하코다테를 대표하는 로컬 햄버거 가게. 하코다테 지역에서만 17개의 점포가 있으며 지역에서는 '랏피'라는 애칭으로 불리고 모르는 사람이 없을 정도다. 가장 인기 있는 버거는 달짝지근한 소스에 닭튀김과 양상추, 마요네즈 등이 들어간 차이니즈 치킨 버거. 탕수육과 칠리를 함께 넣은 햄버거 등 독자적인 메뉴도 있다.

위치	전차 주지가이十字街 정류장에서 도보 10분
운영	10:00~21:00
전화	0138-26-2099

Mapcode 86 041 516*18

More&More
럭키 피에로만의 경영전략

창업자 오이치로(1942~)는 1987년 럭키 피에로 1호점인 베이 에어리어 본점을 개점했다. 럭키 피에로는 버거 체인점이지만 주문을 받고 나서 굽는 방식이기 때문에 패스트푸드가 아니라고 주장하기도 한다. 또 고기와 쌀은 홋카이도산만 쓰고, 채소류는 점포가 있는 하코다테 인근에서 재배된 무농약 식재만 사용하고 있다. 럭키 피에로의 또 다른 경영전략은 하코다테를 중심으로 한 도남 지구 이외에는 출점을 하지 않는 것이다. 그래서 홋카이도에서도 하코다테를 벗어나서는 이곳의 버거를 맛볼 수가 없다.

Food

❸ 아지사이 본점 函館麺厨房あじさい本店

日本語 하코다테 멘추보 아지사이 혼텐

창업 80년 이상의 전통 가게로 삿포로, 신치토세 공항 등에도 지점이 있는 이곳은 하코다테 라멘의 대표 가게이다. 본점은 고료가쿠 공원 바로 옆에 위치해 관광 후 식사하러 들르면 좋다.

위치　전차 고료가쿠코엔마에五稜郭公園前 정류장에서 도보 7분
운영　11:00~20:25　　　　　휴무　넷째 주 수요일
전화　0138-51-8373

Mapcode 86 165 054*12

More&More
하코다테 라멘

하코다테 라멘函館らーめん은 삿포로 라멘(된장 맛)과 아사히카와 라멘(간장 맛)과 함께 홋카이도 3대 라멘 중 하나이다. 그 역사가 매우 길어, 1884년 발행 신문에 광고가 실린 것으로부터 '일본 최초의 라멘'이라 불렸다. 전통적인 스타일은 투명한 재료 맛이 돋보이는 소금으로 간을 한 국물이다.

Food

❹ 하세가와 스토어 베이 에어리어점 ハセガワストアベイエリア店

日本語 하세가와 사토아 베이 에리아텐

하코다테 시내와 근교에 모두 13개의 점포가 있는 편의점으로 통칭 '하세스토'라 부른다. 1978년부터 야키토리 도시락을 판매하고 있는데, 이름과 달리 실제는 돼지 정육으로 이는 홋카이도의 음식 문화 중 하나이다. 원조인 양념 맛은 고소하고 달콤한 향이 식욕을 돋우고 중독되게 만든다. 현재는 소금, 소금양념, 맛간장, 된장양념까지 5종류가 있다.

위치　전차 스에히로초末広町 정류장에서 도보 3분
운영　07:00~22:00
전화　0138-24-0024

Mapcode 86 041 517*50

고토켄 레스토랑 셋가테이

五島軒本店レストラン雪河亭

日本語 고토켄 혼텐 레스토란 셋카테이

1879년에 창업한 하코다테에서는 유명한 노포 레스토랑이다. 캐주얼한 양식 메뉴가 오랫동안 사랑받아 왔으며, 특히 카레 종류가 다양하다. 건물은 80여 년 전에 지어져, 국가 문화재로 지정되어 있다.

위치	전차 주지가이 +字街 정류장에서 도보 5분
운영	11:30~14:30, 17:00~20:00
휴무	화요일, 1월 1~2일
전화	0138-23-1106

Mapcode 86 041 279*44

졸리 젤리피시 모토마치 공원점

Jolly Jellyfish 元町公園店

日本語 조리 제리휘쯔슈 모토마치 코엔텐

1982년에 창업한 졸리 젤리피시의 2호점으로 1909년 지어진 구 홋카이도청 하코다테지청 청사 건물을 이용하고 있다. 음식과 음료를 테이크 아웃해서 구내와 공원에서 먹을 수 있다. 대표적인 메뉴는 쇠고기 스테이크 필라프다.

위치	모토마치 공원 내 구 홋카이도청 하코다테지청 청사
운영	4~8월 10:00~18:10, 9~3월 11:00~17:00
휴무	수 · 목요일 외 부정기적 전화 0138-76-8215

Mapcode 86 040 467*02

로맨티코 로맨티카 ロマンティコ·ロマンティカ

日本語 로만티코 로만티카

'로마로마'라는 애칭으로 유명한 인기 카페로 1916년 건축된 오래된 건물을 리노베이션했다. 고풍스러운 외관 안으로 들어가면 의외로 넓은 공간이 나온다. 아이스크림 파르페 이외에, 케이크와 음료 등을 마실 수 있다. 여행 중 잠시 휴식을 취하거나 책을 읽을 수 있는 멋진 카페.

위치	전차 오마치大町역에서 도보 3분
운영	11:00~20:00
휴무	화 · 수요일
전화	0138-23-6266

Mapcode 86 070 252*00

다방 규차야테이 茶房旧茶屋亭

日本語 사보 큐차야테이

일본식과 서양식이 절충된 하코다테의 전형적인 건축물을 개조한 카페로, 건물 자체가 역사적 건조물로 지정되어 있다. 다이쇼시대를 떠올리게 하는 인테리어는 물론, 차, 과자, 그릇까지 세련된 일본풍으로 통일되어 있다. 다도를 즐기는 가게 주인이 달여 주는 말차가 유명하다.

위치	전차 주지가이+字街 정류장에서 도보 2분
운영	7~9월 11:00~17:00, 10~6월 11:30~17:00
휴무	부정기적
전화	0138-22-4418 홈피 kyuchayatei.hakodate.jp

Mapcode 86 041 495*62

다방 히시이 茶房ひし伊
日本語 사보 히시이

1905년 건축된 창고를 개조한 카페. 1층은 테이블석, 2층은 다락방 분위기의 다다미방으로 되어 있다. 곳곳에 배치된 앤티크 가구들은 주인이 취미로 모은 것들이다. 앤티크 소품 등을 판매하는 상점도 함께 운영하고 있다.

위치 전차 호라이초 宝来町 정류장에서
도보 2분
운영 11:00~17:00
휴무 수요일
전화 0138-27-3300
홈피 hishii.info
Mapcode 86 011 890*41

마리오 돌 マリオドール
日本語 마리오 도루

앤티크숍을 운영하던 주인이 리노베이션한 가게로 아이스크림을 중심으로 한 스위츠를 즐길 수 있다.

야마가와 목장 우유로 만든 소프트아이스크림이 인기가 많고 추천 메뉴는 아이스크림에 에스프레소를 뿌리면서 맛보는 카페 소프트와 소프트에 오징어 먹물을 토핑한 이카스미 스페셜.

위치 전차 주지가이+字街 정류장에서 도보 2분
운영 11:00~17:00   휴무 화요일
홈피 www.dish.ne.jp/mariodoll
Mapcode 86 041 468*81

티숍 유히 ティーショップタ日
日本語 티쇼푸 유히

메이지시대 때 검역소로 사용된 독특한 역사를 지닌 건물을 이용한 카페로 외국인 묘지 바로 옆에 위치한다. 핑크색 건물이 이국적인 이곳에서는 엽차와 말차를 중심으로 한 일본 차를 즐길 수 있다.

위치 전차 하코다테돗쿠마에函館どつく前 정류장에서 도보 14분
운영 10:00~17:00
휴무 목·금요일 외 부정기적, 동절기(12월 중순~3월 중순) 휴업
전화 0138-85-8824
Mapcode 86 038 596*33

모리에 モーリエ
日本語 모리에

외국인 묘지 앞에 있는 조용한 카페. 가게 이름 '모리에'는 러시아어로 '바다'라는 의미다. 카페 창밖으로 하코다테만의 화물선과 여객선, 일몰 등을 보고 있다 보면 시간 가는 것도 잊게 된다.

위치 전차 하코다테돗쿠마에函館どつく前 정류장에서 도보 15분
운영 11:00~18:00
휴무 월·화요일 외 부정기적, 동절기(1~2월) 휴업
전화 0138-22-4190   홈피 wwwe.ncv.ne.jp/~morie
Mapcode 86 038 779*47

호수 위 섬들 사이를 걷다
오누마 공원 大沼公園, Onuma Park

오누마 국정공원은 하코다테에서 당일치기로 여행하거나 하코다테로 향하는 도중에 들를 수 있는 인기 관광지다. 고마가타케를 배경으로 호수와 작은 섬이 어우러져 일본 정원 같은 아름다운 경관을 만들어내며, 호수 위에서 바라보는 웅장한 경치도 매우 아름답다. 오누마와 고누마를 순회하는 정기 유람선, 카누, 사이클링 등 계절에 따라 다양한 액티비티를 체험할 수 있다. 또 고누마는 다리로 연결되어 있어, 섬을 돌아보며 산책을 즐길 수 있다. 특히 고게쓰바시는 홋카이도 단풍 명소로 유명하다. 가을 단풍 여행지로 추천한다. 오누마 공원 산책 지도는 오누마 국제 교류 플라자에서 구할 수 있다.

Mapcode 86 816 662*45

Tip
오누마 공원 여행 참고 사이트
오누마 공원 관광협회
onumakouen.com

✚ 오누마 공원 가는 법

1. 자동차
JR 하코다테역 ▶ 오누마 공원
차로 약 40분 소요

2. 버스
하코다테역전 버스터미널 ▶ 오누마 공원
하코다테버스 약 70분 소요

3. JR
JR 하코다테역 ▶ JR 오누마공원역
특급 호쿠토 약 30분 소요, 보통열차 약 50분 소요

✚ 오누마 공원 여행법

1. 오누마를 가로지르는 18개의 다리를 따라 섬에서 섬으로 걷는 여행이 중심이며, 겨울 시즌에는 스노슈와 얼음낚시, 스노모빌 등의 동계 스포츠에 참여할 수 있다.

2. 오누마 공원의 산책 코스를 확인하자.
   ① 숲의 오솔길
   숲속을 걸어 다니는 산책로 20분 코스. 조용히 들새 관찰이나 삼림욕을 하고 싶은 여행객에게 추천.
   ② 섬을 돌아다니는 길
   7개의 섬을 둘러보는 산책로 50분 코스. 코스에 기복은 있지만, 가운데가 반원형으로 불룩한 다리 등을 건너면서 오누마의 자연을 산책한다. 초봄에는 은방울꽃이나 애기백합으로 시작하여, 철쭉이나 수련이 예쁜 코스다.
   ③ 석양의 길
   고누마의 산책로 25분 코스. 들새나 물새 모습이 보이는 조용한 산책로.
   ④ 큰 섬의 길
   가볍게 산책할 수 있는 15분 코스. 봄에는 철쭉이나 산벚나무, 참회나무 등이 피고, 초여름에는 해당화, 그리고 단풍을 즐길 수 있다.

More&More
유람선 출항 시간

09:00, 09:40, 10:20, 11:00, 11:40, 12:20, 13:00, 13:40, 14:20, 15:00, 15:40, 16:20
운영 4월 중순~11월 하순
(4 · 11월은 부정기 운항)
요금 어른 1,320엔, 어린이 660엔
전화 오누마유선 0138-67-2229
홈피 www.onuma-parks.com

3. 고마가타케산을 바라보면서 호수를 여행하는 유람선도 탑승할 수 있다. 소요 시간 30분으로 오누마호와 고누마호 주변을 돈다.

❶ 오누마공원역 大沼公園駅

日本語 오오누마코엔에키

작고 아담한 오누마공원역은 오누마 공원의 입구에 해당하는 역으로 1907년 6월 5일 홋카이도 철도의 오누마공원 임시승강장으로 개업했다. 그 후 같은 해 12월에 폐역이 되기도 했지만, 1908년 5월 일본 국유철도 오누마공원 임시승강장으로 부활하여 1924년에 오누마역으로, 다시 1964년 오누마공원역으로 이름이 바뀌어 오늘날에 이르고 있다. 일본 철도역 대부분이 그렇듯이 개업한 지 100년이 넘는 역사를 간직한 이 역은 홋카이도 철도 여행 시 오누마 공원을 보기 위해 내려야 할 역이다. '단풍이 빛나는 수향역紅葉が映える水郷の駅'이라는 별칭도 가지고 있다.

위치 JR 하코다테역에서 특급 호쿠토
30분

Mapcode 86 815 328*85

❷ 오누마 국제 교류 플라자 大沼国際交流プラザ

日本語 오누마 코쿠사이 코류 푸라자

오누마공원역 왼쪽에 있는 관광안내소로, 오누마 공원 관광 팸플릿과 산책 지도 등을 구할 수 있으며 수하물 보관도 가능하다.

위치 JR 오누마공원역 하차 후 바로
운영 09:00~17:00
휴무 12월 31일~1월 2일
전화 0138-67-2170

Mapcode 86 815 356*06

❸ 천 개의 바람이 되어 기념비 千の風になってモニュメント

日本語 센노 카제니 낫테 모뉴멘토

일본의 작곡가 아라이 만이 오누마 부근의 로스 하우스에 머물다가 숲에서 부는 바람에서 〈천 개의 바람이 되어〉의 영감을 얻었다고 하여 이곳에 남겨진 기념비다. 주변의 풍광을 고려해 평평하게 설치했다고 한다. 아라이 만은 2001년 암으로 아내를 잃은 고향 친구를 위로하기 위해 작자 불명의 영시를 일본어로 번역한 가사에 곡을 붙여 친구와 가까운 친구들에게 보냈다. 이 곡이 입소문을 타고 세상에 알려져 마침내 정식 음반으로 발매되었다. 한국에서는 팝페라 가수 임형주가 불러 유명해졌다.

위치 JR 오누마공원역에서 도보 8분

Mapcode 86 816 847*16

❶ 원조 오누마 당고 누마노야 元祖大沼だんご沼の家

日本語 간소 오누마 단고 누마노야

1905년 창업한 원조 오누마 당고 가게. 초대 가게 주인 호리구치 가메키치가 증기기관차를 타고 오는 관광객을 위해 쌀가루로 경단을 만들어서 판매한 것이 그 시작이며, 오랜 시간 제조법을 유지한 채 전통의 맛을 지키고 있다. 팥소가 오누마 호수, 고누마 호수를 상징하는데 경단은 호수면에 떠 있는 섬을 보여준다. 참깨 팥소가 들어간 것은 누마노야 점포에서만 판매한다.

위치 JR 오누마공원역에서 도보 1분
운영 08:30~18:00(매진 시 조기 종료)
휴무 연말연시
전화 0138-67-2104

Mapcode 86 815 447*35

벚꽃 마을을 만나다
마쓰마에 松前, Matsumae

홋카이도 남부 오시마반도 서남단에 있는 작은 마을로, 1600년대 이곳에 후쿠야마(마쓰마에)성이 축성된 이래 홋카이도의 정치와 문화, 경제의 중심지로 발전한 성곽 도시. 복원된 성 천수각 내부에는 마쓰마에 자료관이 있으며 성터 주변을 감싸고 있는 마쓰마에 공원에는 250종 벚나무 10,000그루가 있어 해마다 봄이 되면 벚꽃 축제가 열린다.

Tip
마쓰마에 여행 참고 사이트
마쓰마에 관광협회
www.town.matsumae.hokkaido.jp

✚ 마쓰마에 가는 법

JR 하코다테역에서 이사리비 철도로 기코나이까지 1시간 5분, 기코나이에서 하코다테버스로 마쓰마에까지 1시간 30분 소요

Sightseeing ★ ★ ☆

➊ 마쓰마에 공원 松前公園

日本語 마쓰마에 코엔

'일본 벚꽃 명소 100선'에도 선정된 마쓰마에 공원에는 약 250종 10,000그루의 벚꽃이 심어져 조기 개화종과 중간 개화, 늦게 피는 종까지 약 한 달 동안 아름다운 벚꽃을 즐길 수 있다. 약 24만 8천m²의 넓은 지역에 이르는 공원에는 마쓰마에번의 상징이기도 한 마쓰마에 성을 비롯해 마쓰마에번주 마쓰마에가 묘소와 벚꽃 견본원, 5개의 사원이 있는 마쓰마에성 북부의 데라마치寺町, 관광시설인 마쓰마에번 저택 등 볼만한 명소가 있다.

위치 JR 기코나이역 앞에서 버스로 1시간 30분, 마쓰시로松城 하차 후 도보 3분
Mapcode 862 058 280*54

한적한 바닷가 마을
에사시 江差, Esashi

홋카이도에서 가장 먼저 일본인들이 정착한 곳으로 지명의 유래는 아이누어로 곶을 의미하는 '에사우시e-sa-us-i'다. 한때 청어잡이로 번성했던 이 마을은 메이지 유신 이후 벌어진 하코다테 전쟁에서 군함인 가이요마루가 침몰한 장소이기도 하다. 여행객이 많지 않은 조용한 마을이라 여유롭게 여행할 수 있다.

Tip
에사시 여행 참고 사이트
에사시 관광컨벤션협회
www.esashi-kankoukyoukai.com

✚ 에사시 가는 법

하코다테에서 차로 1시간 30분

More & More
마쓰마에+에사시 여행법

마쓰마에와 에사시는 하코다테 서남쪽과 서북쪽에 각각 멀리 떨어져 있어 공공교통(버스, 철도)으로 여행하기에는 불편하다. 추천하는 여행법은 하코다테에서 렌터카를 하루 동안 빌려 시계 방향 또는 시계 반대 방향으로 여행하는 것이다. 기본 코스는 하코다테역-트라피스트 수도원-마쓰마에-에사시-하코다테역이다. 마쓰마에와 에사시, 남자 수도원 3곳을 모두 돌아볼 수 있을뿐더러, 에사시초 내 흩어져 있는 여러 여행 스폿도 둘러볼 수 있다.

Sightseeing ★★☆
① 에사시 옛 가도 江差いにしえ街道

日本語 에사시 이니시에 가이도

1989년부터 역사를 살리는 마을 조성 사업으로 에도시대와 메이지 시대에 세워진 창고, 상가, 상업시설 겸 민가, 사찰 등이 남은 옛 국도 연변의 지구를 정비하기 시작하여 2004년 완료된 결과물이 에사시 옛 가도로 남았다. 운치 있는 경관을 유지하기 위해 전선은 지하에 깔았다.

위치 하코다테역전 버스터미널에서 버스로 2시간 24분, 나카우타초 中歌町 하차 후 도보 2분

Mapcode 482 390 739*01

② 가이요마루 기념관 開陽丸記念館

日本語 카이요마루 키넨칸

1868년 풍랑에 좌초되어 침몰한 막부군 군함 가이요마루를 1975년
에 인양하여 1990년에 박물관으로 개장한 것이다. 인양 당시 발견된
유물들을 복원하여 전시해 놓았다.

위치	하코다테역전 버스터미널에서 버스 1시간 50분, 우바가미초姥神町 하차 후 도보 2분
운영	09:00~17:00
휴무	11~3월의 월요일, 12월 31일~1월 5일
요금	어른 500엔, 초중생 250엔
전화	013-52-5522
홈피	www.kaiyou-maru.com/index.html

Mapcode 1108 104 589

③ 에사시오이와케 회관 江差追分会館

日本語 에사시오이와케 카이칸

에사시오이와케는 에도시대 중기 이후부터 불린 민요로 홋카이도 지
정 무형민속문화재다. 어업이 번성했던 에사시 사람들이 자신들의 생
활상을 노래에 반영하며 독자적인 가사와 멜로디가 탄생했다. 에사시
오이와케를 후세에까지 올바르게 전승하고자 세운 에사시오이와케
회관에서는 에사시오이와케의 역사적 자료를 전시하고 있으며, 4월
말부터 10월까지 에사시오이와케와 민요 공연 등을 개최한다.

위치	하코다테역전 버스터미널에서 버스 1시간 50분, 우바가미초姥神町 하차 후 도보 2분
운영	09:00~17:00
휴무	11~3월의 월요일, 공휴일, 12월 31일~1월 5일
요금	어른 500엔, 초중생 250엔
전화	0139-52-0920
홈피	esashi-oiwake.com /esashioiwake-kaikan

Mapcode 482 390 858*57

알음알음

찾아가는

숨겨진 곳

Obihiro

01

도쿄보다 사할린이 더 가까운 일본 최북단

왓카나이 稚內, Wakkanai

일본에서 가장 북쪽에 있는 항구 도시, 왓카나이. 아이누족은 이곳을 차가운 물이 흐르는 습지라고 불렀다. 왓카나이는 사할린과 불과 43km밖에 떨어져 있지 않아 일본에서 러시아와 가장 가까운 도시다. 삿포로에서 특급열차로 5시간 10분을 가야 하는 멀고 먼 왓카나이를 수많은 여행자가 찾아가는 것은 일본 최북단 도시라는 것과 리시리섬과 레분섬의 풍경을 보기 위함이다. 특히 야생화의 보고라 불리는 레분섬의 초여름 풍경은 일본인들이 죽기 전에 눈에 담고 싶어 하는 한 장면이라고 한다.

More&More 왓카나이의 축제

왓카나이 미나토 남극 축제
왓카나이는 남극 관측에서 활약한 사할린 개, 타로와 지로의 고향이며 남극 관측에 사용된 초대 쇄빙선의 이름 소야도 왓카나이의 지명에서 붙이는 등 남극과 깊은 관련성이 있다. 해마다 이를 기념하여 왓카나이시 중앙 아케이드에서 축제를 열고 2,500발이 발사되는 불꽃놀이도 한다.
위치 왓카나이시 중앙 아케이드 거리 주변
운영 매년 8월 첫 번째 주말 2일간
홈피 www.north-hokkaido.com/index.html

◆ 왓카나이 여행 참고 사이트
왓카나이 리시리 레분 관광 정보 www.north-hokkaido.com
소야버스 www.soyabus.co.jp

왓카나이

N
W · E
S

소야미사키
宗谷岬

게스트하우스 알메리아
ゲストハウスアルメリア
R

소야미사키 평화공원
宗谷岬平和公園

마루야마
丸山

소야 구릉
宗谷丘陵

하얀 길
白い道

238

889

소야 공원
宗谷公園

에사시 방면
枝幸 방면

오호츠크해
オホーツク海

오호츠크 라인

138

889

1107

889

889

1107

1107

1119

107

소야만
宗谷湾

이시 라인

왓카나이 공원
稚内公園

메구미 원생화원
メグマ原生花園

1059

121

1119

121

왓카나이
왓카나이 국도

107

도립 소야후레아이 공원
道立宗谷ふれあい公園

오누마호
大沼湖

노샤푸미사키
ノシャップ岬

노샤푸 공원
ノシャップ公園

왓카나이 공원
稚内公園

왓카나이 북방방파제 돔
稚内港北防波堤ドーム

왓카나이역 터미널
稚内駅 ターミナル

왓카나이행 페리터미널
稚内行フェリーターミナル

JR 왓카나이역
JR 稚内駅

238

JR 미나미왓카나이역
JR 南稚内駅

254

40

106

JR 밧카이역
JR 抜海駅

사로베쓰 습원
도요토미 온천

JR 호로노베역

온천 철도역

왓카나이로 가는 법

1. 항공
신치토세 공항 ▶ 왓카나이 공항
ANA항공 1일 2편 운항. 1시간 소요, 편도 23,400엔~

2. JR
삿포로역 ▶ 왓카나이역
특급 소야 5시간 10분 소요, 편도 11,090엔

3. 버스
삿포로 오도리 버스 센터 ▶ 왓카나이역전 터미널
왓카나이호, 하마나스호(소야버스, 호쿠토교통)
5시간 45분~6시간 30분 소요, 편도 6,700엔

왓카나이 공항 ▶ 왓카나이역전 터미널
소야버스 30분 소요, 편도 700엔(어른)

왓카나이 여행법

1. 왓카나이 핵심 여행지인 소야미사키와 노샷푸미사키는 노선버스로 갈 수 있지만 운행 편수가 적어, 비용 대비 효율성을 감안하면 렌터카 여행을 하는 것이 좋다. 왓카나이에서 렌트를 해서 페리를 이용할 경우 할인되는 경우가 있다.

2. 왓카나이의 번화가는 미나미왓카나이역 부근 남동쪽에 주로 있어 왓카나이역보다 편의시설이 더 많은 편이다. 여행자가 갈 만한 대형 규동 체인점 스키야나 롯데리아, 맥도날드 등 식사를 할 수 있는 장소가 왓카나이역보다 더 많다.

3. 왓카나이 여행의 베스트 시즌은 5~10월이다.

❶

JR 왓카나이역 稚内駅

日本語 제이아루왓카나이에키

현존하는 일본 철도역 중 최북단의 역. 1928년에 왓카나이항역으로 개업했으며, 현재의 역은 2012년에 신축된 것이다. 개업 이후 전쟁 이전까지는 일본 본토에서 사할린으로 가는 통로 역할을 했으나, 현재는 소야 본선의 종점역이다. 신축 역사와 기타카라キタカラ가 복합시설로, 역사 내에 도로 휴게소, 철도역, 버스터미널, 여행 정보 코너도 자리 잡고 있다. 역내에 최북단 역을 알리는 표지판이 있다.

Mapcode 353 876 711*43

❷

소야미사키 宗谷岬

日本語 소야미사키

북위 45도 31분 22초, 일본 최북단의 곶으로 바다 건너 43km 떨어진 사할린섬을 볼 수 있다. 이 일대는 소야미사키 평화공원으로, 삼각형 모양의 일본 최북단의 비는 소야미사키를 대표하는 기념비이며 북극성의 한 모서리를 모티브로 만들었다고 한다. 부근에는 사할린이 대륙이 아닌 섬이라는 것을 최초로 증명한 탐험가 마미야 린조의 동상과 소야미사키 음악비 등이 있다.

위치 왓카나이역전 터미널에서
　　소야버스 50분, 소야미사키宗谷岬
　　정류장 하차 후 바로
전화 0162-23-6161

Mapcode 998 067 446*25 (최북단의 비)

❸ 노샷푸미사키 ノシャップ岬

日本語 노샷푸미사키

'파도가 부서지는 장소'라는 아이누어에서 유래한 노샷푸미사키는 왓카나이 최서단에 위치한 곳으로 리시리섬과 레분섬을 바라볼 수 있다. 석양이 아름다운 곳으로 바다 전체가 오렌지색으로 물들며 리시리산의 실루엣이 떠오르는 모습이 정말 아름답다. 주변엔 노샷푸 한류수족관 ノシャップ寒流水族館, 청소년과학관 등이 있으며 높이 42.7m의 홋카이도에서 가장 높은 등대인 왓카나이 등대가 있다.

위치 왓카나이역전 터미널에서 소야버스 10분,
노샷푸미사키 ノシャップ岬 정류장 하차 후 도보 10분
Mapcode 964 092 530*27

❹ 왓카나이 공원 稚内公園

日本語 왓카나이 고오엔

왓카나이시 서쪽 언덕 위에 있는 공원으로 맑은 날에는 왓카나이 시가지와 사할린까지 보인다. 왓카나이의 상징적 존재인 빙설의 문과 가라후토견 훈련기념비 등 수많은 기념물이 있다. 이 외에도 전망시설과 향토자료관이 함께 있는 왓카나이 개기백년기념탑과 무료 휴게소도 있다.

위치 JR 왓카나이역에서 차로 10분
Mapcode 353 875 662*30(개기백년기념탑)

More&More
왓카나이 개기백년기념탑

왓카나이시의 개기 100주년을 기념하여, 1978년에 건설된 지상 80m, 해발 250m의 건물. 전망대 1~2층에는 북방기념관이 있고 와카나이와 사할린섬의 역사, 마미야 린조에 관한 자료를 전시하고 있다. 360도로 관람 가능한 전망대는 날씨가 좋으면 리시리섬, 레분섬, 소야 해협 너머 사할린섬까지 볼 수 있다.

운영 09:00~17:00
(6~9월은 21:00까지)
※최종 입장은 폐관 20분 전
휴무 월요일(6~9월 제외)
요금 어른 400엔, 어린이 200엔
※18:00 이후 어른 200엔,
어린이 100엔

왓카나이항 북방파제 돔 稚内港北防波堤ドーム

日本語 왓카나이 코오호쿠보오하테에 도오무

강한 바람이 부는 날이 연간 130일에 이르는 왓카나이. 왓카나이항 방파제뿐만 아니라 부두에서 역까지의 환승 통로로 이용할 수 있도록 1936년 5년의 공사 기간을 거쳐 반아치식 돔이 만들어졌다. 높이 14m, 길이 427m, 고대 그리스 건축을 방불케 하는 70개의 기둥이 받치는 회랑이 매우 인상적이다.

위치 JR 왓카나이역에서 도보 7분

Mapcode 964 006 205*77

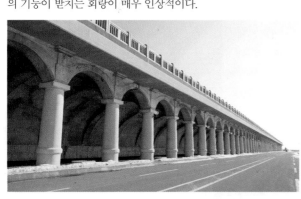

하얀 길 白い道

日本語 시로이미치

하얀 길은 소야미사키에서 소야 공원으로 연결되는 소야 구릉을 둘러싼 약 11km의 구간 중 공원 방면의 약 3.3km 부분이다. 길의 폭은 약 4m. 언덕이 이어져 있고 방목한 소들과 큰 풍차들이 늘어서 있는 풍경 속에 부서진 가리비 껍데기가 깔린 새하얀 길은 구릉의 선명한 초록빛과 하늘의 푸른빛이 대조를 이루며 아름다운 경치를 만들어낸다. 날씨가 맑은 날에는 리시리섬, 레분섬 그리고 러시아 사할린의 모습도 보인다.

위치 JR 왓카나이역에서 차로 1시간

Mapcode 805 814 722*61 (시작 지점)

소야 구릉 宗谷丘陵

日本語 소오야 큐우료오

소야미사키 남쪽에 펼쳐진 해발 20m에서 400m까지의 부드러운 구릉 지대로 약 2만 년 전 빙하기에 지반이 동결과 융해를 반복하며 형성되었다. 곳곳에 하얀 풍차가 들어서 있고, 방목된 소들이 여유롭게 걷고 있는 풍경을 볼 수 있다. 2004년에 홋카이도 유산으로 등록되었다.

위치 왓카나이역전 터미널에서
소야버스 50분, 소야미사키宗谷岬
정류장 하차 후 바로

Mapcode 805 875 317*08

게스트하우스 알메리아 ゲストハウスアルメリア

日本語 게스토하우스 아루메리아

소야미사키와 가까운 언덕에 자리 잡은 커다란 풍차가 인상적인 가게다. 토종 브랜드인 소야 흑우를 사용한 등심 스테이크와 함박 스테이크 등의 메뉴를 갖췄고 왓카나이의 명물인 문어 샤부샤부와 오호츠크해에서 잡은 신선한 해산물을 맛볼 수 있다. 창문 밖으로 소야미사키 목장의 경치도 볼 수 있다.

위치 JR 왓카나이역에서 차로 50분
운영 4월 하순~11월 상순
09:00~17:00
휴무 부정기적
전화 0162-76-2636

Mapcode 998 037 741*36

왓카나이 드라이브 여행

홋카이도 북부의 드라이브 성지와 오타루에서 시작된 왓카나이 서쪽 해안선을 달리며 홋카이도 특유의 자연 풍경을 만끽해 보자. 긴 여행의 피로를 풀 수 있는 온천 여행도 놓칠 수 없다.

에사누카선 エサヌカ線

日本語 에사누카센

홋카이도 동북부 사루후쓰무라猿払村의 에사누카선은 홋카이도 북부의 드라이브 성지로 불린다. 이 도로는 오호츠크해를 따라 달리는 구간 연장 약 16km의 도로로, 일본 최북단의 소야미사키에서 국도 238호(오호츠크 라인)를 남하해 약 40km의 위치에 에사누카선의 북단이 있고, 남단은 하마톤베쓰초浜頓別町에 이른다. 전 노선에 걸쳐 도로에 가드레일이나 전신주가 한 곳도 없고 북동쪽 직선로는 해안선과 가까운 베니어 원생화원을 관통하며, 특히 남동쪽 직선로 주변 시야에는 평탄한 목초지가 펼쳐질 뿐이라 지평선을 향해 달리는 느낌이다. **Mapcode** 869 696 734

사로베쓰 습원 サロベツ湿原

日本語 사로베츠 시츠겐

일본 3대 습원의 하나인 사로베쓰 습원은 6,700ha의 면적을 자랑하는 일본 최대의 고층 습원이다. 지평선 너머로 바다 건너 리시리산을 볼 수 있는 포인트이기도 하다. 5~9월까지 100종 이상의 꽃이 줄줄이 피고, 6월 하순부터 7월 초는 사로베쓰 습원을 대표하는 에조칸조우エゾカンゾウ(각시원추리)가 절정을 맞는다.

위치 JR 도요토미역에서 연안버스
왓카사카나이稚咲内행
(1일 2편, 6~9월은 1일 3편) 9분,
사로베츠시츠겐센타サロベツ湿原センタ
하차 후 바로

Mapcode 736 699 058*33

오로론 라인 オロロンライン

日本語 오로론 라인

오타루를 기점으로 홋카이도 최북단 땅 왓카나이까지 약 380km
의 해안선을 따라 달리는 드라이브 코스다. 이 노선의 하이라이트
는 왓카나이에 들어가기 직전, 미치노에키 테시오道の駅てしお 주변
에서 시작되는 106호선이다. 여기서부터 약 30km의 코스에서 날
씨가 좋으면 왼쪽으로 리시리후지를 볼 수 있다. 그리고 오른쪽에
는 오톤루이 풍력발전소オトンルイ風力発電所의 풍차가 서 있다. 해안
으로 불어오는 바람을 맞으며 돌고 있는 풍차의 풍경 또한 이국
적인 느낌을 준다.

위치 JR 왓카나이역에서 차로 40분

Mapcode 736 189 816*82
(오토루이 풍력발전소)

도요토미 온천 豊富温泉

日本語 도요토미 온센

1926년 석유 시추를 하다가 우연히 온천과 천
연가스가 분출되어 온천이 개발되고 마을이 형
성되었다. 온천물에서 약간의 석유 냄새가 나고
다갈색을 띠고 있는 것이 특징이며, 2만 년의 긴
시간 동안 땅속에서 쌓인 식물의 잔해로부터 숙
성된 천연 오일 성분을 함유하고 있다. 온천수
가 어떤 상처도 낫게 하고 아토피 등 피부질환
에도 치료 효과가 있다고 한다.

위치 JR 도요토미역에서 엔간버스沿岸バス로 10분(340엔)
운영 10:00~21:00
휴무 화요일 및 격주 목요일(홈페이지 확인)
요금 어른 510엔, 어린이 250엔
전화 0162-82-1777   홈피 toyotomi-onsen.com

Mapcode 530 851 489*20

배를 타고 섬으로
리시리섬 利尻島, Rishiri Island

리시리섬은 왓카나이 서쪽, 사로베쓰의 해안선에서 리시리 수로를 사이에 두고 약 20km 해상에 떠 있는 둘레 63km의 원형 모양 섬이다. 이 섬의 상징인 리시리산(해발 1,721m)은 리시리후지라고도 불리며 원추형의 아름다운 산자락이 펼쳐져 있다. 섬 대부분이 리시리레분 사로베쓰 국립공원으로 지정되어 있다. 히메누마, 오타토마리누마와 같은 습지와 고산식물 등으로 여행객이 끊이지 않는다.

Tip
리시리섬 여행 참고 사이트
리시리정 관광협회 www.rishiri-plus.jp
하트랜드 페리 www.heartlandferry.jp/korean
소야버스 www.soyabus.co.jp

✚ 리시리섬으로 가는 법

1. 항공
오카다마 공항 ▶ 리시리 공항
JAL항공 50분

신치토세 공항 ▶ 리시리 공항
ANA항공 50분

2. 페리
왓카나이항 페리터미널 ▶ 오시도마리항 페리터미널
약 1시간 40분 소요, 2등 지정석 편도 3,320엔

가후카항 페리터미널 ▶ 오시도마리항 페리터미널
약 45분 소요, 2등 지정석 편도 1,290엔

리시리섬 오시도마리항 페리터미널
왓카나이와 레분섬으로 가는 페리가 출발하는 리시리섬의 현관. 관광안내소와 우니메시동을 맛볼 수 있는 식당과 카페도 있다.
위치 오시도마리항에서 바로
운영 07:30~18:30(시기와 시설에 따라 변동)

✚ 리시리 여행법

1. 관광철에 왓카나이와 리시리섬, 레분섬을 오가는 페리는 반드시 사전에 예약을 해두는 것이 좋다. 리시리섬은 시계 방향과 시계 반대 방향으로 진행하는 노선버스가 있다.

2. 리시리섬은 총길이 24.9km의 자전거 전용 사이클링 로드가 잘 정비되어 있어, 사이클을 대여해서 여행할 수 있다.

3. 렌터카 여행이 여의치 않다면 정기 관광버스 (5~9월 운행) 이용이 편리하다.

4. 리시리섬 여행의 베스트 시즌은 6월~10월 상순이다.

① 리시리후지 利尻富士

日本語 리시리후지

리시리섬 중앙부에 높이 1,721m의 리시리산은 일본 100대 명산 중 하나로, 산자락이 해안까지 퍼져나가 멀리서 보면 섬 전체가 리시리산인 것처럼 보인다. 이런 풍경이 후지산을 닮아 리시리후지라고도 부른다. 정상에 오르면 리시리섬, 레분섬, 사로베쓰 습원을 비롯해 멀리 사할린까지 볼 수 있다.

Mapcode 714 344 135*24

② 히메누마 姫沼

日本語 히메누마

원시림에 둘러싸인 히메누마는 리시리섬 북쪽 산기슭에 위치한다. 이곳은 리시리섬에서 가장 아름다운 '뒤집어진 리시리후지'를 만날 수 있는 장소다. 사진은 역광이 되지 않는 오전 중에 찍는 것을 추천한다. 특히 바람이 잔잔할 때가 많은 새벽이 제일 좋다. 들새가 사는 호반의 숲은 20분 정도면 일주할 수 있는 산책로가 정비되어 있고, 근처 매점에서는 리시리산의 샘물을 쓴 커피가 판매되고 있다.

위치 오시도마리항에서 소야버스 오니와키鬼脇행으로 5분,
     히메누마구치姫沼口 하차 후 도보 20분

Mapcode 714 495 846*43

③ 오타토마리누마 オタトマリ沼

日本語 오타토마리누마

리시리섬에서 가장 큰 호수인 오타토마리누마는 푸른색의 호수 면과 섬의 상징인 리시리산이 어울리는 절경을 볼 수 있다. 또한 호수 주위에는 산책길이 정비되어 있어 원시림 속에서 삼림욕을 즐길 수 있다. 홋카이도의 유명한 과자 '시로이 코이비토'의 패키지 사진은 오타토마리누마에서 본 리시리산의 풍경을 담은 것이다.

위치 오시도마리항에서 소야버스 오니와키鬼脇행으로 35분,
     누마우라沼浦 하차 후 바로

Mapcode 714 139 171*64

❹ 시로이 코이비토 언덕(누마우라 전망대) 白い恋人の丘(沼浦展望台)

日本語 시로이 코이비토 노카(누마우라 텐보다이)

홋카이도의 유명한 과자 '시로이 코이비토(하얀 연인)' 패키지에 그려져 있는 리시리산의 설산은 이 부근에서 바라본 모습으로 알려져 있다. 이곳에서 프러포즈를 하고, 그때의 사진을 촬영해서 리시리후지초 관광협회에 제시하면, 이시야 제과에서 공인한 '프러포즈 증명서'를 받을 수 있다.

위치 오시도마리항에서 소야버스
오니와키鬼脇행으로 35분,
누마우라沼浦 하차

Mapcode 714 110 666*48

5 페시미사키 ベシ岬

日本語 페시미사키

페리터미널에서 가까운 해발 93m의 바위산 곶. 멀리서 보면 바위의 그림자나 모양이 고릴라처럼 보인다고 해서 '고릴라 바위'라고도 불린다. 등대가 서 있는 곳 정상 부근은 전망대로 되어 있어 아래로는 오시도마리항, 바다 건너로는 레분섬과 왓카나이까지 바라볼 수 있다. 또한 떠오르는 아침 햇살을 즐길 수 있는 곳으로도 인기가 있다.

위치 오시도마리항에서 페시미사키
정상까지 도보 30분

Mapcode 714 583 248*12

More&More 리시리섬에서 들러야 할 곳

밀피스 상점 ミルビス商店

리시리섬에서 판매하는 수제 유산음료 밀피스. 리시리섬 주민이라면 누구나 알고 있는 로컬 제품이다. 1967년 독자적으로 개발한 레시피로 만들어냈다. 주인이 없을 때는 무인 가게 시스템으로 운영되니 돈을 박스에 넣은 뒤에 음료를 마시자.

위치　오시도마리항에서 차로 20분
운영　07:00~19:00
전화　0163-84-2227
Mapcode 714 452 090*60

리시리 후레아이 온천 利尻ふれあい温泉

리시리 호텔 내에 있는 온천으로 탄산수소와 철분이 다량 포함된 다갈색의 온천탕이 있다. 피부 미용에도 효과가 있다고 알려져 있다.

위치　오시도마리항에서 차로 20분
운영　13:00~21:00
휴무　부정기적
요금　당일 입욕 650엔
전화　0163-84-2001
Mapcode 714 331 824*13

리시리 카메이치 利尻亀一

일본에서 가장 유명한 리시리 다시마 제품을 판매하는 곳이다. 식당도 함께 운영하여 우니동과 카레, 아이스크림도 맛볼 수 있다.

위치　오시도마리항에서 차로 30분　　운영　4월 하순~10월 하순 09:00~17:00
휴무　10월 하순~4월 하순　　　　　　전화　0163-83-1361
Mapcode 714 109 805*82

일본 최북단의 섬
레분섬 礼文島, Rebun Island

왓카나이에서 서쪽으로 60km 떨어진 '꽃의 부도 (浮島)'라고 불리는 섬. 레분섬에는 레분아쓰모리소 및 레분코자쿠라 등 레분토에서만 자라는 고유종을 포함하여 약 300종의 꽃이 피어난다.

Tip
레분섬 여행 참고 사이트
레분섬 www.rebun-island.jp

✚ 레분섬으로 가는 법

왓카나이항 페리터미널 ▶ 가후카항 페리터미널
약 1시간 55분 소요, 2등 지정석 편도 3,620엔

오시도마리항 페리터미널 ▶ 가후카항 페리터미널
약 45분 소요, 2등 지정석 편도 1,290엔

레분섬 가후카항 페리터미널
레분섬 유일의 현관이며 1층에 관광안내소가 있다.
위치 가후카항에서 바로
운영 08:00~17:00

✚ 레분섬 여행법

1. 레분섬은 고위도에 위치해 해발 0m부터 고산식물이 핀다. 표고 2,000m 이상의 산 정상 부근에서만 볼 수 있는 고산식물을 산에 올라가지 않고도 쉽게 관찰할 수 있는 점이 가장 큰 매력인데 특히 6~8월에 꽃이 흐드러지게 피어난다.

2. 레분섬의 7개 트레킹 코스 중 초보자용 코스로 인기 있는 것은 모모이와 전망대 코스다. 모모이와 등산로 입구에서 3시간 정도 소요되는 코스로, 통칭 '플라워 로드'라고 불린다. 레분섬 내 약 8할의 고산식물을 볼 수 있고 왼쪽에는 리시리산, 오른쪽에는 바다와 기암의 절경이 계속 이어진다. 트레킹할 때는 두꺼운 양말, 트레킹 신발, 트레킹용 바지, 데이백, 방한복, 비옷 상하, 모자, 음료수, 당분 섭취가 가능한 사탕, 장갑, 쓰레기봉투, 선크림이 필요하다. 특히 비옷은 꼭 준비해야 한다.

3. 레분섬 여행의 베스트 시즌은 6월~9월 중순이다.

Sightseeing ★★★

① 모모다이 네코다이 전망대 桃台猫台展望台

日本語 모모다이 네코다이 텐보다이

섬 서쪽 해안에 있는 높이 250m의 바위. 복숭아 모양의 모모이와, 고양이 모양의 네코이와를 볼 수 있다. 6월부터 8월까지 갖가지 고산식물이 피어난다.

위치 가후카항 페리터미널에서 소야버스 모토지元地행으로 10분, 종점 하차 후 도보 40분

Mapcode 854 138 862*71

Sightseeing ★★☆

② 지장암 地蔵岩 日本語 지조이와

레분섬 서쪽, 모토지 해안元地海岸에 직립해 있는 높이 50m 정도의 기암으로 2개의 깎아지른 바위가 손을 모으고 있는 것처럼 보이는 데서 유래되었다.

위치 가후카항 페리터미널에서 소야버스 모토지元地행으로 10분, 종점 하차 후 도보 5분

Mapcode 854 227 294*84

Sightseeing ★★★

③ 스카이미사키 澄海岬 日本語 스카이미사키

레분섬 북서부에 돌출되어 있는 곳으로 투명한 바다와 끝없이 이어지는 단애의 절경이 장관이다.

위치 가후카항 페리터미널에서 소야버스 스코톤미사키スコトン岬행으로 49분, 하마나카浜中 정류장 하차 후 도보 40분

Mapcode 854 583 113*31

Sightseeing ★★★

④ 스코톤미사키 スコトン岬 日本語 스코톤미사키

일본 최북단의 곶으로 맑은 날에는 도도지마와 사할린까지 보인다. 레분섬을 일주하는 트레킹의 출발 지점으로 해안을 따라가는 4시간 코스와 레분임도까지 걷는 8시간 코스가 있다. 일본 최북단 화장실이 있는 곳이다.

위치 가후카항 페리터미널에서 소야버스 스코톤미사키スコトン岬행 약 1시간, 종점 하차 후 도보 5분

Mapcode 854 761 347*48

269

More&More 레분섬 트레킹

현지에서 추천하는 트레킹 코스

• 레분임도 코스 礼文林道コース: 왕복 3시간
레분우스유키소レブンウスユキソウ 군락지를 통과하는 약 8km의 개방적인 코스

• 레분다케 등산 코스 礼文岳コース: 왕복 4시간
섬 동쪽 길에서 해발 490m의 레분다케를 등산하는 코스

• 미사키메구리 코스 岬めぐりコース: 왕복 5시간 20분
레분아쓰모리소レブンアツモリソウ 군락지를 관찰하며 걷는 섬의 북서 코스. 레분섬 최
북단 스코톤미사키에서 고로타미사키, 스카이미사키를 빠져나와 하마나카로 이
어지는 총길이 약 13km의 코스로 스카이미사키에서 레분에서 가장 아름다운 투
명한 바다를 즐길 수 있다.
홈피 www.rebun-island.jp/welcome/trekking.html

레분섬 트레킹 주의사항

• 사전에 반드시 레분 관광협회에서 트레킹 지도를 다운받아 가도록 하자.
• 트레킹 장소로 이동할 때 정류장 이름만 있고 안내판이 없거나 정류장이 아닌
곳에서도 손을 들면 버스가 태워주고, 내릴 때도 정류장이 아닌 원하는 곳에 정
차해주기 때문에 버스 시간과 장소를 사전에 확인해야 한다. 레분 미사키 코스
에서는 자판기가 고장 나 있거나 물을 판매하는 곳이 없으므로 미리 구입하고,
만일에 대비해서 레분섬 택시회사 연락처도 확인하도록 하자.

Tip
레분아쓰모리소(레분복주머니꽃)
5월 하순부터 6월 하순에 걸쳐 피어나
여행자들의 눈을 즐겁게 한다. 레분복
주머니꽃은 일본의 국내희소야생동식
물종으로 지정되어 있다.

Sightseeing ★ ★ ☆

⑤ 고로타미사키 ゴロタ岬

日本語 고로타미사키

바다를 향해 누운 공룡의 등 같은 모습의 곶으로 이
곳에서 보는 스코톤미사키의 전망이 매우 좋다.

위치 가후카항 페리터미널에서 소야버스 스코톤미사키スコトン岬
행 55분, 에도야江戸屋 하차 후 도보 50분

Mapcode 854 671 374*86

Sightseeing ★ ☆ ☆

⑥ 쿠슈호 久種湖

日本語 쿠슈코

레분섬의 유일한 호수이자 일본 최북단에 있는 호
수로 봄에는 호숫가에 수파초가 피어난다. 호반에
는 코티지, 방갈로, 오토 사이트 등이 정비된 캠프
장이 있다. 많은 철새들이 도래하는 곳으로 캠프장
에서 산책로를 따라 버드 워칭을 즐길 수 있다.

위치 가후카항 버스터미널에서 소야버스 스코톤미사키スコトン岬
행 45분, 보인마에病院前 하차 후 도보 5분

Mapcode 854 648 747*41 (캠프장)

⑦ 북의 카나리아 파크 北のカナリアパーク

日本語 기타노카나리아파쿠

영화 〈북의 카나리아들〉의 기념공원. 실제로 촬영에 사용한 교사 안에는, 당시의 사진이나 의상을 전시하고 있어 견학이 가능하다. 공원 내에 카페도 있어 바다 건너 리시리후지를 바라보며 여유로운 시간을 보낼 수 있다.

위치 가후카항 페리터미널에서 소야버스 시레토코知床행 5분, 다이니사시토지第2差閘 하차 후 도보 10분
운영 5~10월 09:00~17:00
휴무 11~4월
전화 0163-86-1001
홈피 www.town.rebun.hokkaido.jp/hotnews/detail/00000171.html

Mapcode 854 110 012*70

More&More 레분섬에서 들러야 할 곳

타케짱 스시 武ちゃん寿し
페리터미널 2층에 있는 식당으로 '에조바훈 나마우니 덮밥'을 추천한다. 성게 덮밥의 발상지로 레분섬에서 잡히는 일본 최고급 리시리 다시마를 먹으며 자란 성게의 단맛은 최고다.

위치 가후카항 페리터미널 2층   운영 11:00~17:00
휴무 부정기적   전화 0163-86-1896

Mapcode 854 170 509*81

카이센도코로 가후카 海鮮処かふか
가후카어협에서 직영하는 식당이며 우니와 호케(임연수어)가 주메뉴다.

위치 가후카항에서 도보 5분
운영 5~9월 11:00~14:00, 17:00~21:00
　　 10~4월 17:00~21:00
휴무 5~9월 화요일, 10~4월 일요일, 연말연시
전화 0163-86-1228

Mapcode 854 171 874*06

아토이 식당 あとい食堂
레분섬 북쪽 가네다노미사키에 있는 선박어협에서 직영하는 식당으로, 제철 해산물을 맛볼 수 있다.

위치 가부카항에서 차로 40분   운영 4월 중순~9월 11:00~14:00
휴무 10월~4월 중순   전화 0163-87-2284

Mapcode 854 769 042*70

02

바다 위 유빙의 마을

아바시리 網走, Abashiri

아바시리는 구시로와 함께 홋카이도 동부 지방 여행의 관문 역할을 하는 인구 3만 정도의 작은 도시로, 여름철 아바시리에서 시레토코반도로 이어지는 해안을 따라 원생화원과 어우러지는 오호츠크해의 풍경은 깨끗하고 아름답다. 특히 겨울 시즌에 홋카이도 동부 해안선을 따라 내려오는 유빙을 볼 수 있는 겨울 유빙 관광으로 유명하다.

♦ **아바시리 여행 참고 사이트**
아바시리 관광협회 visit-abashiri.jp
아바시리버스 www.abashiribus.com

More&More 아바시리의 축제

아바시리 오호츠크 여름 축제
아바시리의 여름을 즐기는 시민 축제. 아바시리역 앞 부근 상가 길거리에 차량을 통제하고 천여 명이 같이 춤추는 '유빙 오도리'와 불꽃놀이가 볼만하다.
위치 아바시리 미치노에키 주변
운영 7월 중순

아바시리 오호츠크 유빙 축제
1966년부터 시작된 겨울 이벤트로 약 6만 명의 관광객이 방문하고 있다. 설상과 빙상, 아이스 슬라이더가 설치되고 라이브 공연도 열린다.
위치 아바시리 쇼코 부두 특설회장
운영 2월 상순 이틀간

✚ 아바시리로 가는 법

1. JR
삿포로역 ▶ 아바시리역
JR 특급 오호츠크 1일 2회 운행. 5시간 25분 소요, 편도 10,540엔

2. 버스
삿포로역전 버스 승강장 ▶ 아바시리 버스터미널
아바시리버스 트리먼트 오호츠크호 1일 8회 운행.
5시간 55분 소요, 편도 6,800엔

메만베쓰 공항 ▶ 아바시리역
아바시리버스 35분 소요, 편도 920엔

3. 항공
신치토세 공항 ▶ 메만베쓰 공항
ANA항공, JAL항공 50분 소요

> **Travel Tip**
> **시레토코 에어포트 라이너**
> 知床エアポートライナー
>
> 공항 직행. 예약이 불필요하나 성수기에만 운행한다.
>
> 메만베쓰 공항 ▶ 아바시리역 ▶ 아바시리 버스터미널 ▶ 아바시리 유빙선 승차장(미치노에키 유빙가도 아바시리) ▶ 시라토리 공원 입구 ▶ 샤리 버스터미널 ▶ 미치노에키 우토로 ▶ 시레토코 관광선 승강장 ▶ 우토로 온천 버스터미널 ▶ 호텔 순회

✚ 아바시리 여행법

1. 아바시리는 삿포로에서 기차로만 5시간 반이 걸리고, JR 홋카이도 레일 패스를 구입해야 하기 때문에 여행의 효율성을 생각한다면 신치토세 공항에서 항공편으로 메만베쓰 공항으로 이동하는 것을 추천한다. 특히 겨울철 유빙만 보고 온다면 항공편을 이용하는 것이 좋다.

2. 아바시리 여행에서는 렌터카 이용을 추천한다. 아바시리를 비롯한 동부 지방의 주요 여행지들은 서로 거리가 멀리 떨어져 있어 버스나 JR로 모두 갈 수는 없다. 아바시리까지 항공편으로 간 다음, 현지에서 렌트해서 주변부 혹은 구시로까지 가는 것을 추천한다.

3. 자동차 여행의 경우 아바시리를 거점 혹은 중간 숙박지로 정한다면 해안선을 따라 사로마호, 몬베쓰, 아사히카와 방향으로 엔가루, 기타미, 그리고 시레토코반도, 굿샤로호, 마슈호까지 비교적 여유롭게 여행할 수 있다.

❶

오호츠크 유빙관 オホーツク流氷館

日本語 오호츠쿠 류효칸

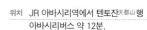

2023년 1월 리뉴얼 오픈한 유빙과 오호츠크해의 생물을 주제로 한 전시관. 영하 15도의 유빙 체감실에서 진짜 유빙을 만져볼 수 있고 젖은 수건을 얼게 하는 실험도 인기다. 유빙 시어터에서는 5면의 커다란 화면으로 생동감 넘치는 유빙의 모습과 그 속에 살고 있는 생물들에 대한 영상을 상영하고 있다. 또한 '유빙의 천사'로도 불리는 클리오네도 전시한다. 유빙관에 있는 덴토잔 전망대에서는 아바시리 주변의 다양한 풍경을 360도로 즐길 수 있다.

위치 JR 아바시리역에서 텐토쟌天都山 행
아바시리버스 약 12분,
오호츠쿠류효칸オホーツク流氷館
하차 후 바로
운영 08:30~18:00
(11~4월 09:00~16:30,
12월 29일~1월 5일
10:00~15:00)
요금 어른 770엔, 고교생 660엔,
초중생 550엔
전화 0152-43-5951
홈피 www.ryuhyokan.com

Mapcode 305 584 696*74

❷

박물관 아바시리 감옥 博物館網走監獄

日本語 하쿠부츠칸 아바시리 간코쿠

덴토잔 중턱에는 1984년까지 실제 감옥으로 사용되었던 아바시리 형무소 옥사를 그대로 이축하여 공개한 아바시리 감옥이 있다. 일본에서 유일한 감옥 박물관으로 넓은 부지 내에 중요문화재 8동, 등록 유형문화재 6동과 역사적 가치가 높은 건축물이 자리한다. 재소자들의 모습을 인형으로 재현해 놓았고 11월부터 1월까지를 제외한 나머지 기간에는 무료 가이드 투어가 진행된다. 건물 내 감옥 식당에선 당시 수형자들에게 제공한 레시피를 바탕으로 보리밥과 된장국이 포함된 생선구이 정식(900엔)을 판매한다.

위치 JR 아바시리역에서 아바시리버스 약 10분,
하쿠부츠칸아바시리간고쿠博物館網走監獄 하차 후 바로
운영 09:00~17:00(식당 11:00~14:30)
휴무 12월 31일~1월 1일
요금 어른 1,500엔, 고교생 1000엔, 초중생 750엔
전화 0152-45-2411 **홈피** www.kangoku.jp

Mapcode 305 582 179*47

❸ 고시미즈 원생화원 小清水原生花園

日本語 코시미즈 겐세에카엔

아바시리와 시레토코반도 중간에 위치한 원생화원으로 오호츠크해와 도후츠호 사이의 길고 좁은 8km의 사구에 40여 종의 야생화가 아름다운 자태를 자랑한다. 야생화가 가장 아름다운 시기는 6월에서 7월 사이이며 5월부터 10월까지는 원생화원역에 임시열차가 정차한다. 전망대에 서면 오호츠크해의 푸른 바다와 도후츠호의 풍경을 감상할 수 있다.

위치 JR 아바시리역에서 차로 20분
운영 08:30~17:30
전화 0152-63-4187
Mapcode 958 080 576*52

More&More
도후츠호 濤沸湖

고시미즈 원생화원 반대편 내륙 쪽에 위치한 도후츠 호수는 아이누어로 '늪의 입구'를 뜻하는 토풋トㇷ゚ツ을 어원으로 하는 둘레 27.3km의 기수호다. 람사르협약에 등재된 이 호수는 큰고니와 두루미 등 사계절 내내 250여 종의 야생조류가 찾는 그야말로 들새들의 낙원이다.

④
노토로호 能取湖

日本語 노토로코

노토로호는 오호츠크해와 연결되는 면적 58만m²의 큰 해수호다. 가리비와 새우가 풍부하고 봄부터 여름까지는 조개잡이 명소로도 유명하다. 매년 9월이면 이 호수에서 자라는 산호초가 온통 붉은색으로 물들어 환상적인 풍경을 연출한다. 나무로 만들어진 산책길이 설치되어 있어 활짝 펼쳐진 경치를 눈앞에서 즐길 수 있다. 가장 붉게 물드는 9월 중순에 산호초 축제가 열린다.

위치 JR 아바시리역에서 사로마코サロマ湖행 아바시리버스로 약 20분, 산고소이리구치サンゴ草入口 하차 후 도보 약 5분

홈피 visit-abashiri.jp

Mapcode 305 783 738*38

More&More 노토로미사키 能取岬

노토로호 동쪽에서 오호츠크해로 돌출된 곳. 높이 약 40~50m의 절벽인 이 곳에 서면 노토로미사키 등대 주변의 아름다운 푸른 초원과 방목 중인 소들의 모습을 볼 수 있다. 1월 하순부터 3월 초까지는 노토로미사키 바로 아래 유빙이 해안으로 밀려오는 풍경이 펼쳐진다.

사로마호 サロマ湖

日本語 사로마코

샬로먼 블루サロマンブルー라고 불릴 만큼 독특한 파란색의 호수 색깔
이 아름다운 사로마호는 면적 약 152km², 둘레 약 91km²로 홋카
이도에서 가장 큰 호수다. 왓카 원생화원(일명 류구가도龍宮街道)
으로 알려진 약 20km의 사주에 의해 오호츠크해와 호수가 나누어
진 기수호다. 호수 동쪽의 왓카 원생화원에선 여름 시즌 수많은 야
생화를 만나 볼 수 있으며, 특히 남동쪽의 기타미시 사카에우라栄浦
는 호수로 해가 지는 석양 풍경이 아름다운 것으로 유명하다.

위치 JR 아바시리역에서
　　사로마코사카에우라サロマ湖栄浦行
　　아바시리버스 약 1시간, 왓카네이차
　　센타이리구치ワッカネイチャーセンター入口
　　에서 하차 후 도보 10분.
　　메만베쓰 공항에서 국도 39호,
　　238호 경유 43km, 약 1시간 소요
운영 **사로마호 왓카 네이처 센터**
　　08:00~17:00
　　(6~8월 08:00~18:00,
　　10월 중순~4월 하순 휴무)

Mapcode 955 171 413*30

More & More
사로마호 전망대 サロマ湖展望台

사로마호 전체를 보려면 호로이와야
마幌岩山 정상에 있는 사로마호 전망
대로 가야 한다. 오직 자동차로만 갈
수 있고 동절기에는 전망대로 올라
가는 도로가 폐쇄된다.

기타하마역 北浜駅

日本語 기타하마에키

아바시리에서 구시로로 가는 센모 본선釧網本線의 네 번째 무인역
이다. 바닷가에 서 있는 조그만 목조 역사가 쓸쓸한 분위기를 자
아내며 눈길을 끈다. 역사 내에 이곳을 다녀간 수많은 여행자들의
메모가 붙어 있으며 겨울을 제외한 기간에는 테이샤바停車場라는
카페가 문을 열어 역사를 찾아온 여행자들을 맞는다.

위치 JR 아바시리역에서 보통열차로
　　약 14분, 차로 16분
운영 11:00~18:00
휴무 연중무휴(카페는 화요일 휴무)
홈피 suzuki-syusaku.com/teishaba

Mapcode 305 447 683*68

❼ 오마가리 호반 원지 해바라기밭 大曲湖畔園地

日本語 오마가리코한엔치

아바시리 형무소의 구 농지 터를 이용한 해바라기밭이다. 전체 면적 80ha에 2기작 중 1회째는 7월 중순부터 하순에 걸쳐 약 150만 그루의 해바라기가 아름답게 피어난다. 2회째는 9월 중순부터 하순에 걸쳐, 약 18ha라고 하는 광대한 부지 내에 약 260만 그루의 해바라기가 꽃을 피운다. 9월 상순의 코스모스도 볼만하다.

위치 JR 아바시리역에서 차로 5분
운영 5월 중순~10월 하순
　　 09:00~17:00
휴무 10월 하순~5월 중순
Mapcode 305 611 525*20

❽ 아바시리 플록스 공원 あばしりフロックス公園

日本語 아바시리 후롯쿠스 코오엔

아바시리시 요비토 지구의 구릉지 약 10ha에 15만 주의 플록스가 피어나는 공원이다. 원내는 아름다운 플록스 등이 피는 것 외에 아바시리 호수와 메만베쓰 방면의 평야를 한 번에 볼 수 있는 전망 포인트가 있다. 7월 하순에 서서히 개화하기 시작하여 8월 중순이 제일 볼만하며, 9월 상순까지 꽃을 볼 수 있다.

위치 JR 아바시리역에서 차로 20분
운영 7월 하순~9월 하순 08:00~17:00
휴무 10월~7월 하순
Mapcode 305 403 009*68

플라워 가든 하나 덴토 フラワーガーデンはな·てんと

日本語 후라와 가든 하나 텐토

덴토산 정상 근처 아바시리 레이크 뷰 스키장 부지에는 3.5ha 면적에 3만 5천 그루 이상의 꽃들이 활짝 피어나는 플라워 가든 하나 덴토가 자리한다. 7월 상순부터 10월 중순 사이에 샐비어 등 각양각색 꽃들이 화원을 화려하게 장식한다.

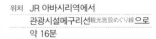

위치 JR 아바시리역에서
관광시설메구리선観光施設めぐり線으로
약 16분

Mapcode 305 553 236*74

메르헨의 언덕 メルヘンの丘

日本語 메루헨노카

메만베쓰 공항에서 차로 10분 거리에 있는 메르헨의 언덕은 7개의 낙엽송이 늘어선 그림책 같은 풍경을 볼 수 있다. '동화의 언덕'이라고도 불리는 이 언덕은 푸른 하늘을 배경으로 한 풍경도 인기가 있지만, 노을에 나무의 실루엣이 떠오르는 황혼 때도 낭만적이다. 메르헨의 언덕에서 400m 떨어진 곳에 휴게소 미치노에키 메르헨노카 메만베쓰道の駅メルヘンの丘めまんべつ가 있다.

위치 JR 아바시리역에서 차로 15분
홈피 오조라초 관광협회
ooz-kankou.com

Mapcode 305 278 693*35

⓫ 감동의 길 感動の径

日本語 칸도노 미치

아바시리 외곽 요비토에서 마스우라까지 이어지는 시골길로, 계절에 따라 황금빛으로 빛나는 보리밭, 새하얀 꽃이 바람에 흔들리는 감자밭, 초록빛 비트밭, 노란색이 선명한 겨자꽃밭이 계속해서 이어진다. 중간에 있는 뷰포인트에서는 오호츠크해와 그 너머 시레토코 연봉들, 도후츠호가 한눈에 들어온다.

위치 JR 아바시리역에서 차로 18분

Mapcode 305 377 369*42

⓬ 유리노사토 고시미즈 리리파크 ゆりの郷こしみずリリーパーク

日本語 유리노사토 코시미즈 리리파쿠

13만㎡(3,900평)의 공원 내 언덕을 따라 700만 송이의 백합이 그림같이 펼쳐진다. 색깔이나 모양, 향기도 다양한 약 100종류의 백합이 피는데, 만발하는 시기가 품종마다 달라 7월 하순부터 8월 하순까지 방문 시기에 따라 매번 새로운 백합을 만날 수 있다.

위치 JR 아바시리역에서 차로 35분
운영 7월 중순~8월 하순 09:00~17:00,
8월 하순~9월 상순 09:00~16:00
휴무 9월 상순~7월 중순
요금 어른 600엔(중학생 이상)
전화 0152-62-2903
홈피 www.lilypark.info

Mapcode 444 669 734*38

유빙 이야기호 流氷物語号

日本語 류효 모노가타리고

유빙 이야기호는 JR 홋카이도가 운행하는 관광열차로 오호츠크해에 유빙이 덮이는 시기에 운행한다. 아바시리역에서 시레토코샤리역(37.3km) 구간을 연결하는 센모 본선을 따라 차창 밖으로 유빙을 볼 수 있다. 열차는 키하 40계 디젤카 2량 편성으로 운행되며, 1호차는 오호츠크해 측 일부 좌석이 예약이 필요한 지정석으로 되어 있다.

요금 어른 970엔, 어린이 485엔
운영 1월 하순~2월 하순
홈피 www.jrhokkaido.co.jp/travel
/ryuhyo

Mapcode 305 676 090*62 (JR 아바시리역)

미치노에키 유빙가도 아바시리 道の駅流氷街道網走

日本語 미치노에키 류효카이도 아바시리

아바시리강 하구에 위치한 휴게소다. 관광 정보 제공, 현지의 농수산 가공품 판매 등을 하고 있다. 겨울 시즌에는 유빙선 오로라호의 선착장이기도 하다. 2층에는 아바시리에서만 맛볼 수 있는 아바시리 잔기동이나 아바시리 짬뽕, 오호츠크해의 유빙을 모티브로 한 유빙 카레 등을 판매한다.

위치 JR 아바시리역에서 버스로 10분
운영 휴게소 09:00~18:00
(계절에 따라 변동)
레스토랑 11:00~15:30
휴무 12월 31일~1월 1일
전화 0152-67-5007

Mapcode 305 678 310*00

★
장엄하고 짜릿한 유빙 관광

오호츠크해 북부 해안 부근에서 겨울의 찬바람으로 인해 바닷물이 얼었다가 동부 사할린 해류를 타고 홋카이도로 남해해 온다. 오호츠크해는 북반구에서 유빙의 최남단이다. 이 유빙을 인공위성과 아오모리에서 출발한 해상 자위대의 항공기가 관찰해서 삿포로 기상대 홈페이지를 통해 1월부터 이동 상황을 발표한다. 유빙은 관광뿐만 아니라 생태 환경 측면에서 오호츠크해의 어장을 풍부하게 만드는 효과가 있다. 이 유빙에는 식물 플랑크톤이 포함되어 있는데, 봄이 되면 녹아내린 유빙에서 식물 플랑크톤이 증식하고 이를 먹이로 하는 동물성 플랑크톤이 증가하면서 전체적으로 바다가 풍요로워진다.

Tip
유빙 여행 유의사항

① 유빙선을 탑승하고자 하는 경우, 반드시 사전 예약을 해야 한다. 또한 유빙은 그날의 기상 상황이나 풍향과 관련이 깊어, 유빙을 볼 수 없는 경우도 있다.
② 가린코호를 탈 수 있는 몬베쓰항은 삿포로에서 고속버스편 혹은 자동차로 가야 하기 때문에 JR 혹은 항공편을 이용한다면 아바시리 유빙선을 탑승하는 것이 일반적이다.

• **삿포로 → 몬베쓰(유빙 몬베쓰호)**
요금 어른 5,270엔, 어린이 2,640엔
소요시간 직행 하계 4시간 20분, 동계 4시간 40분
　　　　경유(아사히카와) 하계 5시간 20분, 동계 5시간 40분

아바시리 유빙선 오로라 網走流氷観光砕氷船おーろら

日本語 아바시리 류효 칸코사이효센오 오로라

아바시리항 오로라터미널에서 운항하는 대형 쇄빙선으로, 약 1시간 정도 운항한다. 1층 객실은 자유석으로 바다를 향해 소파가 설치되어 있다. 2023년에는 새로 건조된 소형 관광선 오로라 3호가 운행을 시작했다. 수중 드론을 통해 유빙을 바닷속에서 실시간으로 촬영하고 선내 모니터에 비춘다.

위치	JR 아바시리역에서 차로 8분
운영	1월 20일~3월 말 1일 3~7편 운항, 운행시간은 홈페이지 참조
휴무	4월~1월 19일
요금	어른 4,000엔, 어린이 2,000엔
전화	0152-43-6000
홈피	www.ms-aurora.com/abashiri

Mapcode 305 678 309*88

유빙선 가린코호 流氷砕氷船ガリンコ号

日本語 류효사이효센 가린코고

몬베쓰항에서 운항하는 가린코호는 붉은색 몸통과 2개의 거대한 드릴이 특징이다. 커다란 드릴로 얼음을 깨면서 이동하는 가린코호 Ⅱ 는 1시간(유빙이 없을 때는 약 45분)가량 얼음의 바다로 안내한다. 깨진 얼음이 선박 옆으로 흘러가는 모습을 보면서 스릴 넘치는 경험을 할 수 있다. 2021년 1월에는 새로운 가린코호 Ⅲ 이메루MERU가 취항해서 가린코호 Ⅱ 와 2척 체제로 운항하고 있다.

위치	몬베쓰 버스터미널에서 차로 15분
운영	1월 16일~3월 가린코 Ⅲ 1일 5~6회, 가린코 Ⅱ 1일 4회
휴무	4월~1월 15일
요금	어른 3,600엔, 어린이 1,800엔 ※웹 예약, 이메루 기준
전화	0158-24-8000
홈피	o-tower.co.jp

Mapcode 801 585 793*63

★ 동쪽 지방의 꽃 여행지

홋카이도에 봄이 찾아오는 시기는 5월 상순. 벚꽃이 피어나기 시작할 무렵, 홋카이도 동부 지방 곳곳에 꽃잔디와 튤립이 들판과 언덕 가득 피어난다. 이들 꽃 명소들은 주로 아바시리 주변 지역에 흩어져 있다. 꽃 축제가 열리는 시기가 비슷하고 거리도 그리 멀지 않기 때문에 일정만 맞추면 모두 돌아볼 수 있다.

가미유베쓰 튤립공원 かみゆうべつチューリップ公園

日本語 카미유베츠 추릿푸코엔

총면적 12.5만m², 경지 면적 7만m²의 넓은 부지에서 튤립의 본고장 네덜란드에서 수입된 약 200품종, 120만 송이의 튤립을 감상할 수 있다. 네덜란드 풍차형의 전망대에서 공원 전체를 볼 수도 있다. 5월부터 6월 상순까지 튤립 축제가 열린다.

위치 메만베쓰 공항에서 차로 30분.
　　 JR 엔가루역에서 버스 20분,
　　 추릿푸코엔チューリップ公園 하차
운영 08:00~18:00
요금 어른 600엔, 어린이 300엔
전화 0158-62-5866

Mapcode 404 550 660*04

시바자쿠라 다키노우에 공원 芝ざくら滝上公園

日本語 시바자쿠라 타키노우에 코엔

1957년에 모종을 심은 이후 지금은 10만m²의 언덕 위를 꽃잔디가 뒤덮고 있다. 5월 상순부터 6월 상순까지 꽃잔디 축제가 개최된다.

위치 JR 아바시리역에서 차로 2시간 20분
운영 08:00~18:00
요금 어른 500엔, 초중생 250엔
전화 0158-29-2730
Mapcode 570 699 323*02

히가시모코토 시바자쿠라 공원 ひがしもこと芝桜公園

日本語 히가시모코토 시바자쿠라 코엔

히가시모코토 시내에서 모코토야마 방향으로 8km 떨어진 곳에 위치한 꽃잔디 공원으로 전체 면적은 10ha이며 1977년부터 본격적으로 조성하기 시작했다. 언덕 전체를 뒤덮은 꽃잔디는 기계가 아닌 사람이 일일이 손으로 심은 것으로 경탄을 자아낸다. 마을의 상징인 젖소를 꽃으로 꾸민 진풍경도 감상할 수 있다.

위치 JR 아바시리역에서 버스로 40분,
히가시모코토 하차 후 택시 5분
운영 08:00~17:00
요금 어른 600엔, 초중생 300엔
전화 0152-66-3111
홈피 shibazakura.net
Mapcode 683 712 595*07

태양의 언덕 엔가루 공원 太陽の丘えんがる公園

日本語 타이요노 오카 엔가루 코엔

엔가루에 있는 공원으로 봄에는 꽃잔디, 여름부터 가을까지는 코스모스가 들판을 물들인다. 약 10ha의 넓은 부지에 꽃밭이 10개 구역으로 나뉘어 있으며 해마다 밭에 심는 품종이 다르다. 코스모스원에 심어진 코스모스의 품종은 20종류. 핑크, 적색, 백색, 황색 등 다양한 색상의 코스모스 약 1,000만 그루가 일제히 피어난다.

위치 아바시리역에서 엔가루역까지 JR 열차로 1시간 50분.
엔가루 버스터미널에서 차로 5분
운영 4월 하순~10월 하순 09:00~17:00
요금 어른 600엔, 어린이 300엔
전화 0158-42-8360 홈피 cosmos-love.com
Mapcode 404 181 764*58

03

때 묻지 않은 원시림으로 가다

시레토코 知床, Siretoko

홋카이도 동부 지역 여행의 하이라이트는 단연 시레토코반
도라 할 수 있다. 유빙이 떠내려오는 세계 최남단의 땅으로
유빙이 끌고 온 플랑크톤으로 다양한 바다 생태계를 보이며
융단처럼 펼쳐진 거대한 원시림 속에 때 묻지 않은 순수한
자연환경이 그대로 보존되어 있다. 이런 이유로 2005년 야
쿠시마, 시라카미 산지에 이어 일본에서 세 번째로 세계자
연유산으로 등재되었다.

♦ **시레토코 여행 참고 사이트**
시레토코샤리 관광협회 www.shiretoko.asia
샤리버스 www.sharibus.co.jp

More&More 시레토코의 축제

시레토코샤리 네푸타
아오모리현 히로사키시와의 교류
에서 시작된 시레토코 지역 최대 축
제. 7월 하순, 크고 작은 15기의 부
채 형태 등롱 네푸타ねぷた가 시레토
코샤리초 번화가 약 2.5km를 행진
한다.
위치 시레토코샤리 중심부
운영 7월 중순 이틀간

시레토코

시레토코반도

아이도마리 온천
相泊温泉

세세키 온천
セセキ温泉

태평양
太平洋

87

이오산
硫黄山

시레토코다케
サシルイ岳

카무이왓카 폭포
カムイワッカ湯の滝

93

시레토코 5호
知床五湖

라우스다케
羅臼岳

라우스초

시레토코 고개
知床峠
●知床峠

구마고에 폭포
熊越の滝

구마노유
熊の湯

시레토코 네이처 크루즈 에버그린
知床ネイチャークルーズ(エバーグリーン)

334

335

프레페 폭포
フレペの滝

334

시레토코 네이처 센터

무유니사키
ウトロ崎

오룬코이와
オロンコ岩

유히다이 夕陽台

우토로 온천 버스 터미널

시레토코 크루즈
知床クルーザー

시레토코 유빙 워크
知床流氷ウォーク

334

라우스호
羅臼湖

온네베쓰다케
遠音別岳

오코쓰크해
オホーツク海

오신코신 폭포
オシンコシンの滝

사리초

334

하늘에서 보는 길

✚ 시레토코로 가는 법

1. 자동차
메만베쓰 공항 ▶ 시레토코(우토로) 1시간 30분 소요

2. 버스
주오버스 삿포로 터미널 ▶ 우토로 온천 버스터미널
하루 왕복 1편(야간버스 이글 라이너) 운행.
7시간 15분 소요, 편도 8,400엔

메만베쓰 공항 ▶ 시레토코
시레토코 에어포트 라이너 2시간 15분 소요
(1월 중순~3월 중순, 7월 하순~10월 상순 운행)

아바시리 버스터미널 ▶ 우토로항 버스터미널
샤리버스 2시간 소요

✚ 시레토코 여행법

1. 시레토코 여행의 거점은 우토로다. 시레토코반도 크루즈 외에 시레토코 5호, 라우스 방면으로의 버스 기점도 우토로다. 우토로 온천은 호텔에서 민박까지 숙박시설이 잘 갖춰져 있기 때문에 렌터카 여행, 대중교통 여행 모두 우토로를 중심으로 계획을 세우자. 또한 겨울 시즌 유빙 워크 체험도 우토로에서 할 수 있다.

2. 시레토코반도는 렌터카로 여행하는 것이 가장 효율적이나, 관광버스로 돌아볼 수도 있다. 시레토코반도 여행 시 관광버스를 이용하는 것은 주요 여행지에 정차하는 것뿐만 아니라 버스 시간표가 관광버스를 중심으로 짜여 있기 때문이다. 정기 관광버스 시레토코 낭만 후레아이호에 대한 내용은 샤리버스 홈페이지 등을 통해 반드시 확인해야 한다.

3. 4월 하순에서 10월까지 노선버스 시레토코선이 오신코신 폭포-우토로 온천 버스터미널-시레토코 네이처 센터-시레토코 5호 등을 오간다. 6월 상순부터 10월 상순까지 운행하는 라우스선은 우토로 온천 버스터미널-시레토코 네이처 센터-라우스호 등을 오간다. 7월 하순부터 8월 중순은 시레토코 네이처 센터에서 셔틀버스를 타고 가무이왓카까지 갈 수 있다(편도 40분).

Travel Tip
시레토코 낭만 후레아이호
(가이드 동반)

〔A코스〕 시레토코의 대문인 샤리 버스터미널에서 시레토코 우토로 온천으로 이동. 시레토코 팔경(오신코신 폭포) 견학, B코스로 연결 가능.
출발/도착 샤리 버스터미널(09:15)
/우토로 온천 버스터미널(10:15)

〔B코스〕 시레토코 관광의 인기 코스. 시레토코 팔경(푸유니미사키, 오론코 바위, 시레토코 고개, 시레토코 5호) 견학, 오후 2시 30분 관광선에 탑승하거나 C코스로 연결 가능.
출발/도착 우토로 온천 버스터미널
(10:30/14:20)

〔C코스〕 시레토코를 떠나서 샤리 버스터미널로 이동. 가는 길에 '희망의 언덕'에서 '천국으로 이어지는 길' 견학.
출발/도착 우토로 온천 버스터미널
(14:30)/샤리 버스터미널(15:20)

운영 4월 28일~10월 31일
요금 **A코스** 어른 1,900엔,
　　　어린이 1,000엔
　　 B코스 어른 3,300엔,
　　　어린이 1,800엔
　　 C코스 어른 1,900엔,
　　　어린이 1,000엔

Sightseeing ★ ★ ★

하늘에 이르는 길 天に続く道

日本語 텐니 츠즈쿠 미치

시레토코반도 입구의 국도 244호선에서 국도 334호선, 샤리초의 미네하마에서 다이에이 지구까지 동서로 뻗은 약 28km의 직선 도로다. 최동단 포인트에서 춘분과 추분에 해 질 무렵 바라보면 직선 도로와 석양이 정면으로 겹쳐져, 마치 그 안으로 들어가는 듯한 착시로 유명하다. 이 길을 따라가면 하늘에 닿을 것만 같아 '하늘에 이르는 길'이라는 이름으로 불리게 되었다.

위치 **시레토코샤리 시가지에서 차로 10분**

Mapcode 642 561 429*32

Sightseeing ★ ★ ★

오신코신 폭포 オシンコシンの滝

日本語 오신코신노 타키

샤리 버스터미널에서 아름다운 해안선을 따라 30분쯤 달리면 길 오른쪽에 나타나는 폭포. '일본 폭포 100선'의 하나로 해안에 가까운 높이 80m의 절벽에서 두 갈래로 쏟아지는 폭포 줄기는 그야말로 장관을 이룬다. 이런 모습 때문에 '쌍미의 폭포'라고도 불리며 겨울에도 얼지 않고 떨어지는 폭포의 모습을 볼 수 있다.

위치 **JR 시레토코샤리역에서 버스로 약 42분, 오신코신노타키**
オシンコシンの滝 **하차 후 바로**

Mapcode 894 727 261*11

오론코이와 オロンコ岩

日本語 오론코이와

우토로 항구 안쪽에 자리한 60m 높이의 거대한 바위. 옛날에 이 근처에 살았던 오롯코족에서 유래한 이름이라고 한다. 170개의 가파른 계단을 올라가면 정상에서 암초가 모습을 드러낼 정도로 투명한 오호츠크해와 우토로 항구, 시레토코반도의 주요 산들을 볼 수 있다.

위치 **우토로 버스터미널에서 도보 5분**

Mapcode 894 854 490*17

푸유니미사키 プユニ岬

日本語 푸유니 미사키

우토로에서 시레토코 네이처 센터로 가는 도중 오르막길에 있는 절경과 석양의 명소다. 오호츠크의 아름다운 해안선과 우토로 항구가 한눈에 들어오는 것 외에도 아칸마슈 국립공원의 산까지 내려다볼 수 있다. 겨울에는 시레토코 지역에서 유빙을 가장 잘 볼 수 있는 곳이기도 하다.

위치 **우토로 버스터미널에서 차로 5분**

Mapcode 757 631 107*74

⑤

시레토코 5호 知床五湖

日本語 시레토코 고코

시레토코반도의 핵심 여행지다. 거대한 원생림으로 둘러싸여 있는 5개의 호수로 크기와 분위기가 제각각이며 조용한 풍경을 보면서 주변을 돌아볼 수 있는 산책로로 이어져 있다.

위치 샤리 버스터미널에서 샤리버스
　　시레토코선으로 약 1시간 30분,
　　시레토코고코知床五湖 하차
홈피 www.goko.go.jp

Mapcode 757 730 727

More&More 시레토코 5호 여행법

지상 산책로 코스
숲으로 둘러싸인 5개 호수의 호숫가를 산책하는 코스로 호수 전체를 돌아보는 3km 거리의 대루프 코스와 1호와 2호 전망대만 방문하는 1.6km의 소루프 코스가 있다.

시기에 따른 지상 산책로 이용 방법
1. 식생 보호기 : 4월 하순~5월 9일, 8월~11월 상순
산책 전 주의사항과 예절 등 10분 정도의 강의를 받는다(유료). 수강 후에는 대루프(5호 전체) 또는 소루프(2호 산책)를 선택해서 개인적으로 산책할 수 있다. 소요시간은 대루프 약 1시간 30분, 소루프 약 40분이다.
요금 어른 250엔, 어린이(11세 이하) 100엔

2. 곰 활동기 : 5월 10일~7월
개인 산책은 할 수 없으며 투어 신청을 통해서만 산책할 수 있다. 사전 예약이 필요하며 투어 정원은 10명이다.
대루프 투어는 1일 35회 진행되며 10~30분 간격으로 출발한다. 소루프 투어는 1일 4회 진행되며 09:00, 11:00, 13:30, 15:30에 출발한다.

- **대루프 투어 루트**
  시레토코 5호 필드하우스 ▶ 5호-4호-3호-2호-1호 ▶ 고가목도 ▶ 주차장
  (소요시간 3시간, 약 3km)
- **소루프 투어 루트**
  시레토코 5호 필드하우스 ▶ 2호-1호 ▶ 고가목도 ▶ 주차장
  (소요시간 1시간 30분, 약 1.6km)
  요금 대루프 4,500~5,100엔(가이드에 따라 다름), 소루프 3,500엔

Tip
시레토코 5호 특징

1호
시레토코 연봉의 전망이 좋고, 라우스다케도 크게 볼 수 있다. 호수에는 개척시대에 방류된 붕어가 산다. 고가목도의 호반 전망대에서 보는 것이 가장 좋다.

2호
시레토코 5호 중 가장 큰 뷰스폿. 호수면에 비친 시레토코 연봉의 모습이 가장 아름답다.

3호
졸참나무와 토도마차 숲으로 둘러싸인 3호. 호숫가에서 황새 등 계절에 따라 다양한 생물을 볼 수 있다.

4호
시레토코 5호 중 가장 정적인 호수. 주변 원림의 단풍이 가장 아름답다.

5호
5개의 호수 중 가장 작은 호수로 둘레가 400m 정도다. 숲으로 이루어져 있고 수면에 비치는 숲의 나무들이 아름답다.

└ 시레토코 5호 필드하우스 知床五湖フィールドハウス

日本語 시레토코 고코 휘루도하우스

지상 산책로 코스의 출발점이다. 불곰 회피술이나 조우 시 대처법 등의 강의를 받고 출발한다.

위치 **우토로 온천 버스터미널에서 차로 20분**
운영 **4월 하순~11월 상순 08:00~18:00**
전화 **0152-24-3323**

└ 고가목도 高架木道 日本語 코카모쿠도

시레토코 5호 입구부터 1호 호반 전망대까지 이어지는 약 800m 의 산책로. 오호츠크해가 내려다보이는 고가목도에는 전기 울타리가 설치되어 있어 불곰에 대한 걱정 없이 언제든지 산책을 즐길 수 있다. 중간에는 연산 전망대와 오코츠크 전망대가 있어 각기 다른 풍경을 볼 수 있다.

└ 연산 전망대 連山展望台 日本語 렌잔 텐보오다이

입구에서 제일 가까운 전망대. 15분 정도에 왕복할 수 있다. 시간이 없는 사람은 여기까지만 걸어가서 시레토코 연봉을 보자.

└ 오코츠크 전망대 オコツク展望台 日本語 오코츠쿠 텐보오다이

해발 254m에 위치해 있으며 시레토코 연봉과 멀리 오호츠크해까지 볼 수 있다.

└ 호반 전망대 湖畔展望台 日本語 코한 텐보오다이

고가목도의 마지막 지점에 위치한다. 1호와 주변 초원, 삼림과 시레토코 연봉을 볼 수 있다.

⑥ 프레페 폭포 フレペの滝

日本語 후레페노 타키

시레토코 네이처 센터에서 산책길을 따라 20분 정도 가면 나타나는 폭포. 마치 눈물처럼 조용히 떨어진다고 해서 '아가씨의 눈물'이라는 별칭도 있다. 특별한 하천이 없어 눈과 비가 지하로 스며들어 흐르다가 약 100m의 해안 절벽 아래로 떨어지는 모습이 아름답다. 1km쯤 떨어진 곳에 폭포를 볼 수 있는 전망대도 있다.

위치 **시레토코 네이처 센터에서 도보 20분**
Mapcode 757 632 181*41

⑦ 유히다이 夕陽台

日本語 유히다이

이름 그대로 석양의 명소다. 데이트 장소로도 인기가 높다. 지는 석양이 해수면을 물들이는 봄과 가을, 얼음으로 하얗게 뒤덮인 바다가 황금빛으로 물드는 겨울의 풍경이 인상적이다. 온천 '유히다이 노유夕陽台の湯'도 자리해 있다.

위치 **우토로 버스터미널에서 도보 15분**
운영 **온천** 6~10월 14:00~20:00
전화 0152-24-2811
Mapcode 757 540 495*14

⑧ 시레토코 크루즈 知床クルーザー

日本語 시레토코 쿠루자

시레토코반도의 원시림과 해안에 펼쳐진 단애의 절경을 볼 수 있는 관광선. 시레토코 크루즈는 2개 타입의 배가 있다. 설비가 잘 갖춰진 대형선과 시레토코반도를 바로 눈앞에서 올려다볼 수 있는 소형선이다. 대형선은 파도의 영향을 비교적 적게 받아 항행이 안정되어 있다. 선내와 데크가 넓어 여유롭게 경치를 볼 수 있으나 소형선과 비교하면 속도가 느려 소요시간이 길다. 또 규정에 따라 해안선에서 조금 떨어진 곳에서 관찰해야 한다. 소형선은 해안가를 따라갈 수 있어 기암과 절벽 등을 가까이에서 볼 수 있고 불곰도 관찰할 수 있다. 다만 파도의 영향을 많이 받기 때문에 멀미에 주의해야 한다.

위치	**우토로 온천 터미널에서 도보 10분**
운영	**4월 하순~10월 하순**
	※항로에 따라 다름
휴무	**10월 하순~4월 하순**
요금	**어른 3,500~7,800엔**
전화	**0152-24-2146**
홈피	**www.ms-aurora.com/shiretoko**

Mapcode 894 854 404*30(매표소)

⑨ 시레토코 유빙 워크 知床流氷ウォーク

日本語 시레토코 류효워쿠

2월이 되면 우토로항 앞바다에 유빙이 가득 밀려와 해안가를 뒤덮는다. 유빙 워크는 전용 슈트를 착용하고 전문 가이드와 함께 해면에 떠 있는 유빙 위를 걷는 특수한 체험 투어다. 얼음 위를 걷는 체험이기 때문에 안전상의 문제로 초등학생 이상, 74세 이하만 참여할 수 있다. 사전 예약이 필요하다.

위치 **우토로 버스터미널에서 도보 4분**
운영 2~3월 06:30, 09:30, 13:00, 15:30
요금 6,000엔
전화 0152-22-5522
홈피 www.shinra.or.jp

⑩ 가무이왓카 폭포 カムイワッカ湯の滝

日本語 카무이왓카 유노 타키

활화산인 시레토코 유황산의 산 중턱에서 솟아난 온천수가 흐르는 진귀한 폭포. 강을 거슬러 올라갈수록 온도가 높아져 최종 목적지인 제4의 폭포는 약 35~38도에 이른다. 7월 하순~8월 중순에는 차량 통행이 통제되어 해당 기간에는 셔틀버스로만 갈 수 있다. 2023년 7월부터 폭포 출입에 대한 제한 사항이 바뀌어, 예약 혹은 당일 신청에 한해 제4의 폭포까지 갈 수 있다.

운영 7월~10월 1일
요금 **개인 차량 이용**
　　 어른 2,000엔, 어린이 500엔
　　 셔틀버스 이용
　　 어른 2,800엔, 어린이 500엔
홈피 www.goshiretoko.com
　　 /kamuywakka
Mapcode 757 856 180*83(주차장)

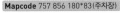

⑪ 시레토코 고개 知床峠

日本語 시레토코 토게

우토로와 라우스를 연결하는 시레토코 횡단 도로의 정상에 있는 해발 738m의 고개다. 드라이브 코스로도 인기가 높아 7월 하순에도 볼 수 있는 잔설이 인상적이며 여기서 보는 라우스다케의 단풍이 아름답다. 날씨가 좋으면 멀리 구나시리섬도 보인다. 시레토코 횡단 도로는 11월 상순부터 4월 하순까지 통행 금지다.

위치 샤리버스 · 아칸버스 우토로행
　　 약 25분, 시레토코토게知床峠
　　 하차 후 바로
Mapcode 757 493 212

시레토코반도의 남동쪽

라우스 羅臼, Rausu

라우스는 네무로 해협을 사이에 두고 구나시리와 마주 보고 있다. 지명의 유래는 아이누어의 '라우시(낮은 곳, 짐승의 뼈가 있는 곳)'이다. 어업과 시레토코 관광이 주요 산업이며 향고래 · 범고래 등의 고래류와 유빙, 독수리 · 꼬리수리 등의 맹금류, 바다표범 등의 포유류와 만날 수 있다.

라우스로는 차를 타고 이동할 수 있다. 우토로에서 30분(여름 시즌에 한정), 나카시베쓰 공항에서 1시간 15분이 걸린다.

Tip
라우스 여행 참고 사이트
시레토코 라우스초 여행 정보
kanko.rausu-town.jp

Sightseeing ★ ★ ☆

❶ 시레토코 네이처 크루즈 에버그린 知床ネイチャークルーズ (エバーグリーン)

日本語 시레토코 네이챠 쿠루즈 에바구린

라우스항에서 출발하는 유람선으로 여름 시즌에는 향유고래, 돌고래, 범고래 등을 관찰할 수 있고 시레토코 연봉, 구나시리섬의 풍경도 볼 수 있다. 겨울 시즌에는 유빙을 헤쳐가며 시레토코로 월동해 온 동물이나 새 등을 찾아 가까이에서 볼 수 있다.

위치 아칸버스 라우스 영업소에서 도보 15분
운영 하계 4월 하순~10월 중순,
 동계 1월 하순~3월 중순
요금 고래 · 돌고래 와칭
 어른 8,800엔, 초등학생 4,400엔
전화 0153-87-4001
홈피 www.e-shiretoko.com

Mapcode 757 353 795*71

Sightseeing ★ ★ ☆

❷ 구마고에 폭포 熊越の滝 日本語 쿠마고에노 타키

라우스 8경 중 하나로 라우스다케 기슭에 있는 낙차 8m의 폭포다. 입구부터 왕복 약 45분이 소요되는 산책로가 정비되어 있다. '곰이 뛰어넘는 폭포'라는 지명의 유래는 옛날, 어떤 사냥꾼이 어미 곰과 새끼 곰을 쫓아 이곳까지 왔는데, 어미 곰이 새끼만은 살리려고 폭포 위로 밀어 올렸다. 그 모습을 본 사냥꾼이 모성에 감동해 곰들을 놓아주었다. 그 뒤로 라우스의 곰들은 사람을 헤치지 않게 되었다고 한다.

위치 아칸버스 라우스 영업소에서 차로 3분, 주차장에서 도보 15분

Mapcode 757 407 447*16

Sightseeing ★ ★ ☆

❸ 라우스호 羅臼湖 日本語 라우스코

시레토코반도의 자연 깊숙한 곳에 있는 호수다. 시레토코반도에서 가장 큰 이 호수는, 이전에는 잘 알려지지 않은 숨어 있는 호수였지만 현재는 트레킹 루트가 정비되어 가이드와 함께하는 트레킹 투어도 가능하다.

위치 아칸버스 라우스 영업소에서 차로 17분

Mapcode 757 403 399*46

More&More 라우스의 노천온천

세세키 온천 セセキ温泉
네무로 해협의 해안선에 있는 세세키瀬石의 갯바위에 솟아나는 온천으로 간조 때 출현하여 만조 때 바다에 잠기는 야생 노천탕이다. 세세키라는 지명은 아이누어의 '세섹Sesek(뜨겁다)'에서 유래되었다. 탈의실은 없고 노천탕 앞에 있는 다시마 관리인이 관리하고 있다.
위치 아칸버스 라우스 영업소에서 차로 35분
운영 7월~9월 중순 일출~일몰 간조부터 2시간 후

Mapcode 974 352 058*87

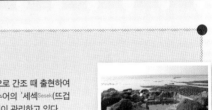

구마노유 熊の湯
시레토코반도에서 가장 유명한 무료 노천탕. 노천탕인 세세키 온천과 비교해 남녀별 탈의실이 갖춰져 있고 부근에 국설 라우스 캠프장도 있어서 이용자가 꽤 많다.
위치 아칸버스 라우스 영업소에서 차로 3분   운영 24시간

Mapcode 757 409 453*67

아이도마리 온천 相泊温泉
일본 최북동단의, 바닷가에 있는 노천온천. 라우스의 중심에서 약 25km 떨어져 있다. 1899년에 발견된 온천으로 바다 건너 구나시리섬이 보인다. 세세키 온천과 차로 2분 거리에 있다.
위치 아칸버스 라우스 영업소에서 차로 40분   운영 5월 중순~9월 중순 일출~일몰 전

Mapcode 974 353 768*82

屈斜路湖, Akanko · Masyuko · Kussharoko

홋카이도 동부 야생 지대에 자리 잡은 아칸, 마슈, 굿샤로 호수는 15만 년 전에 일어난 화산 폭발로 인해 생겨났다. 맑고 투명한 호수와 주변의 원시림 풍경이 아름답고, 곳곳에 있는 양질의 온천으로 사계절 내내 관광객을 불러들이는 홋카이도 동부 지방의 대표적인 관광지다.

◆ 아칸호 · 마슈호 · 굿샤로호 여행 참고 사이트
구시로 아칸 관광협회 ja.kushiro-lakeakan.com
데시카가 관광협회 www.masyuko.or.jp
아칸버스 www.akanbus.co.jp

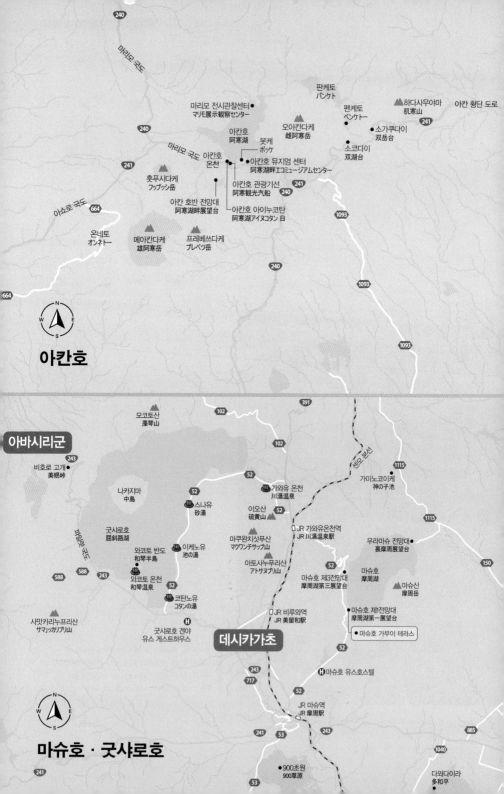

240

마리모 국도

240

240

241

마리모 국도

664

야쇼로 국도

664

마리모 전시관찰센터
マリモ展示観察センター

아칸호
阿寒湖

붓케
ボッケ

아칸호 온천
阿寒湖温泉

아칸호 뮤지엄 센터
阿寒湖畔エコミュージアムセンター

아칸호 관광기선
阿寒観光汽船

아칸 호반 전망대
阿寒湖畔展望台

아칸호 아이누코탄 日
阿寒湖アイヌコタン

훗부시다케
フップッシ岳

메아칸다케
雄阿寒岳

프레베쓰다케
プレベツ岳

오아칸다케
雄阿寒岳

판케토
パンケト

펜케토
ペンケト

소가쿠다이
双岳台

소코다이
双湖台

하다사무야마
肌寒山

아칸 횡단 도로

241

1093

1093

1093

온네토
オンネトー

아칸호

아바시리군

모코토산
藻琴山

102

391

102

비호로 고개
美幌峠

243

나카지마
中島

52

가와유 온천
川湯温泉

이오산
硫黄山

52

세모 본선

가미노코이케
神の子池

1115

1115

150

파이오이 국도

굿샤로호
屈斜路湖

와코토 반도
和琴半島

이케노유
池の湯

스나유
砂湯

마쿠완치삿푸산
マクワンチサップ山

아토사누푸리산
アトサヌプリ山

JR 가와유온천역
JR 川湯温泉駅

52

52

우라마슈 전망대
裏摩周展望台

588

588

243

와코토 온천
和琴温泉

52

코탄노유
コタンの湯

굿샤로호 겐야
유스 게스트하우스

마슈호 제3전망대
摩周湖第三展望台

마슈호
摩周湖

마슈산
摩周岳

사맛카리누푸리산
サマッカリヌプリ山

데시카가초

JR 비루와역
JR 美留和駅

마슈호 제1전망대
摩周湖第一展望台

마슈호 가무이 테라스

52

243

717

H 마슈호 유스호스텔

JR 마슈역
JR 摩周駅

885

241

53

243

마슈호 · 굿샤로호

241

53

900초원
900草原

1040

다와다이라
多和平

✚ 아칸호 · 마슈호 · 굿샤로호 여행법

아칸호부터 마슈호, 굿샤로호를 여행하는 교통 수단은 렌터카를 추천한다. 동부 홋카이도 대부분이 공공교통편이 많지 않아 불필요한 시간 소요가 많다. 구시로를 기점으로 한 관광버스 피리카호도 유용하게 이용하자. 여유가 있다면 계절 운행인 구시로 습원 노롯코호에 승차하는 것도 좋다.
구시로를 기점으로 구시로 습원과 아칸호, 마슈호, 굿샤로호를 모두 돌아본다면 최소 2박 3일은 필요하다. 각 여행지가 떨어져 있으니 이동 시간에 여유를 두고 계획을 세우자.

정기 관광버스 피리카호 ピリカ号
피리카호는 아칸버스에서 운행하는 관광버스로 렌터카 여행을 하지 않는 여행자들이 가장 많이 선택하는 여행 수단이다. 구시로 시내 ▶ 마슈호 ▶ 이오산 ▶ 스나유 ▶ 아칸호 온천 ▶ 구시로 공항 ▶ 구시로 시내를 연결하는 버스로 4월 하순~10월 하순까지 매일 운행한다. 자세한 내용은 아칸버스 홈페이지를 참고하자.
요금 **구시로 시내–아칸호 온천** 어른 4,000엔, 어린이 2,000엔
　　 구시로 시내–구시로 시내 어른 5,600엔, 어린이 2,800엔

홈피 www.akanbus.co.jp

마슈호 · 굿샤로호 여행 시
데시카가 에코 패스포트 弟子屈えこパスポート
매년 1월 하순~3월 상순, 7월 하순~9월 상순까지 마슈호버스, 정내 연락 버스(데시카가 시내선, 굿샤로호선, 가와유선), 기간 한정 굿샤로호버스를 2일과 3일간 이용할 수 있는 패스다.
JR 마슈역과 JR 가와유온천역(08:30~17:15), 마슈호 관광협회 사무소(09:00~17:00)에서 판매한다.
요금 **2일권** 어른 2,000엔, 어린이 1,000엔
　　 3일권 어른 3,000엔, 어린이 1,000엔

구시로 · 네무로 · 라우스 여행 시
4/7days 프리 패스포트 4/7days フリーパスポート
7일의 기간 내에 4일간 아칸버스, 네무로버스, 구시로버스 노선을 자유롭게 이용할 수 있는 패스다. 각 버스 회사 창구에서 판매한다.
요금 어른 9,000엔, 어린이 4,500엔

아칸호 阿寒湖
日本語 아칸코

약 15만 년 전 분화로 생겨난 칼데라 호수. 원래 하나의 호수였지만 오아칸산의 화산 분출로 아칸호, 팬케토, 판케토, 타로호, 지로호의 5개 호수로 분리되었다. 아칸호에는 오시마, 고지마, 야이타이, 추루이의 4개 섬이 있으며 호수 남쪽에는 아칸호 온천이 있다. 아칸호에는 특별 천연기념물로 지정된 녹조류 마리모가 자생하고 있다.

위치 JR 구시로역에서 아칸버스
아칸코바스센타阿寒湖バスセンター행
2시간, 종점 하차 후 도보 5분

Sightseeing ★ ★ ☆
① 아칸호 아이누코탄 阿寒湖アイヌコタン 日本語 아칸코 아이누코탄

아이누의 전통문화를 계승하는 120여 명의 아이누족이 실제 생활하고 있는 곳이다. 목각 공예품 가게와 민예품 가게를 중심으로 30여 개의 점포가 거리 양쪽에 늘어서 있고, 마을 중앙의 아이누 시어터 이코로アイヌシアターイコロ에서는 국가 중요 무형민속문화재로 지정된 아이누족의 옛 춤을 감상할 수 있다.

위치 JR 구시로역에서 아칸버스
아칸코바스센타阿寒湖バスセンター행
약 2시간, 종점 하차 후 도보 15분
운영 11:00~21:30
휴무 부정기적
요금 **춤 공연** 어른(중학생 이상) 1,500엔,
어린이 700엔
홈피 www.akanainu.jp
Mapcode 739 341 578

❷ 봇케 ボッケ 日本語 봇케

아칸호 에코 뮤지엄 센터 옆 산책로를 따라 15분 정도 걸어간 곳에 있는 작은 진흙 화산이다. '봇케'는 아이누어 '포후케ポフケ(끓어오르는)'에서 유래한 말로, 약 90도의 뜨거운 진흙과 물이 땅속의 탄산 가스에 의해 내뿜어져 마치 펄펄 끓고 있는 것처럼 보인다.

위치 아칸호 버스 센터에서 도보 15분

Mapcode 73 9372 233*11

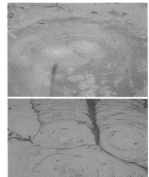

---

❸ 온네토 オンネトー 日本語 온네토

아이누어로 '나이든 늪', '커다란 늪'을 의미하는 온네토는 계절과 날씨, 각도에 따라 색이 변하는 신비로운 호수로, 홋카이도 3대 비호(秘湖) 중 하나다. 호반의 나무들이 물드는 가을에는 푸른 호수면에 단풍이 비쳐 환상적인 분위기를 연출한다.

위치 JR 구시로역에서 차로 1시간 40분

Mapcode 783 761 855*22

④ 아칸 호반 전망대 阿寒湖畔展望台 日本語 아칸 코한 텐보다이

아칸호 온천에서 약 2km, 해발 약 530m의 전망대는 아칸호 스키장 안에 있다. 슬로프 중간까지 차를 타고 갔다가 그곳에서 전망대까지 올라가면 눈 아래 아칸호, 정면에 오아칸산과 메아칸산, 아칸 칼데라가 한눈에 들어온다. 겨울 시즌에는 운영하지 않는다.

위치 아칸호 온천에서 차로 5분
운영 6~10월 09:00~17:00
휴무 11~5월
Mapcode 739 310 331*44

⑤ 아칸호 관광기선 阿寒観光汽船 日本語 아칸코 간코오키센

아칸호 온천에서 승선해 특별 천연기념물 마리모를 관찰할 수 있는 마리모 전시관찰센터와 아칸호 제일의 경승지인 다키구치滝口를 돌아본다. 특히 아칸호의 단풍 계절인 9월 하순부터 10월 상순에 탑승하면 아칸호의 아름다운 단풍 풍경을 볼 수 있다.

위치 아칸호 버스 센터에서 도보 10분
운영 출항 전 시간표 확인
휴무 12~4월
요금 어른 2,000엔, 어린이 1,040엔
 ※승선료+마리모 전시관찰센터
 입장료 포함
홈피 www.akankisen.com
Mapcode 739 341 767*11

⑥ 소코다이 双湖台 日本語 소코다이

아칸 호반과 데시카가초를 연결하는 아칸 횡단 도로(국도 241호) 도 중에 있는 전망대. 과거 아칸 호수가 오아칸산의 분화로 나누어졌 는데, 그중 2개의 호수가 판케토パンケトー, 펜케토ペンケトー이다. 홋카이 도 지형과 비슷한 모습인 것이 펜케토, 그 안쪽으로 보이는 것이 판케 토. 원시림 속에 있는 이 2개의 호수는 현재 일반인 출입이 금지되어 있어, 소코다이 전망대에서만 볼 수 있다.

위치 JR 구시로역에서 차로 1시간 50분

Mapcode 739 414 504*66

---

⑦ 마리모 전시관찰센터 マリモ展示観察センター

日本語 마리모 텐지칸사츠센타

마리모는 특별 천연기념물로 지정되어 있어 현재 자연 상태에서는 볼 수 없다. 아칸 호수에 떠 있는 추루이섬에 있는 마리모 전시관찰센터 에서는 150여 개의 마리모를 관찰할 수 있다. 마리모의 생육 과정을 디오라마 등으로 소개하고 있으며 생태에 대해서도 자세히 배울 수 있다.

위치 JR 구시로역에서 아칸버스
아칸코바스센타阿寒湖バスセンター행
약 2시간, 종점 하차 후 도보 5분
운영 5~8월 08:00~17:00
(9월~10월 20일 16:00까지,
10월 21일~11월 10일 15:00까지),
11월 11일~11월 30일
09:00~15:00
휴무 12~4월
전화 0154-67-2511

Mapcode 739 493 044*06

마슈호 摩周湖
日本語 마슈코

아이누어로 '가무이토カムイト(신의 호수)'라 불리며 신비의 장소로 추앙받아 온 마슈호. 둘레는 약 20km, 최대 수심은 212m나 되어 세계 최고 등급의 투명도를 자랑하는 칼데라 호수다. 그 투명한 호수면에 비치는 깊은 파란색은 '마슈 블루'로 불리며 하늘의 색이 변하면서 바람이 없는 날은 더욱 아름답다. 호수 주위는 150~350m나 되는 칼데라 벽에 둘러싸여 있고, 호수면에 접근할 수는 없지만 제1, 제3, 우라마슈 전망대 등 3개의 전망대에서 푸른색 호수와 그 위에 떠 있는 가무이슈를 바라볼 수 있다. 연간 100일 정도는 안개로 덮여 있어 선명하게 볼 수 있는 날은 손에 꼽힌다.

위치 JR 마슈역에서 아칸버스 마슈코다이이치텐보다이 摩周湖第一展望台행 25분, 하차 후 바로

① 마슈호 제1전망대 摩周湖第一展望台

日本語 마슈코 다이이치텐보다이

52호선 도로를 따라 마슈호에 있는 3개의 전망대 중 하나. 일명 '오모테마슈表摩周'라고 부른다. 겨울이면 다른 전망대는 통행이 금지되지만, 마슈호 제1전망대는 1년 내내 마슈호를 바라볼 수 있어 많은 관광객으로 붐빈다. 2022년 여름에는 마슈호의 다양한 자연 표정을 체험할 수 있는 시설인 '마슈호 가무이 테라스'가 개장했다. 밤하늘의 별을 감상할 수 있는 명소로도 알려져 있다.

위치 JR 마슈역에서 아칸버스
마슈코다이이치텐보다이
摩周湖第一展望台 행 25분,
하차 후 바로

Mapcode 613 781 339*63

└ 마슈호 가무이 테라스 摩周湖カムイテラス

日本語 마슈코 카무이 테라스

2022년 7월 옥상 테라스와 휴게 라운지가 신설되었다. 옥상 테라스는 24시간 개방되어 있으며 설치된 소파 자리에 앉아 여유롭게 마슈호를 바라볼 수 있다. 맑은 날 밤에는 밤하늘 관찰이 가능하다. 저녁 시간대에 전망대에서 하늘을 올려다보면 황홀한 풍경이 펼쳐진다. 6~9월 이른 아침에는 운해도 볼 수 있다.

운영 08:30~16:30, 옥상 테라스는
24시간 개방(악천후 제외)

❷ 마슈호 제3전망대 摩周湖第三展望台 日本語 마슈코 다이산텐보다이

제1전망대에서 북쪽으로 약 4km 떨어진 곳에 있는 전망대로 가와유 온천에서 가깝다. 마슈호 전망대 중 가장 높은 곳에 있고 찾는 사람이 적어서 조용히 호수의 경치를 즐길 수 있다. 이곳에서 바라보는 마슈호 풍경뿐만 아니라, 굿샤로호와 이오산 방면의 풍경을 보는 것도 좋다. 10월 하순~4월 상순은 통행이 금지된다.

위치 가와유 온천에서 차로 20분

Mapcode 613 870 658*86

❸ 우라마슈 전망대 裏摩周展望台 日本語 우라마슈 텐보다이

마슈호의 북동쪽 나카시베쓰초 경계에 있는 전망대로 데시카가초의 제1·3전망대의 반대편에 있어 우라마슈 전망대로 불린다. 마슈호에 있는 3개의 전망대 중 가장 찾는 이가 적지만 데시카가초 측 전망대보다 표고 차가 낮기 때문에 안개의 발생이 적어 신비로운 마슈호를 잘 볼 수 있는 곳이다.

위치 JR 마슈역에서 차로 40분

Mapcode 910 038 689*85

④ 가미노코이케 神の子池 日本語 카미노코이케

마슈호에서 지하수가 솟아나는 산 안쪽에 있는 연못으로 마슈호(가무이토=신의 호수)의 복류수로 이루어져 있다고 해서 '가미노코(신의 아들)'라고 불린다.

마슈호가 다른 호수와 크게 다른 것은 호수로 흘러드는 강도 흘러나오는 강도 없다는 것이다. 봄에 마슈호에 많은 해빙 물이 흘러드는 시기가 되어도 수위가 변하지 않는 것은 호수 주변으로 복류수를 용출시키기 때문이다. 연못의 복류수는 하루에 12,000톤이나 솟아나고 있다. 전체 둘레 220m, 수심 5m의 작은 연못으로 물이 맑아서 바닥까지 선명하게 보인다.

위치 JR 미도리역에서 차로 20분
휴무 겨울 시즌 견학 불가

Mapcode 910 216 105*25

More&More
여기서 잠깐, 마슈호의 가무이슈

마슈호의 '보조개'라고 알려진 이 작은 섬은 아이누어로 가무이슈カムイシュ(신이 된 노파)라는 뜻이 있다. 이 가무이슈의 이름에 대해서 전해져 오는 이야기가 있다. 소야(현재의 왓카나이 지역)의 코탄(아이누족 마을)끼리 이요만테イヨマンテ(아이누족이 곰을 죽여 그 영혼을 신의 세계로 보내는 의식)가 있던 밤에 싸움이 일어났고 한쪽 코탄이 패배한 뒤 대부분이 죽임을 당했다. 패배한 마을의 할머니와 손자는 간신히 도망을 쳤는데 그 길에 손자를 놓쳐 버렸다. 할머니는 손자를 찾으면서 방황하다가 가무이토(마슈호) 부근에 도착했고 가무이누푸리(마슈산)에서 하룻밤을 쉬게 되었다. 손자를 잃은 할머니는 그곳에서 움직이지 않고 매일 매일 손자를 기다리다 마침내 가무이슈섬이 되어 버렸다. 지금도 마슈호에 누군가가 다가오면 할머니는 손자가 오는 줄 알고 기쁨의 눈물을 흘리는데, 이 눈물이 비와 안개이며 눈보라라는 것이다.

굿샤로호 屈斜路湖
日本語 쿳샤로코

굿샤로호는 홋카이도 데시카가초에 있는 자연 호수로, 전면 결빙되는 담수호로서는 일본 최대 면적을 가지고 있다. 또한 모코토, 사맛카리누푸리 등을 외륜산으로 하는 굿샤로 칼데라 내에 생성된 일본 최대의 칼데라 호수이기도 하다. 굿샤로호는 주위 57km, 면적 79.7km², 최고 수심 117.5m, 투명도 20m이며 호수의 중앙부에 위치한 나카지마는 일본 최대의 중앙 섬이다. 호수 남쪽은 와코토반도가 돌출되어 있다. 원래 나카지마섬과 같이 화산 정상이 호수에 떠 있는 섬이었지만, 오사쓰베강의 선상지로부터 자라난 사주에 의해 육계도가 되었다.

위치 JR 가와유온천역에서 차로 10분

Sightseeing ★ ★ ★

① 비호로 고개 美幌峠 日本語 비호로 토게

비호로 고개는 국도 243호선(아바시리에서 네무로로 이어지는 도로)에 있는 고개로 해발 525m이다. 비호로초와 데시카가초의 경계에 있는 비호로 고개는 마슈호 · 굿샤로호로부터 기타미나 아바시리 방면까지 이어지는 중요한 곳이다. 이 고개에 올라서면 굿샤로호의 전체 풍경을 볼 수 있을뿐더러, 마슈산 등을 비롯한 주변의 산들을 한꺼번에 볼 수 있어 홋카이도에서도 손꼽히는 절경 포인트이자 드라이브 코스 중 한 곳이다. 맑은 날 밤에 오르면 무수한 별들을 볼 수 있다. 전망을 즐긴 뒤 이곳에 자리한 '미치노에키 구룻토 파노라마 비호로 고개'에서 가벼운 식사나 간식을 즐겨도 좋다.

위치 가와유 온천에서 차로 40분

Mapcode 638 225 726*66

② 이오산 硫黃山 日本語 이오잔

아이누어로 아토사누푸리^{アトサヌプリ}(벌거벗은 산)라고 불리는 이오산은 가와유 온천 남쪽에 위치한 해발 512m의 활화산이다. 그 이름에서 알 수 있듯이, 산의 겉면에는 나무가 자라지 않고, 수많은 분기공에서 요란한 소리와 함께 연기가 피어오르고 주위에는 유황의 독특한 냄새가 쏟아져 나온다. 한때 유황 채굴로 번성한 이 산은 채굴한 황을 운반하기 위해 부설된 철도를 통해 데시카가초 발전의 기초를 쌓은 장소이기도 하다.

위치 가와유 온천에서 차로 10분

Mapcode 731 713 491

---

③ 가와유 온천 川湯温泉 日本語 키와유 온센

가와유 온천은 이오산을 열원으로 하여 풍부한 온천수가 솟아 나오는 도동 지방의 대표적인 온천이다. 온천 중앙에 족탕이 있다. 못을 녹일 정도의 강산성의 온천수는 뛰어난 살균력으로 모든 병에 효능이 있다고 알려져 많은 이들이 찾아온다. 겨울에는 주변에서 다이아몬드 더스트 현상을 관측할 수 있다.

위치 JR 가와유온천역에서 아칸버스 카와유온센川湯温泉행 10분, 종점 하차

Mapcode 731 802 140*22

315

Sightseeing ★★☆

④ 스나유 砂湯 日本語 스나유

이름 그대로 모래사장을 파면 뜨거운 온천물이 흘러나오는 곳으로 자신이 좋아하는 크기의 노천탕을 만들 수 있기 때문에 아이들은 물론, 어른들도 무심코 동심으로 돌아가는 곳이다. 온천 주변 호반에는 캠프장과 레스트 하우스가 있어 기념품을 사거나 식사를 하는 관광객으로 1년 내내 활기찬 곳이다. 또 온천열 덕에 따뜻하기 때문에 한겨울에도 여기만은 얼어붙지 않아 백조들이 무리를 이루고 휴식을 취한다.

위치 JR 구시로역에서 차로 1시간 45분

Mapcode 638 148 591

Sightseeing ★☆☆

⑤ 900초원 900草原 日本語 큐하쿠소겐

900초원은 데시카가초를 내려다보는 나지막한 언덕 위에 있으며, 총면적 1,440ha의 드넓은 마을 운영 목장이다. 전망대에서는 데시카가초의 전원 풍경을 비롯해 멀리 마슈산과 이오산, 모코토산 등을 감상할 수 있다. 부지 내에는 넓은 주차장이 정비되어 있고 파크 골프장도 병설되어 있다.

위치 JR 마슈역에서 차로 15분

Mapcode 462 729 521*30

Sightseeing ★☆☆

⑥ 다와다이라 多和平 日本語 다와다이라

약 2,130ha로 일본 최대의 시베차 육성 목장의 한편에 있는 드넓은 초원이다. 서쪽으로는 오아칸산, 북쪽으로는 마슈호의 외륜산 등을 바라보면서 홋카이도에서도 보기 드문 360도 지평선을 바라볼 수 있는 전망의 최적 장소이다.

위치 JR 시베츠역에서 차로 40분

Mapcode 462 686 154*62

★
굿샤로호의 노천온천

렌터카 여행을 한다면 굿샤로호 주변의 노천온천에서 여행의 피로를 풀 수 있다. 와코토 온천, 코탄노유, 이케노유 외에도 여러 온천이 자리한다.

와코토 온천 和琴温泉 日本語 와코토 온센

굿샤로호의 남쪽으로 돌출된 와코토반도의 끝에 있는, 100도에 가까운 뜨거운 물이 솟아나는 와코토 온천은 지역민들과 캠퍼들에게도 인기 있는 장소다. 무색투명한 탕으로 커다란 초승달 모양의 욕조에는 바닥의 옥자갈에서 물이 펑펑 솟아나고 있다. 관광객이 많기 때문에 수영복 착용을 추천한다.

위치 JR 마슈역에서 차로 25분
Mapcode 731 547 738

코탄노유 コタンの湯 日本語 코탄노유

굿샤로호 호반의 노천탕 중 하나. '비탕'이라고도 불리는 코탄노유는 호수와 바로 붙어 있다. 기본적으로 남녀혼욕의 노천탕이지만 남녀별로 탈의장이 설치되어 있고 각각 큰 바위로 나누어져 있다. 수영복이나 수건을 감고 들어가도 된다. 탕의 수면이 호수와 같은 높이라서 굿샤로호에 잠겨 있는 것 같은 느낌이다.

위치 JR 가와유온천역에서 차로 약 20분
휴무 화 · 금요일의 08:00~16:00 청소 시간
Mapcode 731 521 529

이케노유 池の湯 日本語 이케노유

굿샤로호 동남쪽에 있는 숨겨진 온천으로 아이누족도 이용했다는 곳이다. 국도에서 자갈길을 꺾어 나가면 그 이름대로 연못처럼 큰 온천탕이 나온다. 욕조는 호안에서 솟아나는 온천을 둘러싼 매우 심플하고 개방적인 구조. 욕조 옆에는 남녀별 간소한 탈의실이 들어서 있어 벗은 옷을 놓아둘 수 있다.

위치 JR 가와유온천역에서 차로 20분
Mapcode 638 057 641

SHIKOTAN TO
色丹島

HABOMAI SHOTO
歯舞諸島

ETOROFU
択捉

朝日に一番近い街！
NEMURO

日本最東端（有人駅）【東経145° 35′ 12″】
日本の太陽は根室から昇る

05

가장 먼저 해가 뜨는 곳
네무로 根室, Nemuro

동서로 70km, 남북으로 10km의, 홀쭉하게 태평양에 돌출한 네무로반도의 전체가 네무로시의 행정 구역이다. 네무로라는 지명은 아이누어 '니무오로ニムオロ(나무가 많은 곳)'에서 유래되었다. 네무로가 처음 역사에 등장하는 것은 1790년이었지만 본격적인 개척의 시대는 1869년 이주민들이 도착하면서 시작되었다. 메이지시대까지만 해도 네무로는 동부 홋카이도 최대의 도시였으나, 지금은 인구 23,000명의 작은 소도시다. 일본에서 가장 빨리 해돋이를 볼 수 있는 곳으로 러시아와 쿠릴 열도 4개 섬의 영토 분쟁의 중심지로 유명하다. 네무로 여행의 핵심은 일본 최동단 노샷푸미사키에서 보는 태평양과 오호츠크해, 구시로에서 네무로까지 이어지는 44번 국도상의 아름다운 해안선 풍경이다.

◆ 네무로 여행 참고 사이트
네무로 관광협회
www.nemuro-kankou.com
네무로버스
nemurokotsu.com

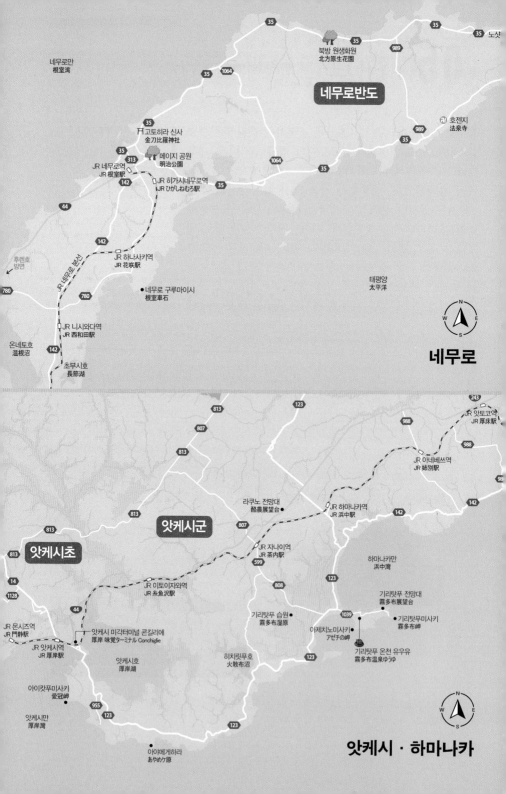

네무로만
根室湾

35

35

35 노삿

989

북방 원생화원
北方原生花園

35

1064

네무로반도

35

고토히라 신사
金刀比羅神社

35 313

메이지 공원
明治公園

JR 네무로역
JR 根室駅

JR 히가시네무로역
JR ひがしねむろ駅

호젠지
法泉寺

989

35

1064

35

142

44

JR 네무로 본선

142

JR 하나사키역
JR 花咲駅

후렌호
방면

780

780

780

네무로 구루마이시
根室車石

태평양
太平洋

142

JR 니시와다역
JR 西和田駅

N

온네토호
温根沼

142

초부시호
長節湖

네무로

813

123

243 앗토코역
JR 厚床駅

807

813

988

813

988 JR 아네베쓰역
JR 姉別駅

142

앗케시군

813

라쿠노 전망대
酪農展望台

807

JR 하마나카역
JR 浜中駅

142

988

앗케시초

14

599

JR 자나이역
JR 茶内駅

하마나카만
浜中湾

1128

808

123

기리탓푸 전망대
霧多布展望台

44

JR 이토이자와역
JR 糸魚沢駅

기리탓푸 습원
霧多布湿原

1039

기리탓푸미사키
霧多布岬

JR 몬시즈역
JR 門静駅

아제치노미사키
アゼチの岬

JR 앗케시역
JR 厚岸駅

앗케시 미각터미널 콘킬리에
厚岸 味覚ターミナル Conchiglie

히치릿푸호
火敗布沼

123

기리탓푸 온천 유우유
霧多布温泉ゆうゆ

앗케시호
厚岸湖

아이칸푸미사키
愛冠岬

955

앗케시만
厚岸湾

123

123

N

아야메게하라
あやめケ原

앗케시 · 하마나카

✚ 네무로로 가는 법

1. JR
구시로역 ▶ 네무로역
1일 3편 운행. 2시간 32분 소요, 편도 2,860엔

2. 버스
삿포로 오도리 버스 센터 ▶ 네무로(나카시베쓰 경유)
네무로버스 삿포로 네무로 오로라호(야간버스 주 3회) 8시간 45분 소요, 편도 8,200엔

✚ 네무로 여행법

1. 네무로는 홋카이도의 여러 도시 중 삿포로에서 대중교통으로 접근하기 가장 힘든 곳이다. 네무로로 연결되는 JR 하나사키선의 운행 편수가 적기 때문에 버스 혹은 렌터카로 여행하는 것을 추천한다. 렌터카로 구시로에서 네무로까지 이동하는 코스에서 하마나카, 앗케시의 아름다운 해안선, 습원 등을 함께 볼 수 있다.

2. 네무로를 여행하기 가장 좋은 때는 6월부터 8월까지의 여름 시즌이다. 일본 최동단 도시라서 여름에는 해가 매우 일찍 뜨고, 겨울에는 빨리 진다. 6월 상순은 일출 시간이 3시 30분 전후, 12월 상순 기준 일몰 시각은 15시 40분 전후이기 때문에 여름 이외의 시즌에는 여행하기 적합하지 않다.

3. 렌트를 하지 않거나 시간이 맞지 않으면 네무로버스의 관광버스 이용을 추천한다(5~10월 운행).

관광버스 노샷푸호  のきっぷ号

A. 노샷푸미사키 코스
네무로역전 버스터미널 08:15 출발 ▶ 메이지 공원(10분 정차) ▶ 노샷푸미사키(50분 정차) ▶ 북방원생화원(10분 정차) ▶ 곤피라 신사(10분 정차) ▶ 네무로역전 버스터미널 10:50 도착
요금 어른 3,300엔, 어린이 1,650엔

B. 구루마이시, 후렌호 코스
네무로역전 버스터미널 11:00 출발 ▶ 하나사키 구루마이시(30분 정차) ▶ 쓰루다이 센터(1시간 정차) ▶ 네이처 센터(50분 정차) ▶ 북방 4개 섬 교류 센터(40분 정차) ▶ 네무로역전 버스터미널 15:30 도착
요금 어른 3,100엔 어린이 1,550엔

노샷푸미사키 納沙布岬

日本語 노샷푸미사키

북위 43도 23분 07초, 동경 145도 49분 01초에 위치한 노샷푸미사키는 일본에서 가장 빨리 해돋이를 볼 수 있는 명소이자 태평양과 오호츠크해가 만나는 곳이다. 이곳에는 북방 4개 섬을 잇는 가교의 모습을 한 시마노가케하시四島のかけ橋, 평화의 탑, 북방관 등 러시아와 영토 분쟁 중인 쿠릴 열도, 4개 섬과 관련된 시설들이 있다. 이곳에 세워진 등대는 1872년에 설치된 홋카이도에서 가장 오래된 등대다.

위치 JR 네무로역에서 네무로버스
노샷푸미사키納沙布岬행으로 40분,
종점 하차 후 바로

Mapcode 952 158 792*32

More & More
쿠릴 열도 분쟁이란?

쿠릴 열도 남부의 4개의 섬인 이투루프섬(일본어 에토로후섬), 쿠나시르섬(일본어 구나시리섬), 시코탄섬, 하보마이군도에 대한 러시아와 일본 사이의 영토 분쟁이다. 2차 세계대전 이후 소비에트 연방의 영토가 되었다가, 소비에트 연방의 붕괴 이후 현재 일본이 러시아에게 줄기차게 반환을 요구하고 있는 게 이 분쟁의 핵심이다.

JR 히가시네무로역 JR ひがしねむろ駅

日本語 제이아루 히가시네무로에키

일본 철도 마니아라면 들러봐야 할 명소 가운데 하나로 꼽히는 JR 철도의 최동단 역. 역사도 없고 목책으로 된 승강장만 있는 간이 역이지만 의외로 이곳을 찾아 기념 촬영을 하는 관광객이 많다.

위치 JR 히가시네무로역 하차 후 바로

Mapcode 423 552 484*66

후렌호 風蓮湖

日本語 후렌코

네무로반도 부근에 위치한 둘레 약 96km의 바닷물이 섞인 기수호다. 호수 면적은 57.5km²로 일본의 호수 중 14번째로 넓다. 사주인 슌쿠니다이春国岱에는 사구에 자생하는 가문비나무와 해당화 군락이 조성되어 있다. 일본 내 최대 백조 도래지이며 들새들의 낙원으로 알려져 있다.

위치 JR 네무로역에서 네무로버스 앗케시厚岸행 24분, 하쿠초다이센타白鳥台センター 하차 후 바로

Mapcode 734 353 123*65

네무로 구루마이시 花咲灯台車石

日本語 네무로 쿠루마이시

네무로 하나사키항, 하나사키 등대 바로 아래에는 자동차 바퀴를 상상케 하는 방사형 절리의 현무암 바위가 있다. 지름 6m에 이르는 이 독특한 형상의 돌은 국가 천연기념물로 지정되어 있다. 백악기에 생성되었고 주변에는 1~3m 크기의 주상절리들이 이어진다.

위치 JR 네무로역에서 네무로버스 하나사키미나토花咲港행 10분, 하나사키미나토 하차 후 도보 20분

Mapcode 423 401 007*25

나카시베쯔, 베쯔카이
中標津, 別海,
Nakashibetsu, Betsukai

시레토코반도 동쪽 해안선을 따라 네무로까지 이어지는 지역이 나카시베쯔, 베쯔카이다. 이 지역은 낙농업이 발달해 있는데 끝없이 이어지는 목초 지대와 소와 양 떼들이 풀을 뜯는 전형적인 홋카이도의 모습을 보여준다.

Sightseeing ★ ★ ★

① 노쓰케반도 野付半島

日本語 노쓰케한토

노쓰케반도는 홋카이도 동부, 오호츠크해에 접한 곳으로 베쯔카이에서 시베쯔로 넘어가는 경계에 마치 부채꼴처럼 완만하게 굽어 있다. 노쓰케라는 지명은 아이누어 '놋케우ノッケゥ'에서 유래된 것으로 그 뜻은 '아래턱'이다. 이 사주의 형태가 고래의 아래턱처럼 생겼다는 데서 붙여진 이름이다. 가늘고 긴 형태로 이어지는 노쓰케반도 안쪽으로는 28km의 사주가 이어지는데 이는 일본 최대 규모이다.

위치 나카시베쯔 공항에서 차로 50분
운영 4~9월 09:00~17:00,
　　　 10~3월 09:00~16:00
전화 0153-82-1270
　　　 (노쓰케반도 네이처 센터)

Mapcode 941 610 470*21
　　　 (노쓰케반도 네이처 센터)

② 도도와라 トドワラ

日本語 토도와라

노쓰케반도에서 가장 인상적인 곳으로, 말라 죽은 분비나무와 물참나무 숲 터다. 오래전 분비나무와 물참나무의 수림 지대였던 곳이 해수의 침식과 지반 침하로 인해 고사하여 '세상의 끝'이라는 별칭이 붙을만큼 황량한 경관을 만들었다. 녹색의 나무 앞에 풍화한 흰 나무가 늘어선 나라와라ナラワラ도 있다. 이곳을 여행하려면 여름의 절정이라고 할수 있는 7월 중순이 가장 적당하다. 이곳에서 석양을 바라보면 오호츠크해의 붉은 노을과 황량한 풍경이 대비를 이루어 정말 아름답다.

위치 **노쓰케반도 네이처 센터에서**
      도보 30분

Mapcode 941 610 470*21
      (노쓰케반도 네이처 센터)

③ 빙평선 워크 氷平線ウォーク

日本語 효헤이센 워쿠

노쓰케반도의 내해가 결빙하는 1월 하순부터 바다 위를 걸을 수 있는 빙평선 워크를 체험할 수 있다. '빙평선'은 말 그대로 수평선처럼 펼쳐진 얼음 대지를 말하며 얼어붙은 바다와 하늘의 경계를 이루는 선이다. 360도 모두 시야가 트여 있어 일본의 우유니 소금 호수 같다고들한다.

위치 **나카시베쓰 공항에서 차로 50분**
전화 **0153-82-1270**
      (노쓰케반도 네이처 센터)

Mapcode 941 610 470*21
      (노쓰케반도 네이처 센터)

④ 개양대 開陽台 日本語 카이요다이

아담한 언덕 위에 있는 해발 270m 전망대. 주위에 시야를 가리는 것이 없고, 초록의 곤센겐야根釧原野 벌판이 멀리 지평선에 녹아드는 모습은 그야말로 절경이다. 맑은 날에는 네무로 해협, 노쓰케반도, 시레토코 연산, 그리고 구나시리섬의 그림자도 희미하게나마 보인다. 홋카이도 유산으로 인정된 '곤센타이지의 격자형 방풍림'이 보이는 곳도 이곳이다. 전망관 내에 자리한 카페 카이요다이에서는 '행복한 꿀 소프트'를 맛볼 수 있다. 카페 직원들이 개양대 기슭에서 채취한 꿀과 현지 생유를 사용한 인기 제품이다.

위치 나카시베쓰 공항에서 차로 15분
운영 4월 하순~10월 카페 10:30~17:00(10월은 16:00까지)
휴무 11월~4월 하순

Mapcode 976 104 358*80

⑤ 구 오쿠유키우스역 旧奥行臼駅 日本語 큐 오쿠유키우스에키

한때 이 지역을 운행하던 JR 홋카이도 시베쓰선의 현재까지 남아 있는 유일한 역이다. 1933년에 개업한 이 역은 1989년 노선 폐지와 함께 폐역되었으나 쇼와시대 초기에 건축된 역사가 남아 있어 베쓰카이초의 지정 문화재가 되어 복원되었다.

위치 JR 앗케시역에서 차로 40분

Mapcode 496 535 231*22

⑥ 밀크로드 ミルクロード 日本語 미루쿠로도

우유를 출하하는 유조차가 달리는 일직선의 길을 부르는 이름으로 밀크로드는 나카시베쓰를 비롯한 주변 지역에 여러 개 존재하는 도로의 총칭이다. 특히 나카시베쓰의 별자리 관찰 포인트이자 오토바이 여행자들의 성지인 개양대로 가는 길이 유명하며 완만한 업다운이 이어지는 직선의 도로는 드라이브 코스로 유명하다.

위치 나카시베쓰 공항에서 차로 10분

Mapcode 429 858 830*76

아름다운 해안 절경 앗케시 厚岸, Akkeshi ★ ☆ ☆

네무로에서 한 발짝 더! 근교 여행

구시로에서 네무로로 이어지는 해안선을 따라가다 앗케시만 주변에 형성된 인구 8,400명의 작은 마을이다. 천연의 양항 앗케시만 덕에 에도시대 때는 구시로 네무로 지방의 중심지로 번창했다. 앗케시는 전통적으로 굴의 생산지로 유명하다. 최대 수심 11m의 앗케시 호수에서 굴 양식이 이루어진다. 앗케시의 굴이 가장 맛있는 시기는 3월에서 5월이다. 이 시기에 앗케시를 방문할 예정이라면 꼭 맛보기를 추천한다.

Sightseeing ★ ★ ☆

① 아이칸푸미사키 愛冠岬 日本語 아이칸푸미사키

앗케시만을 향해 튀어나온 높이 80m의 곶으로 '사랑과 로망의 곳'이라고도 불린다. 1992년에 설치된 사랑의 종이 있는데 연인끼리 이 종을 울리면 사랑이 이루어진다고 한다. 아이칸푸미사키 주변은 에조사슴들의 휴식처이기도 하다. 오후 시간대에 간혹 에조사슴을 볼 수 있다.

위치 JR 앗케시역에서 차로 15분

Mapcode 637 041 661*52

More&More
굴 도시락 가키메시 かきめし

가키메시라고 불리는 이 굴밥은 JR 네무로 본선에서 판매하고 있는 유명 도시락으로, JR 홋카이도에 이 도시락을 납품하고 있는 우지이에 대합소氏家待合所가 바로 JR 앗케시역 앞에 자리한다. 대합소는 홋카이도의 철도역 부근에 많이 있었던 업태다. 쉽게 말해 열차를 기다리는 실내 공간으로, 주로 역 부근에 자리하면서 식사나 음료를 제공해온 것이다. 1917년에 창업한 우지이에 대합소는 도시락 등을 판매했고, 그 전통을 이어 가키메시 에키벤을 만들어 판매하고 있다.

위치 JR 앗케시역 앞

운영 우지이에 대합소
4~11월 10:00~16:00,
12~3월 10:00~15:00

휴무 목요일

Sightseeing ★ ★ ☆

② 앗케시 미각터미널 콘킬리에 厚岸 味覚ターミナル Conchiglie 日本語 앗케시 미카쿠타미나루 칸치이구리에

1년 내내 맛있는 굴 요리를 맛볼 수 있는 휴게소다. 이곳 레스토랑에서는 본인이 직접 구워 먹을 수 있는 실내 바비큐 코너와 신선한 생굴과 위스키를 함께 즐길 수 있는 오이스터 바Oyster Bar 등을 갖추었다. 굴 마니아들에겐 정말 천국 같은 곳이다.

위치 JR 앗케시역에서 도보 4분

운영 4~10월 09:00~20:00,
11~12월 10:00~19:00,
1~3월 10:00~18:00

휴무 월요일(7~8월은 무휴)

전화 0153-52-8139

홈피 www.conchiglie.net

Mapcode 637 191 534*24

해안가 마을 하마나카

浜中, Hamanaka

하마나카는 앗케시와 네무로 사이, 태평양의 해안가에 있는 마을로, 구시로에서는 동쪽으로 약 80km, 네무로시에서는 서쪽으로 약 50km 정도 떨어져 있다. 태평양을 마주하고 하마나카만浜中湾과 비와세만琵琶瀬湾을 끼고 있다.

Sightseeing ★ ★ ☆

❶ 기리탓푸 습원 霧多布湿原

日本語 키리탓푸 시츠겐

전체 면적 3,168만m²로 일본에서 세 번째로 넓은 습원이다. 동서 3~4km, 남북 약 9km의 활 모양의 습지로 구시로에서 네무로 중간에 있는 하마나카초의 태평양과 접해 있다. 저층 습원으로 비와세강이 습원 지대를 흐르고 있고, 중앙부의 식물 군락은 천연기념물로 지정되어 있다. 구시로 습원의 유명세에는 미치지 못하지만 저층 습원부터 고층 다습 습원까지 다양한 형태의 습원을 확인할 수 있다.

위치　JR 앗케시역에서 구시로버스로 30분,
　　　시츠겐센타湿原センター 하차 후 바로
운영　09:00~17:00
휴무　11월~4월의 화요일, 12월 11일~29일, 1월 11일~31일
전화　0153-65-2779

Mapcode 614 607 050*66

Sightseeing ★ ★ ☆

❷ 기리탓푸미사키 霧多布岬　日本語 키리탓푸미사키

정식 명칭은 도부쓰미사키湯沸岬지만, 안개로 뒤덮이는 경우가 많아 현재는 기리탓푸미사키로 불리고 있다. 태평양의 거센 파도에 돌출한 곶으로 매점과 식당, 주차장에 인접해 전망대가 있다. 곶의 끝 지점 등대까지 걸어가면 더욱 시야가 넓어지고 맑은 날에는 비와세만 주변과 무인도들이 보인다.

위치　JR 하마나카역에서 구시로버스 키리탓푸온센霧多布温泉 행 25분,
　　　종점 하차 후 도보 25분

Mapcode 614 589 658*66

❸ 기리탓푸 온천 유우유 霧多布温泉ゆうゆ

日本語 키리탓푸 온센 유우유

기리탓푸 시가지를 바라보는 표고 42m의 도부쓰 산 일각에 보양과 건강을 테마로 들어선 온천 시설이다. 주변의 아제치노미사키, 태평양, 기리탓푸 습원 등을 감상하며 온천을 즐길 수 있다.

위치 JR 하마나카역에서 구시로버스 키리탓푸온센霧多布温泉 행 약 25분, 키리탓푸온센유우유霧多布温泉ゆうゆ 하차 후 바로
운영 10:00~22:00
요금 500엔   전화 0153-62-3726
홈피 kiritappu-yuyu.com

Mapcode 614 556 856*52

❹ 아제치노미사키 アゼチの岬

日本語 아제치노미사키

아제치노미사키는 기리탓푸반도의 서쪽 가장자리에 있으며, 비와세만에 돌출한 곳으로, 코지마섬과 비와세만 그리고 하마나카만의 해안선을 볼 수 있다. 특히 여름날의 석양이 아름답다.

위치 JR 하마나카역에서 차로 17분

Mapcode 614 525 831*45

❺ 라쿠노 전망대 酪農展望台

日本語 라쿠노 텐보다이

라쿠노 전망대는 하마나카역에서 차로 10분 정도 가는 곳에 자리한다. 전망대에 오르면 녹색의 카펫을 펼친 것 같은 목초지가 이어져 있다. 그 앞으로 멀리 시레토코 연봉들이 보이고 전망대 주변으로는 부드러운 슬로프가 이어져, 소의 무리가 목초를 뜯어 먹는 목가적인 풍경들을 볼 수 있다. 또 날씨가 좋은 날은 멀리 아칸, 시레토코산맥 등 360도의 파노라마가 펼쳐져 일본보다는 북유럽의 풍경을 떠올리게 한다.

위치 JR 자나이 또는 하마나카역에서 차로 10분

Mapcode 614 846 084*74

♦ 구시로 여행 참고 사이트
구시로 관광컨벤션협회 ja.kushiro-lakeakan.com
아칸버스 www.akanbus.co.jp
구시로버스 www.kushirobus.jp/index.html

홋카이도 동쪽, 안개의 마을

06 구시로 釧路, Kushiro

홋카이도 동부 지역에 자리한 구시로는 태평양 연안에 있어 예부터 수산업이 발달한 항구 도시다. 또 안개가 자주 껴서 '안개 도시'라는 별칭도 있다. 도시 규모에 비해 구시로 자체는 관광지로서의 매력이 크게 없는 편이지만 구시로 북쪽에 펼쳐진 드넓은 구시로 습원은 동부 홋카이도 여행에서 빼놓을 수 없는 베스트 스폿이다. 또한 구시로는 때 묻지 않은 자연이 그대로 보존된 시레토코, 네무로와 노쓰케반도, 아칸 국립공원으로 가기 위해 반드시 거쳐야 하는 관문의 역할도 수행 중이다.

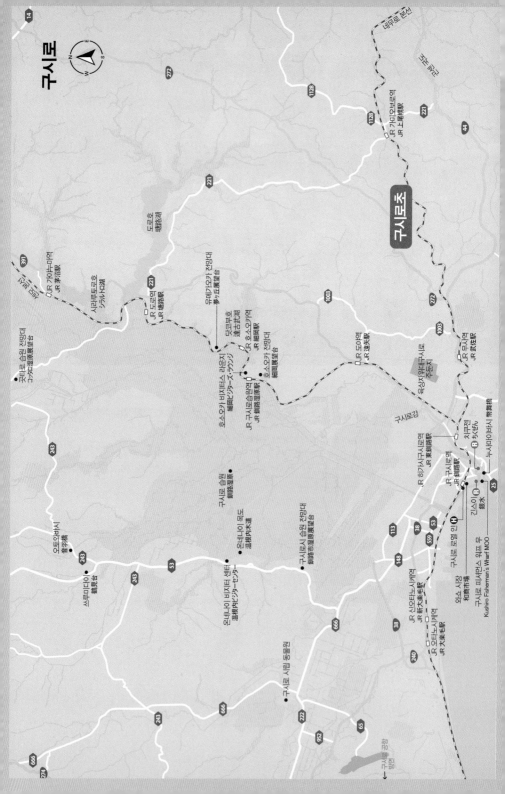

✚ 구시로로 가는 법

1. 항공
오카다마 공항 ▶ 구시로 공항
JAL항공 1일 3~4편 운항. 45분 소요, 편도 23,800엔~

2. JR
삿포로역 ▶ 구시로역
특급 오조라 1일 6편 운행. 4시간 10분 소요, 편도 9,990엔

3. 버스
삿포로 ▶ 구시로
주오버스 스타라이트 구시로호 1일 3~4편 운행. 편도 5,880엔

구시로 공항 ▶ 구시로역
45분 소요, 950엔

- -

✚ 구시로 여행법

1. 구시로를 기점으로 구시로 습원과 아칸호, 마슈호, 굿샤로호를 여행한다면 최소 2박 3일은 필요하다. 서로 거리가 제법 있으므로 이동 시간에 여유를 두고 계획을 세워야 한다.

2. 구시로를 비롯한 동부 홋카이도는 JR과 노선버스의 운행 편수가 적어 렌터카 여행이 가장 효율적이다. 렌트하지 않는다면 구시로에서 출발하는 정기 관광버스 피리카호도 유용하다. 홋카이도 동부 지방만 여행할 계획이라면 삿포로 오카다마 공항에서 구시로 공항까지 항공편으로 이동하는 것이 좋다.

3. 동부 홋카이도는 큰 도시가 적어 숙소를 정하기가 쉽지 않다. 구시로에서 출발할 경우 온천을 중심으로 한 숙박지 선택을 추천한다.

구시로 · 네무로 · 라우스 여행 시

4/7days 프리 패스포트 4/7days フリーパスポート
구시로, 네무로, 라우스를 연결하는 아칸버스, 네무로버스, 구시로버스를 7일의 기간 내에 4일간 무제한으로 탑승할 수 있는 버스다.

요금   어른 9,000엔 어린이 4,500엔

정기 관광버스 피리카호 ピリカ号
구시로 시내 ▶ 마슈호 ▶ 이오산 ▶ 스나유 ▶ 아칸호 온천 ▶ 구시로 공항 ▶ 구시로 시내를 연결하는 정기 관광버스. 4월 하순~10월 하순까지 매일 운행한다.

요금   구시로 시내-구시로 시내
　　　어른 5,600엔, 어린이 2,800엔
홈피   www.akanbus.co.jp

와쇼 시장 和商市場

日本語 와쇼 이치바

구시로역을 등지고 오른쪽 길 건너에 위치한 와쇼 시장은 1954년 설립된 구시로에서 가장 역사가 깊은 시장이다. 하코다테 아침 시장, 삿포로 니조 시장과 함께 홋카이도 3대 시장 중 하나로 꼽힌다. 시장의 명물은 한 그릇에 1,500엔에서 2,000엔 정도 하는 갓테동勝手丼이라는 생선 덮밥이다. 시장 내에서 적절한 크기의 밥을 구입한 뒤, 역시 시장 내에서 원하는 생선 부위를 골라 담아 자신이 좋아하는 해산물 덮밥을 만들어 먹는 방식이다.

위치	JR 구시로역에서 도보 5분
운영	4~12월 08:00~18:00, 1~3월 08:00~17:00
휴무	일요일
전화	0154-22-3226
홈피	www.washoichiba.com

Mapcode 149 256 332

구시로 피셔먼스 워프 무 Kushiro Fisherman's Wharf MOO

日本語 쿠시로 핏사만즈 와후 무

누사마이바시 부근 강변에 위치한 구시로 피셔먼스 워프 무는 홋카이도 동부 지방에서 좀처럼 보기 힘든 복합상업시설이다. 이름은 샌프란시스코의 피셔먼스 워프에서 유래되었고 'MOO'는 'Marine Our Oasis'의 약자다. 전체 5층 건물로 1층은 홋카이도 토산품, 구시로의 유명 스위츠 가게들이 있고 2층은 포장마차 거리, 3층은 레스토랑이 있다.

위치	JR 구시로역에서 도보 15분
운영	10:00~19:00 (7~8월은 09:00부터)
휴무	점포마다 다름
전화	0154-23-0600
홈피	www.moo946.com/index.html

Mapcode 149 226 464

③

누사마이바시 幣舞橋

日本語 누사마이바시

구시로역에서 오마치를 잇는 길이 124m, 폭 33.8m의 다리다. 이 다리에는 일본 최초의 교량 조각 '사계의 동상'이 있어, 구시로를 대표하는 관광명소 중 하나다. 삿포로의 도요히라바시, 아사히카 와의 아사히바시와 함께 홋카이도 3대 다리 중 하나이기도 하다. 다리 이름의 어원은 아이누어 '누사오마이ヌサオマイ(공물을 바치는 곳)'에서 비롯되었다. 1900년에 첫 번째 다리가 놓인 이후 현재 의 다리는 5번째 다리다. 여름에 구시로를 방문하여 하룻밤을 머 문다면 반드시 누사마이바시를 가봐야 한다. 강가의 노을도 아름 답지만 안개가 자욱한 다리 또한 낭만적인 풍경을 연출하기 때문 이다.

위치 JR 구시로역에서 도보 15분

Mapcode 149 226 412*55

More&More 구시로역에서 출발하는 관광열차

구시로 습원 노롯코호 <しろ湿原ノロッコ号>
구시로 습원 속을 여유롭게 달리는 관광열차 노롯코호는 매 년 4월 29일부터 10월 상순 동안 구시로역과 도로뿐뿐역 사 이를 운행한다(약 40~50분). 차창으로 습원의 풍경은 물론, 물이 굽이쳐 흘러가는 구시로강과 이와붓키 수문을 볼 수 있 다. 구시로역 3번 홈에서 출발한다.

요금 구시로-구시로 습원 440엔, 구시로-도로 640엔,
　　구시로-가와유 온천 2,100엔
　　※지정 좌석 840엔 별도

SL 겨울의 습원호 SL冬の湿原号
구시로역과 시베차뿐뿐역을 겨울철 한정으로 운행하는 관광 열차. 구시로 습원의 겨울 풍경이 펼쳐지는 차창의 풍경이 매력적이다. 2022년 1월부터는 단초(두루미)카 2량이 등장 해 기존의 차량과 함께 복고풍 분위기 속에서 겨울 경치를 즐길 수 있게 되었다.

요금 편도 어른 1,290엔, 어린이 645엔
　　지정 좌석권 1,680엔

④
구시로 습원 釧路湿原
日本語 쿠시로 시츠겐

일본 최대의 초원 습지로 총면적은 220.7km²에 이르며 국가 특별
천연기념물인 두루미를 비롯하여 다양한 동식물의 귀중한 서식
지이기도 하다. 1980년 습원 중심부가 일본 최초의 람사르 협약
등록 습지가 되었고, 1987년에는 습원 주변을 포함한 거의 전역
이 국립공원으로 지정되었다. 습원 자체가 국가 천연기념물로 지
정되었기 때문에 출입이 엄격히 제한되어 있어 자연 그대로의 홋
카이도다운 경관을 유지하고 있다.

구시로 습원을 여행하기 좋은 때는 봄부터 가을까지인 4월 하순
~9월이며 푸른 초목과 아름다운 꽃이 만개한 경치를 즐길 수 있
는 6~7월이 베스트 시즌이다. 이 시기가 되면 범부채, 검은 꽃고
비, 큰원추리, 장미과 쉬땅나무 등 셀 수 없을 정도로 많은 꽃이
습지를 수놓아 식물 관찰을 하기에도 제격이다.

위치 JR 구시로습원역에서 도보 13분
　　(호소오카 전망대)
홈피 ja.kushiro-lakeakan.com
Mapcode 149 654 794*07 (호소오카 전망대)

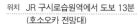

└ 구시로시 습원 전망대 釧路市湿原展望台
日本語 쿠시로시 시츠겐 텐보다이

구시로 습원의 서쪽 끝 고지대에 위치한 전망대로, 구시로 습원의
발달 과정과 동식물, 유적 지형에 대한 이해를 돕는다. 3층 전망
실과 옥상에서 구시로 습원을 한눈에 볼 수 있다. 또한 습원 전망
대 주변을 한 바퀴 돌 수 있는 약 2.5km의 목도가 정비되어 있다.
북쪽으로 5km 거리에 온네나이 비지터 센터가 있는데 저층 습지
와 고층 습지를 두루 살펴볼 수 있다.

위치 JR 구시로역에서 차로 30분
운영 4~9월 08:30~18:00, 10~3월 09:00~17:00
요금 어른 480엔, 고등학생 250엔, 초중생 120엔　　　전화 0154-56-2424
Mapcode 149 548 538*66

└ 호소오카 전망대 細岡展望台

日本語 호소오카 텐보다이

구시로 습원을 보는 전망대 중에서 가장 널리 알려진 곳으로, 날씨가 좋으면 오아칸산과 메아칸산의 연봉과 구시로강과 습원이 한눈에 보인다. 석양의 명소로도 유명하다. 근처에 있는 호소카와 비지터스 라운지는 통나무로 지은 2층 휴게소로 습원에 대한 다양한 자료를 전시하고 커피와 간단한 음식, 습원 관찰 지도도 판매한다.

위치 JR 구시로습원역에서 도보 13분
전화 0154-40-4455
Mapcode 149 654 794*07

└ 온네나이 목도 温根内木道

日本語 온네나이 모쿠도

온네나이 비지터 센터에서 출발해 한 바퀴 도는 데 1시간 정도 소요되는 산책로다. 길이는 약 3km. 갈대와 사초 습지 안을 직선으로 관통하는 산책로를 걸으며 평화로운 습지와 꽃들을 바로 눈앞에서 감상할 수 있다.

위치 JR 구시로역에서 차로 40분
Mapcode 149 670 350*44

└ 닷코부 목도 達古武木道

日本語 닷코부 모쿠도

호소오카 전망대에서 3km 정도 떨어진 곳에 있는 닷코부호 북쪽 구릉지에 조성된 왕복 약 4.6km의 목도다. 닷코부호 캠핑장에서 시작되어 유메가오카 전망대까지 이르는 목도를 따라가다 전망대에 오르면 닷코부호와 구시로강과 습원이 한눈에 보인다. 구시로강을 따라가는 JR 센모 본선의 선로가 보이기 때문에 철도 사진을 촬영하고자 한다면 최적의 장소다.

위치 JR 구시로역에서 차로 35분
Mapcode 149 716 559*63(유메가오카 전망대)

쓰루미다이 鶴見台

日本語 쓰루미다이

구시로 습원의 북쪽에 위치한 쓰루이무라鶴居村의 두루미 관찰 스 폿이다. 도도 53호를 따라 주차장도 있어서 겨울 시즌에는 많은 사람으로 붐빈다. 특별천연기념물인 두루미의 보호를 목적으로, 겨울철에 한해 아침과 오후 2시 30분경, 하루 2회 사료를 제공하 고 있다. 특히 1월부터 2월에 걸쳐서는 200여 마리의 두루미가 모인다.

위치 JR 구시로역에서 차로 55분

Mapcode 556 353 201*61

Travel Tip 두루미 관찰

두루미를 보기 가장 좋은 시기는 12~2월이다. 일출, 일몰 시 두루미 가 하늘을 나는 모습을 볼 수 있다.

오토와바시 音羽橋

日本語 오토와바시

한겨울 월동을 위해 쓰루이무라에 모여든 두루 미들은 샘물이 풍부하고 한겨울에도 얼지 않는 세쓰리강雪裡川을 주 서식지로 삼는다. 외부 온 도보다 물속 온도가 높고, 여우 등 천적의 습격 으로부터 몸을 지키기 위해서도 강 속이 편리하 기 때문이다. 차가워진 겨울 아침에는 빙점 아 래 20도에서 25도가 되는 가운데, 강에 한쪽 다 리로 서서 머리를 날개에 묻고 자는 두루미들을 관찰할 수 있는 유일한 장소가 바로 오토와바시 다. 시기가 맞으면 한겨울 강 안개가 뜨는 환상 적인 모습을 볼 수 있다.

위치 JR 구시로역에서 차로 35분

Mapcode 556 385 196*33

구시로 라멘은 가늘고 고불고불한 면에 간장을 베이스로 해서 가다랑어포의 은은한
풍미가 느껴지는 담백한 국물이 특징이다. 이 구시로 라멘의 기원에 대한 가장 강력
한 설은 다이쇼시대에 구시로의 식당(태양정이라는 양식집 혹은 중화요리집)에서
일하던 요코하마 출신 요리사가 가져왔다는 것이다. 밀가루, 달걀, 소금, 간수를 잘
조정해 중국풍으로 만든 가느다란 면과 돼지 뼈로 국물 맛을 냈으며 당시에는 '지나
소바'라고 불렸다. 이것을 구시로의 풍토에 맞게 개량해 쇼와시대 초기에 항구의 포
장마차에서 팔았다고 한다. 태평양 전쟁을 거쳐 1950년대부터 북양 어업 전성기 시
절에는 항구에 들어오는 어선의 선원들을 대상으로 한 포장마차가 구시로항 부두에
늘어서 있었는데, 이때 추운 바다에서 돌아온 어부들에게 조금이라도 빨리 라멘을
제공하기 위해서 면 삶는 시간을 단축하고자 가는 면을 사용했다는 설도 있다. 당시
의 구시로 라멘 국물은 가다랑어포에서 우려낸 국물만을 사용하여 그 맛이 시원하고
소박한 편이었다. 현재 구시로에는 구시로 라멘을 판매하는 가게가 100여 곳 정도
있는데 구시로를 벗어나면 맛보기가 쉽지 않다. 그 이유는 면발에 첨가제나 방부제
가 전혀 들어 있지 않아 장기간의 보관이 어려워 다른 지역으로 판매하기 어렵기 때
문이다.

Food

① 긴스이 銀水

1935년에 개업한 유서 깊은 라멘 가게로 구시로 라멘을 맛볼 수
있다. 오랜 세월이 지났음에도 창업 당시의 맛을 그대로 재현하고
있으며 미슐랭 가이드 홋카이도 특별판에 소개된 적 있다.

위치 JR 구시로역에서 도보 10분	
운영 11:00~18:30(일요일은 16:00까지)	휴무 수요일
전화 0154-24-7041	홈피 946ginsui.com

Mapcode 149 255 171*37

Food

② 치쿠젠 ちくぜん

신선한 해산물을 숯불에 구워 먹는 로바다야키炉ばた焼き는 일본에
서도 손꼽히는 어획량을 자랑하는 구시로가 발상지다. 이곳 치쿠
젠은 구시로 근해에서 잡힌 해산물을 카운터 중앙의 화로에서 구
워 제공한다. 로바다야키 외에도 꼬치구이와 회 등을 맛볼 수 있
다. 주인이 만드는 초밥과 고래고기회 등도 준비되어 있다.

위치 JR 구시로역에서 도보 10분
운영 17:00~22:00
휴무 일요일
전화 0154-31-0301
홈피 www.chikuzen946.com/index.
　　　html

Mapcode 149 227 780*00

낙농업으로 유명한 도카치 평야에 자리 잡은 오비히로는 미국 워싱턴을 모델로 건설된 계획도시다. 그래서 시가지가 삿포로처럼 바둑판 구조로 되어 있다. 오비히로를 중심으로 한 도카치 지방은 우리에게는 다소 생소한 지역이지만 홋카이도의 식량 기지라고 할 만큼 풍부한 식재료가 많아 부타동(돼지고기 덮밥)과 치즈, 스위츠 등의 유명한 먹거리들이 많다. 또한 시치쿠 정원, 마나베 정원 등 잘 가꾸어진 예쁜 정원들과 드넓은 평원을 쉽게 볼 수 있다.

♦ 오비히로 여행 참고 사이트
오비히로 관광컨벤션협회 obikan.jp
가미시호로 관광협회 www.kamishihoro.info
도카치버스 www.tokachibus.jp
다쿠쇼쿠버스 www.takubus.com

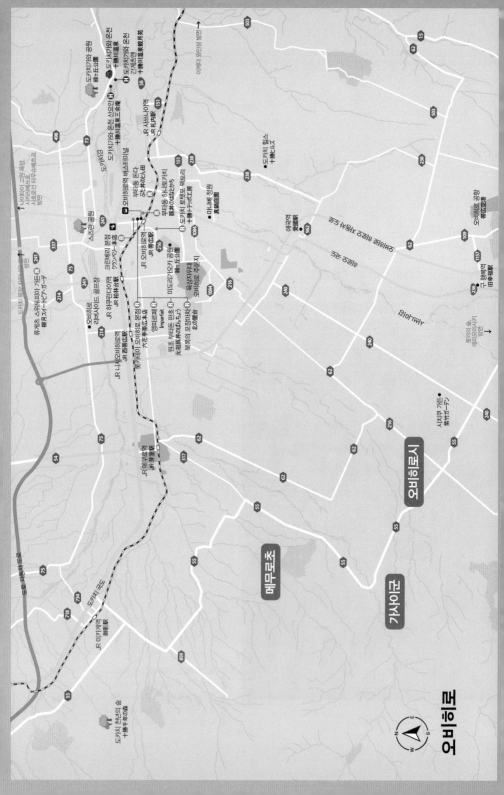

➕ 오비히로로 가는 법

1. JR
삿포로역 ▶ 오비히로역
하루 11편(특급 오조라, 도카치) 운행. 2시간 40분 소요,
편도 7,790엔

2. 고속버스
삿포로 ▶ 오비히로역 버스터미널
하루 10편(포테토 라이나) 운행. 3시간 25~55분 소요, 편도 3,840엔

3. 버스
도카치 오비히로 공항 ▶ 오비히로 시내
도카치버스 오비히로 시내행 약 40분, 편도 1,000엔

➕ 오비히로 여행법

1. 여행 베스트 시즌은 이 지역의 주요 볼거리인 정원들에 꽃이 가장
   많이 피는 시기인 7월 중순에서 8월 중순이다. 대부분의 여행지가
   상당히 떨어져 있어 이곳을 대중교통으로 모두 여행하기란 불가
   능하다. 가장 좋은 여행 수단은 렌터카를 이용해서 돌아보는 것이
   다. 일정과 비용의 문제로 렌터카가 어렵다면 도카치버스에서 여
   름 시즌에 운행하는 관광버스를 이용하자. 오비히로 시내만 여행
   할 경우 버스나 자전거 대여로도 가능하다.

2. 숙박한다면 오비히로역 부근과 도카치가와 온천을 추천한다. JR
   오비히로역 주변에는 저렴한 비즈니스호텔과 시티 호텔이 갖춰져
   있지만 모처럼 도카치 지역에 묵는다면 버스로도 갈 수 있는 도카
   치가와 온천에서 피로를 풀 수 있다.

3. 오비히로는 홋카이도 유명 제과 회사들의 본점(롯카테이, 류게
   츠, 크랜베리)이 모여 있다. 시간 여유가 있다면 이 가게들을 들러
   보는 것도 강력 추천한다.

비지트 도카치 패스 Visit Tokachi Pass
도카치 지방의 도카치버스十勝バス, 다쿠쇼쿠버스拓殖バス의 노선버스를
이용할 수 있는 주유 패스다. 오비히로역 버스터미널, 오비히로 공
항 도카치버스 창구에서 구매할 수 있다.

요금 1일권 1,500엔, 2일권 2,500엔

Travel Tip
렌트 사이클

오비히로역 버스터미널 오비쿠루
내 에코 버스 센터 리쿠루 창구에서
자전거를 빌릴 수 있다.
운영 4월 29일~12월 3일
    09:30~17:30
요금 1~3시간 200~500엔
    (사이클 종류에 따라 다름)

Sightseeing ★★☆

미도리가오카 공원 緑ヶ丘公園

日本語 미도리가오카 코엔

오비히로 남서쪽 중심부에 위치한 거대한 도심 공원이다. 공원에는 산책과 스포츠 활동을 즐길 수 있는 그린 파크, 도카치 지방의 숲과 자연이 잘 보존되어 있는 야생초 화원, 오비히로 백년기념관, 오비히로 도립미술관, 오비히로 동물원 등의 시설이 있다. 특히 그린 파크의 잔디 면적만 8ha에 달하고, 한때 세계에서 가장 길었지만, 이제는 두 번째로 밀려난 나무 벤치가 있다.

위치 JR 오비히로역 남쪽 출구에서 도보 20분
운영 24시간(시설에 따라 다름)
전화 0155-24-4111
Mapcode 124 562 187*28

Sightseeing ★★★

시호로선 타우슈베츠교
士幌線タウシュベツ川橋梁

日本語 큐 코쿠테츠 시호로센 타우슈베츠카와쿄료

홋카이도 유산으로도 선정된 구 국철 시호로선의 콘크리트 아치 교량군 중에서도 대표적인 콘크리트 아치교가 누카비라^{ヌカ} 호수에 있는 타우슈베츠강 교량이다. 매년 8~10월경에는 호수의 수위가 상승하여 볼 수 없게 되기도 해서, '환상의 안경다리'라고도 부른다. 노후화가 빠르게 진행되고 있어 이 모습을 볼 수 있는 것도 앞으로 몇 년밖에 남지 않았다고 하니 인근에 방문했다면 들러보아도 좋다. 누카비라 원천향에서 아사히카와 방면으로 약 8km 거리에 있다.

위치 JR 오비히로역에서 차로 1시간 43분
Mapcode 679 576 682*30

나이타이 고원 목장(나이타이 테라스) ナイタイ高原牧場

日本語 나이타이 코겐 보쿠조

홋카이도의 웅대한 자연을 상징하는, 일본에서 가장 넓은 목장
이다. 총면적 약 1,700ha, 도쿄돔 358개분에 해당하는 크기다.
2,000마리의 젖소를 방목 중인 푸른 초원은 그야말로 홋카이도
에서만 볼 수 있는 절경이다. 가장 높은 지점의 전망대에 오르면
도카치 평야가 한눈에 보이는 멋진 전망이 펼쳐진다. 정상 부근
에 있는 나이타이 테라스에서는 돼지고기 덮밥 등의 음식도 즐길
수 있으며, 맛이 진한 소프트아이스크림이나 우유 등도 인기가
있다.

위치	JR 오비히로역에서 차로 1시간 10분
운영	4월 하순~10월 하순
	목장 07:00~19:00 (5 · 10월은 18:00까지)
	나이타이 테라스 09:00~19:00
휴무	10월 하순~4월 하순
전화	090-3398-5049

Mapcode 679 127 082*82

④

도카치 목장 자작나무 길 十勝牧場白樺並木

日本語 토카치 보쿠조 시라카바나미키

도카치 목장은 오비히로시 옆에 있는 오토후케초의 공영 목장이다. 도카치 목장 입구에서 직선으로 약 1.3km 정도 이어지는 자작나무 가로수길로, 오토후케초의 아름다운 숲으로 지정되어 있다. 이 자작나무들은 70여 년 전에 도카치 목장의 직원이 심은 것이다. 자작나무 가로수 입구에서 약 5km 안쪽에 있는 전망대도 갈 수 있다.

위치 오비히로역 버스터미널에서
　　　다쿠쇼쿠버스로 41분,
　　　도카치보쿠조十勝牧場 하차.
　　　또는 JR 오비히로역에서 차로 30분
전화 0155-44-2131
홈피 www.nlbc.go.jp/tokachi/index
　　　.html

Mapcode 424 184 349

⑤

시카리베쓰호 然別湖

日本語 시카리베츠코

대설산 국립공원 내 호수로는 유일한 자연호수다. 해발 810m로 홋카이도의 호수 중 가장 높은 곳에 위치한다. 둘레 13.8km의 호안은 복잡하게 뒤엉켜 있다. 겨울이면 호수 표면이 완전히 얼어버리는데 두꺼운 얼음 위에 눈과 얼음을 이용하여 다양한 건물을 만들어서 즐거움을 선사하는 시카리베쓰호 코탄 축제가 열린다.

위치 오비히로역 버스터미널에서
　　　시카리베츠코然別湖 행
　　　다쿠쇼쿠버스로 1시간 40분,
　　　종점 하차 후 바로

Mapcode 702 388 362*30

구 행복역 旧幸福駅

日本語 큐 코후쿠에키

국철 히로오선에 있는 역. '사랑의 나라에서 행복으로'라는 캐치프레이즈로 1970년대 큰 붐을 일으켰던 역이다. 현재는 공원으로 되어 있으며, 2량의 디젤차, 플랫폼, 목조 역사가 당시의 정취를 간직한 채 전시되어 있다. 폐선 후 설치된 '행복의 종'은 인기 있는 기념촬영 장소로, 종을 울리면 행복이 찾아온다고 한다.

위치 오비히로역 버스터미널에서
도카치버스로 50분, 코후쿠幸福
하차 후 도보 5분
운영 매점 여름 09:00~17:30,
겨울 09:30~15:00

Mapcode 396 874 115*43

More&More
'행복'으로의 여정

이 부근을 흐르는 사쓰나이강札内川은 넓은 강변에 비해 수량이 매우 적은 강이었다. 그래서 아이누어로 '메마른 강'을 뜻하는 '사쓰나이'로 불렸다. 이 때문에 1897년 후쿠이福井현 오오노에서 집단으로 이주해온 개척민들이 모여 살던 마을도 사쓰나이라고 불렸고, 한자로 '幸震'이라고 썼다. 원래 '나이'라고 읽지 않는 한자(震)를 사쓰나이의 '나이' 자로 쓴 이유는 지진(地震)을 옛말로 '나루(나이)'라고 했기 때문이다. 그러나 이 한자를 읽기가 어려워, 점차 한자의 발음 그대로 '코신幸震'이라고 읽게 되었다. 그 후 코신은 후쿠이현에서의 이주민이 많다는 것 때문에 '震' 자를 '福' 자로 바꾸어 '코후쿠幸福'로 부르게 되었다. 이렇게 해서 오늘날의 행복역(코후쿠역)이 된 것이다. 이런 이름으로 하여 일부 여행자들에게 주목받던 행복역이 본격적으로 대중들에게 알려진 건 1973년 3월 NHK의 여행 프로그램 〈신 일본기행〉에서 '행복으로의 여정, 오비히로 편'이 방영된 뒤부터다. 그 후 주변 역에서 행복역까지 가는 승차권 발행이 늘어났고 행복역 인근의 상점도 입장권을 판매하게 된다. 특히 행복역에서 오비히로 방면으로 두 번째 역인 애국역과 함께 '사랑의 나라에서 행복으로 향하다'라는 캐치프레이즈로 유명해졌는데, 이는 1974년 일본의 가수 세리 요코芹洋子가 '사랑의 나라에서 행복으로'라는 노래를 발표한 뒤부터다.

❼ 애국역 愛國驛

日本語 큐 아이코쿠에키

'사랑의 나라에서 행복으로'라는 캐치프레이즈로 1970년대 행복역과 함께 큰 붐을 일으켰던 애국역. 옛 국철 히로오선의 역사를 개축하여 현재는 교통기념관으로 여행자들에게 사랑받고 있다. 당시 사용하던 표와 패널, SL 등이 전시되어 있다. 광장에 있는 아기자기한 하트 모양의 분수와 역사 앞 행복행 열차표를 본뜬 기념물도 촬영장소로 인기가 높다.

위치 JR 오비히로역에서 차로 20분
운영 09:00~17:00
(12~2월은 일요일만 개관)
※SL 차량은 12~3월 견학 불가
Mapcode 124 323 141*48

❽ 도카치가와 온천 十勝川温泉

日本語 토카치카와 온센

도카치가와 온천은 도카치 평야를 흐르는 도카치강 유역에 자리한다. 이 온천의 최대 특징은 '모르 온천'이라 불리는 호박색을 띤 알칼리성 온천수다. 식물성 유기물을 대량으로 함유하고 있으며 이탄 등에서 유래한 부식물(휴민질) 등에 의해 수족 냉증 개선과 피부 미용에 효과가 크다. 탕에 들어가면 온천 성분이 피부에 잘 스며들어서 마치 화장수와 같은 온천수라고 불리기도 한다.

위치 JR 오비히로역에서 차로 20분
홈피 www.tokachigawa.net/korean
Mapcode 369 636 647*87

①

류게츠 스위토피아 가든 柳月スイートピア・ガーデン

日本語 류게츠 스이토피아 가덴

1947년 창업한 류게츠 공장에 병설된 숍으로, 무료 공장 견학이 가능한 점포다. 이곳에서만 맛볼 수 있는 한정 메뉴 '도카치 기나고로모 소프트'는 콩가루향 소프트아이스크림에 고소한 콩가루 떡과 검은 꿀을 올렸다. 콘 안에는 팥소도 들어가 있어 함께 먹으면 모나카 같은 맛을 즐길 수 있다.

위치 JR 오비히로역에서 차로 15분
운영 숍 09:00~18:00, 카페 09:00~17:00, 공장 09:00~16:00
전화 0155-32-3366 홈피 www.ryugetsu.co.jp

Mapcode 124 801 596*11

More&More
오비히로의 스위츠

도카치는 '스위츠 왕국'이라는 별명을 가지고 있다. 홋카이도는 질 좋은 유제품으로 유명하며, 이 지역은 여러 가지 재료 중에서도 양질의 설탕과 밀가루를 생산한다. 이렇게 풍부한 재료로 우수한 단맛을 만들어 낸 것이다. 오비히로시와 JR 오비히로역 도보 거리에 있는 많은 스위츠 가게는 도카치 지역 곳곳에서 만나 볼 수 있다.

②

롯카테이 오비히로 본점 六花亭帯広本店

日本語 롯카테이 오비히로 혼텐

홋카이도를 대표하는 과자 제조사로, 진한 버터크림을 넣은 롱셀러 상품 '마루세이 버터샌드'가 유명하다. JR 오비히로역에서 도보로 약 5분 거리에 있는 본점에는 이곳에서만 살 수 있는 한정 상품들이 있다. 꼭 먹어야 하는 상품은 '사쿠사쿠파이'다. 나팔 모양의 파이 속에 생 커스터드 크림이 듬뿍 들어 있는, 바삭바삭한 식감을 가지고 있다. 3시간 이내에 먹어야 가장 맛있으므로, 구매 후 바로 먹는 것을 추천한다.

위치 JR 오비히로역에서 도보 5분
운영 09:00~18:00
전화 0120-12-6666
홈피 www.rokkatei.co.jp

Mapcode 124 624 352*75

도카치 토텟포 팩토리 十勝トテッポ工房

日本語 토카치 토텟포 코보

오비히로의 돗테포도리 산책길에 있는 치즈케이크를 전문으로 하는 이 가게는 카망베르와 내추럴을 포함한 다양한 치즈케이크를 판매한다. 치즈케이크 외에도 타르트, 티라미수, 푸딩, 파르페 등의 메뉴가 있다.

위치 JR 오비히로역에서 도보 10분
운영 10:00~18:00
휴무 부정기적
전화 0155-21-0101
홈피 toteppo-factory.com

Mapcode 124 594 124*67

크랜베리 본점 クランベリー本店

日本語 쿠란베리 혼텐

1972년 양과자 전문점으로 창업한 가게다. 롯카테이나 류게츠는 여러 지점이 있는 반면, 크린베리는 오비히로에만 있다. 오비히로 창업 당시부터 인기가 높은 스위트 포테이토는 고구마의 섬세한 단맛을 제대로 느낄 수 있는 간판 상품이다.

위치 JR 오비히로역에서 도보 15분
운영 09:00~20:00
전화 0155-22-6656
홈피 www.cranberry.jp

Mapcode 124 624 742*53

앵파르페 Imparfait

日本語 안파루훼

도카치 소재로 만든 푸딩을 판매하는 가게다. 모두 9종류의 푸딩은 에다마메(풋콩)와 레어 치즈 같은 독특하고 이국적인 맛을 갖추었다. 사쿠라 타마고 푸딩은 소박하고 독창적인 맛이다.

위치 JR 오비히로역에서 도보 5분
운영 10:30~23:00
휴무 월요일
전화 0155-31-8888
홈피 imparfait.jp

Mapcode 124 624 262*07

❻ 부타동 하나토카치 豚丼のはなとかち

日本語 부타동노 하나토카치

엄선된 홋카이도산 돼지에 무첨가 수제 양념을
발라 구워낸다. 등심과 삼겹살을 모두 맛볼 수
있는 중간 부타동이 인기다. 100g 보통 크기는
1,100엔, 150g 중간 크기는 1,500엔, 250g 특대
크기는 2,000엔으로 3개의 사이즈가 있다.

위치 JR 오비히로역에서 도보 7분
운영 11:00~15:00, 18:00~19:00 휴무 화요일
전화 0155-21-3680 홈피 hanatokachi.com

Mapcode 124 625 007*51

❼ 부타동 돈다 ぶた丼のとん田

日本語 부타동노 톤다

시내 중심에서 약간 벗어나 있지만, 평일에도 줄을 서는 인기 높
은 부타동 가게다. 정육점을 운영하던 창업자가 고안한 양념장이
명성을 얻어 2002년에 개업했다. 도카치산 돼지의 고급 생고기를
한 장 한 장 손으로 썰어 사용한다. 등심, 안심, 삼겹살 등 3종류의
부타동이 있다.

위치 JR 오비히로역에서 차로 10분
운영 11:00~18:00
전화 0155-24-4358
홈피 butadonnotonta.com

Mapcode 124 597 338*63

⑧

원조 부타동 판초 元祖豚丼のぱんちょう

日本語 간소 부타동노 판초

1933년 창업한 부타동의 발상지로, 당초 양식점에서 맛있고 영양 있는 보양식으로 고안된 음식이다. 돼지 등심살을 숯불에 석쇠구이로 굽고, 단 간장 양념을 휘감는 스타일로 전통의 맛을 지키고 있다.

위치 JR오비히로역에서 도보 2분
운영 11:00~19:00　휴무 월요일, 첫째·셋째 주 화요일
전화 0155-22-1974

Mapcode 124 624 026*63

⑨

북쪽의 포장마차 北の屋台

日本語 키타노 야타이

오비히로역에서 도보 5분 거리, 빌딩에 둘러싸인 약 160평 공간에 광장을 기점으로 1~4번가로 구획을 나누어 20개 정도의 포장마차가 모여 있다. 야키토리, 꼬치구이, 선술집, 프렌치, 중국 요리, 한국 요리 등을 맛볼 수 있다.

위치 JR 오비히로역에서 도보 5분
운영 17:00~24:00(점포마다 다름)
휴무 점포마다 다름　전화 0155-23-8194

Mapcode 124 624 206*71

①

도카치가와 온천 간게츠엔

十勝川温泉観月苑

日本語 토카치카와 온센 칸게츠엔

도카치가와 온천의 대표적인 숙소로 바위로 만든 욕조에 전망 데크가 딸린 정원 노천탕에서 도카치가와 그 주변 풍경을 볼 수 있다.

위치 오비히로 버스터미널에서 도카치가와온센행 도카치버스 31분, 간게츠엔観月苑 앞에서 하차
전화 0155-46-2001
홈피 www.kangetsuen.com

Mapcode 369 636 312*16

②

도카치가와 온천 산요안 十勝川温泉三余庵

日本語 토카치카와 온센 산요안

총 11개 객실을 모두 다른 디자인과 구조로 꾸며 소설이나 기타 문학 작품의 이름으로 명명했다. 일본식 다다미방과 서양식 매트리스를 갖춘 객실이 있고 편백나무로 만든 노천탕이 딸려 있다. 대욕장에는 옛 추억을 떠올리게 하는 모자이크 타일 욕조 등도 갖추었다.

위치 오비히로 버스터미널에서 도카치카와온센행 도카치버스 탑승 25분, 가든스파도카치카와온센ガーデンスパ十勝川温泉 앞 하차 후 도보 3분
전화 0155-32-6211　홈피 www.sanyoan.com

Mapcode 369 636 695*70

★ 홋카이도 가든 가도

홋카이도의 대표적인 가든이 집중된 약 250km의 길을 '홋카이도 가든 가도'라고 부른다. 이 가든 가도를 따라 가장 홋카이도다운 자연 풍경의 대명사인 비에이, 후라노, 도카치 지역이 이어지고, 거기에 홋카이도 특유의 기후와 경관을 살린 각각의 개성 넘치는 정원들이 자리 잡고 있다. 가든 가도를 따라가며 여름날 홋카이도의 아름다운 전원 풍경을 마음껏 즐겨보자.

Travel Tip
가든 가도 여행에 유용한 티켓
(4월 하순~10월 상순 발매)

1. 도카치하나 메구리 공통권
とかち花めぐり共通券

도카치 지역 5곳의 정원(도카치 천년의 숲, 마나베 정원, 도카치 힐스, 시치쿠 가든, 롯카의 숲) 중에서 3곳 혹은 5곳의 입장료가 할인된 공통 입장권.
요금 3곳 2,000엔, 5곳 3,300엔

2. 가미카와 지역 3개 정원 티켓
上川エリア3つの庭チケット

가미카와 지역에 있는 3곳의 정원 (다이세쓰 숲의 정원, 우에노 팜, 바람의 가든)의 입장료를 할인해 준다.
요금 2,300엔

도카치 천년의 숲 十勝千年の森

4개의 정원으로 이루어져 있는데 숲의 면적이 400만m²로 매우 넓다. 이곳에 있는 대지의 정원과 야생화의 정원은 영국의 유명 가든 디자이너인 딘 피어스의 작품으로 영국 정원 디자이너 협회로부터 상을 받기도 했다. 어스 정원, 포레스트 정원, 야생화의 정원 등 일본에서 가장 아름다운 뜰이라는 호평을 받는 곳이다.

위치 JR 오비히로역에서 차로 45분
운영 4월 20일~10월 중순 09:00~17:00
휴무 10월 중순~4월 19일
요금 어른 1,200엔, 초중생 600엔
전화 0156-63-3000
홈피 www.tmf.jp
Mapcode 608 088 336

마나베 정원 真鍋庭園

마나베 정원은 1966년부터 시대와 함께 끊임없이 변화와 확장을 계속해 왔다. 일본 최초의 '코 니퍼 가든'이라고 하는 이 정원은 그 면적만도 25,000평에 이르고, 일본 정원, 서양식 정원, 풍경식 정원으로 구성되어 있다. 나무 생산, 디자인, 조경, 관리 모두를 마나베 정원에서 실시하는 유일한 식물 견본원이다.

위치 JR 오비히로역에서 차로 15분
운영 4월 하순~11월 08:30~17:30
    (10 · 11월은 단축)
휴무 12월~4월 하순
요금 어른 1,000엔, 초중생 200엔
전화 0155-48-2120
홈피 www.manabegarden.jp
Mapcode 124 474 748*71

도카치 힐스 十勝ヒルズ

맑은 공기에 맛있는 물, 도카치의 매력이 가득한 가든이다. 계절마다 표정을 바꾸는 꽃과 야채, 과수 등을 테마로 한 가든이 매력적이다. 또한 도카치를 바라보는 레스토랑에서는 원내에서 수확된 야채나 과일을 사용해 만든 요리를 맛볼 수 있다.

위치 JR 오비히로역에서 차로 15분
운영 4월 중순~10월 중순 09:00~17:00
휴무 홈페이지 참조
요금 어른 1,000엔, 중고생 400엔,
    초등학생 이하 무료
전화 0155-56-1111
홈피 www.tokachi-hills.jp
Mapcode 124 419 259*30

시치쿠 가든 紫竹ガーデン

시치쿠 가든은 보통 봄부터 가을까지 개방하는데, 18,000평 면적에 2,500종의 꽃이 심어져 있다. '하루 종일 꽃과 놀아 아프다'라는 콘셉트로 만들어진 이 정원은 그리 넓지 않은 면적이지만 그 안의 꽃과 풍경들을 보면 그냥 거기에서 머물고 싶다는 생각이 절로 드는 곳이다.

위치 JR 오비히로역에서 차로 35분
운영 4월 하순~11월 상순 08:00~17:00
휴무 11월 상순~4월 하순
요금 어른 1,000엔, 어린이 200엔
전화 0155-60-2377
홈피 shichikugarden.com

Mapcode 124 040 169*74

롯카의 숲 六花の森

산악 화가였던 사카모토 나오유키가 롯카테이의 포장지에 그린 홋카이도의 산야초로 가득한 곳이다. 산야초는 사계절 내내 원내에 한창 피어난다. 그중에서도 도카치 육화라고 하는 6종의 꽃이 그 대표격이다. 초봄에서 시작해 가을에 만개하는 에조린도우까지 여러 가지 예쁜 풍경을 보여준다.

위치 JR 오비히로역에서 차로 40분
운영 4월 하순~10월 하순 10:00~17:00
휴무 10월 하순~4월 하순
요금 어른 1,000엔, 초중생 500엔
홈피 www.rokkatei.co.jp/facilities

Mapcode 592 389 789*12

취향대로 즐기는
오비히로 근교 나들이

★ ☆ ☆ 오비히로에서 한 발짝 더! 근교 여행

<u>Sightseeing</u> ★ ★ ☆

① 에리모미사키 北襟裳岬

日本語 에리모미사키

에리모미사키는 홋카이도 호로이즈미군 에리모초에 있는 곳으로 지명은 '곶'의 아이누어 '엔루무ㅌ>ルム'에서 유래되었다. 히다카산맥이 태평양 쪽으로 뻗어 내려오다가 급격하게 낮아지는 최남단 지점에 있는 에리모미사키는 앞바다 7km까지 암초가 이어져 있다. 곶의 둘레는 높이 60m에 이르는 절벽으로 되어 있고, 3단에 이르는 해안단구가 발달해 있다. 조망이 탁 트여 있어 히다카산맥 에리모 국정공원의 핵심 관광지 중 하나다.

위치 삿포로-에리모초 약 220km,
　　　차로 4시간 소요
　　　오비히로-에리모초 약 130km,
　　　차로 2시간 30분 소요
Mapcode 765 015 581*53

❷ 미쿠니 고개 三国峠

日本語 미쿠니 토게

미쿠니 고개는 다이세쓰산 국립공원 안에 있으며 해발고도가 1,139m로 홋카이도 국도 중 가장 고도가 높은 고개다. 미쿠니라는 이름은 이시카리, 도카치, 기타미의 경계에 위치하기 때문에 붙여졌다. 미쿠니 고개 주변은 큰 바다가 펼쳐진 듯 광활한 원시림이 펼쳐져 있다. 특히 가을 단풍 시즌이 가장 아름답다. 또한 이 원시림 위로 놓인 마쓰미 대교의 전망도 볼만한데, 대자연을 배경으로 높이 약 30m, 길이 약 330m의 아름다운 커브를 그리는 붉은 다리의 모습은 꼭 사진으로 남겨야 한다.

위치 오비히로역에서 차로 1시간 30분

Mapcode 743 315 179*55

❸ 이케다 와인성 池田ワイン城

日本語 이케다 와인조

국제적인 와인 콩쿠르에서 수많은 상을 수상한 도카치 와인. 이곳의 정식 이름은 '이케다초 포도·포도주 연구소'로 도카치 와인의 연구 개발과 제조를 담당한다. 건물 외관이 중세 유럽의 고성과 비슷하다고 해서 '와인성'이라고 부른다. 공장에서의 병 조림 작업과 지하 숙성고 견학, 뮤지엄 라이브러리에서는 포도 재배와 와인 제조 방법 등이 전시되어 있어 도카치 와인에 대한 지식을 높일 수 있다.

위치 JR 이케다역에서 도보 10분
전화 015-578-7850
Mapcode 369 595 882*07

운영 09:00~17:00
홈피 ikeda-wj.org

Step to Hokkaido

쉽고 빠르게

끝내는

여행 준비

홋카이도 기본 정보

기본정보

홋카이도는 일본을 구성하는 4개의 섬 중 가장 북쪽에 있으며 면적은 남한 면적의 83%인 83,453㎢, 인구는 약 511만 명이 거주하고 있다. 가장 큰 도시는 도청 소재지인 삿포로시다. 전체 면적은 일본에서 혼슈 다음으로 2번째, 세계에선 21번째로 큰 섬이다. 아이슬란드보다는 작지만, 사할린섬보다는 크다. 남쪽의 혼슈(아오모리현)와는 쓰가루 해협으로 갈라져 있으나 세이칸 터널을 통해 연결된다. 북쪽은 소야 해협을 통해 러시아의 사할린섬과 접해 있으며, 동쪽은 쿠릴 열도와 마주해 있다. 서쪽은 동해, 남동쪽은 태평양, 북동쪽은 오호츠크해에 접해 있다. 기후는 냉대기후에 속한다.

역사

홋카이도에는 일본인들이 거주하기 훨씬 이전에 독자적인 언어와 문화를 갖고 있던 아이누족이 살고 있었다. 그들은 땅을 '인간의 조용한 대지'를 뜻하는 '아이누모시리'라 부르고, 자연을 가무이신들이라며 숭배했다. 아이누족의 여자들은 주로 재봉이나 산에서 나는 식물들을 채집하였고, 남자들은 수렵 생활을 하며 자연과 공생하며 살았다.

일본의 변방에서 '에조'라는 이름으로 불리던 홋카이도가 일본 역사에 등장한 것은 658년 사이메이 천황시대였다. 그 후 가마쿠라시대 초기 츠가루의 호족이었던 안도 씨족이 통치하다가 1590년 이후 마쓰마에번이 되었다.

마쓰마에번 이후 막부의 직할시대를 거쳐 메이지유신 이후 신정부에 의한 개척의 역사가 시작되었다. 1869년 7월에 개척사를 설치하였으며 에조라는 지명을 홋카이도라 개칭했다. 홋카이北海는 에도시대 말기 에조의 탐험가였던 마쓰우라 다케시로가 정부에 제안한 홋카이北加伊에서 유래되었다고 한다. 개척사는 1882년 폐지되었지만 그 기간 동안 본토에서의 이주 장려 정책, 미국의 선진 개척 기술 도입 등으로 급속도로 발전하면서 아이누족은 빠른 속도로 감소했고, 그들의 문화 또한 사라졌다.

시차

한국과 홋카이도는 시차가 없으나, 한국보다 동쪽에 위치하고 있기 때문에 여름에는 새벽 3~4시에 해가 뜨고, 겨울은 반대로 오후 4시부터 어두워져 5시면 한밤중처럼 어둡다.

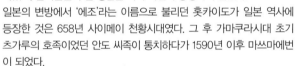

통화

일본의 통화는 엔(円, ￥)이다. 1엔, 5엔, 10엔, 500엔은 동전이며 1,000엔, 2,000엔, 5,000엔, 10,000엔은 지폐다. 백화점이나 편의점 등에서는 신용카드 사용이 가능하고 코로나19 이후 일본의 많은 상점이 QR 등의 간편 결제 시스템을 도입했다. 단 작은 도시나 가게에선 신용카드 계산이 어려울 수도 있으니 여행 경비는 가능한 한 현금으로 가져가는 것이 좋다.

언어

일본어

공휴일

1월   1월 1일 신정
       1월 둘째 주 월요일 성인의 날
2월   2월 11일 건국기념일
       2월 23일 일왕탄생일
3월   3월 21일(또는 20일) 춘분
4월   4월 29일 쇼와의 날
5월   5월 3일 헌법기념일
       5월 4일 녹색의 날
       5월 5일 어린이날
7월   7월 셋째 주 월요일 바다의 날
8월   8월 11일 신의 날
9월   9월 셋째 주 월요일 경로의 날
       9월 22일(또는 23일) 추분
10월 10월 둘째 주 월요일 체육의 날
11월 11월 3일 문화의 날
       11월 23일 근로 감사의 날

Travel Tip 골든위크는 No!

4월 29일부터 5월 5일까지를 '골든위크'라 하여 쉬는 곳이 많다. 이때는 해외여행을 떠나는 일본인들로 인하여 항공권을 구입하기 어렵고 일본 현지에 도착해도 골든위크 기간이나 골든위크가 끝난 후 문을 닫는 곳이 많다.

전압

일본은 110V를 사용한다. 그래서 반드시 110V를 이용할 수 있는 돼지코 혹은 멀티 어댑터를 준비해야 한다.

긴급연락처

일본의 경찰 신고 전화번호는 110이고, 구급 및 화재 관련 연락은 119로 하면 된다. 만일 물건을 도난당했다면 가까운 경찰서를 방문하여 신고 후 분실물 신고서를 발급받는다. 여행자 보험에 가입했을 경우 이 신고서를 근거로 보상을 받을 수 있다.

대한민국 영사관

주삿포로 총영사관
주소   北海道札幌市中央区北2条西12-1-4
위치   지하철 도자이센 니시주잇초메역 하차 후
         1번 출구에서 도보 8분
운영   월~금 09:00~12:00, 13:30~17:00
휴무   토 · 일요일
전화   81-11-218-0288(긴급 81-80-1971-0288)

홋카이도의 사계절과 옷차림

봄(4~6월)

벚꽃이나 꽃잔디를 비롯한 온갖 꽃이 피어나는 홋카이도의 봄은 혼슈보다 한 달 정도 늦게 시작된다. 홋카이도의 벚꽃은 5월 초에 절정을 맞는다. 참고로 홋카이도에서는 매화와 벚꽃이 동시에 피는 것이 특징이다. 봄이라고는 해도 도쿄와 비교할 때 4월은 추운 날씨가 지속된다. 4월은 코트와 장갑, 목도리 등 추위를 견딜 수 있는 복장과 야외활동이 많다면 신발도 미끄럽지 않은 것을 착용하자. 5~6월은 아침저녁에 갑자기 추워질 수 있으니 얇은 코트와 재킷 등의 상의를 준비하자. 6월 중순이 되어도 낮 기온이 20도 아래로 내려가는 경우가 많아 얇은 바람막이 정도는 준비해 가는 것이 좋다.

여름(7~8월)

7~8월은 라벤더 등의 꽃이 활짝 피고 전반적으로 쾌적해서 여행 베스트 시즌이다. 기온이 올라가더라도 습도가 낮다. 이 시기에는 낮엔 반소매 OK. 단 산악 지대나 해가 진 뒤, 날씨가 안 좋을 때 등은 쌀쌀할 수 있다. 낮과 밤의 기온 차이를 생각해서 바람막이와 가벼운 카디건 등을 챙기자.

가을(9~11월)

9월부터 단풍이 들기 시작하며 10월 하순부터 11월 상순에는 첫눈이 관측되면서 순식간에 겨울로 접어들어 간다. 그래서 가을 시즌은 복장 선택이 가장 어려운 계절이다.

9월 상순은 여름처럼 지내기 쉬운 시기이지만 중순부터는 아침저녁으로 추워져서 긴 팔과 코트가 있어야 한다. 10월 하순에서 11월 상순에는 계절이 단번에 가을에서 겨울로 바뀐다. 그래서 두꺼운 코트나 파카, 목도리와 장갑이 필요하다.

겨울(12~3월)

12월에 들어가면 금방 추워져 삿포로에서도 하루 평균 기온이 영하로 떨어진다. 야외 활동이 많다면 12~2월은 두꺼운 털옷 및 코트, 히트텍 등을 갖춰야 한다. 다만 실내나 차 안은 난방이 될 테니 입고 벗기 편한 옷이 좋다. 눈길은 미끄러우므로 스노부츠가 이상적이지만 준비가 안 된다면 탈착식 미끄럼 방지 스파이크를 추천한다. 보통의 부츠와 운동화에 장착하는 것으로, 눈길에서 도움이 된다. 홋카이도 내 편의점과 전문점에서도 판매하고 있고, 사전에 인터넷 구매도 가능하다.

More&More 겨울 여행에 대한 기본 조언

1. 홋카이도는 11월부터 오후 4시쯤이면 어두워지기 시작해서 5시에는 깜깜한 밤이 된다. 그래서 겨울에 홋카이도를 여행한다면 아침 일찍 일정을 시작해 오후 3시 전후에는 끝내는 것이 좋다. 특히 렌터카 여행인 경우, 오후 3~4시 사이에는 여행지 혹은 숙소에 도착해야 안전하다.

2. 겨울철 렌터카 여행은 겨울 운전 경험이 없다면 되도록 하지 않는 게 좋다. 기본적으로 눈도 많이 내리는 데다가, 특히 화이트 아웃 현상(눈 표면에 가스나 안개가 생겨 주변이 하얗게 보이는 현상)은 예측도 불가능할뿐더러 딱히 대처할 만한 게 없다.

3. 겨울철 여행지를 선정할 때는 제한이 많다. 삿포로 서쪽 지역은 요이치까지만 가능하다. 샤코탄반도로 가는 버스는 동계 기간에 운행하지 않는다.

4. 1~2월 사이에는 홋카이도 특유의 폭풍설 현상이 있다. 강한 눈보라가 몰아치는 것인데 심한 경우 JR 운행이 중단되기 때문에 이에 대한 사전 대비가 있어야 한다. 항공편이 중단되는 경우는 거의 드물고 다만 폭설 때문에 연착하는 경우는 발생한다.

5. 겨울철 복장은 다운 재킷이나 겨울 코트를 준비한다. 상의만 준비할 게 아니라 하의도 철저하게 신경 써야 한다. 특히 청바지는 피하는 게 좋다. 그리고 장갑, 모자, 목도리도 갖춰야 한다. 후드가 달린 옷보다 귀를 가릴 수 있는 모자가 더 중요하다. 신발은 보통 털부츠를 준비하는데 반드시 신경 써야 하는 부분은 미끄럽지 않아야 한다. 아이젠 등을 현지 편의점에서 구입하거나 아예 겨울 신발을 현지에서 구입하는 것도 한 방법이다. 운동화를 신고 가는 건 되도록 피하고, 젖지 않게 방수 스프레이를 뿌리는 것도 괜찮다.

6. 비에이 지역은 겨울철 도보 여행이 불가능하다. 눈 때문에 방향 감각을 제대로 유지하기가 힘들고, 이동도 쉽지 않아 매우 위험하다.

7. 유빙 시기는 보통 1월 20일부터 시작하는데 유빙을 볼 수 있는 최적의 시기는 2월 중순경이다.

8. 여행 일정 중 스키를 타고 싶다면 삿포로 시내와 근교에 스키장들이 있어, 이곳을 이용하는 것이 좋다. 장비까지 대여해줘서 이용하기 쉽다.

홋카이도 여행 준비

여권 만들기

여권을 만드는 데 공통 구비 서류로는 여권발급신청서, 신분증, 여권용 사진 1매(6개월 이내에 촬영한 사진)가 있다. 미성년자의 경우 법정 대리인의 동의서도 필요하다. 처음으로 여권을 발급받는 거라면 거주하고 있는 지역의 구청, 시청 등의 여권 사무대행기관에 직접 방문하여 신청해야 한다.

여권 신청 안내 www.passport.go.kr

※**발급 수수료**
복수여권 10년 50,000원~,
　　　　 5년 42,000원~,
　　　　 8세 미만 30,000원~
단수여권 20,000원

항공권 예매

현재 한국과 홋카이도를 정기편으로 연결하는 항공사는 대한항공, 아시아나, 진에어, 티웨이, 에어부산 등이 있다. 저가 항공사들은 일정 시기마다 특가 할인을 진행하기 때문에 이때 구입하면 비교적 저렴한 항공권을 구입할 수 있다. 홋카이도 항공권이 저렴해지는 시기는 관광 비수기로, 4월에서 6월 하순, 10월에서 11월까지다.

항공권 가격 비교 사이트
스카이 스캐너 www.skyscanner.co.kr
인터파크 투어 sky.interpark.com
네이버 항공권 flight.naver.com
땡처리 닷컴 www.ttang.com

주요 취항 항공사

	대한항공 www.koreanair.com
	아시아나항공 flyasiana.com
	진에어 www.jinair.com
인천 ▶ 신치토세 공항	제주항공 www.jejuair.net
	에어부산 www.airbusan.com
	티웨이항공 www.twayair.com
김해 ▶ 신치토세 공항	진에어 www.jinair.com
	에어부산 www.airbusan.com

여행 정보 찾기

홋카이도 여행 정보를 얻을 수 있는 곳으로 네이버 카페 '네일동'과 '북해도로 가자'가 있다.

커뮤니티 사이트
네일동 cafe.naver.com/jpnstory
북해도로 가자 cafe.naver.com/hokkido339

숙소 예약

여행 지역이 정해지면 이동하는 동선에 맞게 숙소를 예약하자. 숙소 예약의 경우 자란넷 등의 호텔 예약 사이트를 이용하거나 숙소의 홈페이지를 통해 예약할 수 있다. 최근에는 에어비앤비를 통해 호텔이나 호스텔이 아닌 현지인의 집에 머물기도 한다. 숙소는 예약 대행 사이트와 홈페이지의 가격을 비교한 뒤 예약하자. 저렴한 숙소를 원하는 경우 게스트하우스나 유스호스텔의 홈페이지에서 직접 예약하는 것이 좋다.

숙소 예약 사이트
자란넷 www.jalan.net
호텔패스 www.hotelpass.com/default.asp
아고다 www.agoda.com/ko-kr
에어비앤비 www.airbnb.co.kr

환전

일본은 신용카드보다 현금 사용이 많은 편이다. 홋카이도의 주요 도시에서는 카드 사용이 비교적 원활하지만, 작은 마을과 가게 등에선 카드 사용이 어려울 수 있다. 때문에 예상 경비보다 조금 더 넉넉하게 환전하는 것이 좋다. 되도록 여행 전 주거래 은행을 통해 환전해 가는 것이 좋은데, 은행 애플리케이션 등을 통해 미리 환전 신청을 해

서 수령하면 더 좋은 우대를 받을 수 있다. 인천공항이나 일본 현지에서 환전하는 건 손해라는 것을 잊지 말자. 최근에는 트래블월렛 등의 애플리케이션과 연동된 충전식 선불카드를 이용하는 여행자가 늘고 있다.

여행자 보험

여행자 보험은 반드시 가입해야 한다. 현지에서 도난 등의 피해를 보았다면 현지 경찰서에서 조사를 받고 한국으로 돌아와 보험금을 청구할 수 있고, 사고나 질병이 발생했을 때도 현지에서 병원비를 계산하고 귀국 후 청구할 수 있다. 여행자 보험은 일반 보험 회사에서도 취급하며, 인터넷으로 신청할 수 있다. 사전 가입이 힘들다면 공항에서 출국 직전 가입해서 가는 것이 좋다.

로밍

대부분의 스마트폰은 현지 도착 이후 전원을 켜면 자동 로밍이 된다. 단 데이터로밍을 원하지 않을 경우 출발 전 공항에서 미리 차단하고 출국하면 된다. 로밍은 각 통신 회사별로 다양한 요금제가 있으며, 포켓 와이파이와 같은 휴대용 와이파이를 대여해서 갈 수도 있다. 포켓 와이파이는 한 대의 기계로 여러 명이 이용할 수 있기 때문에 2명 이상이라면 포켓 와이파이가 더 효율적이다. 만약 단말기를 들고 다니는 게 부담이 된다면 현지 유심을 사용하는 방법도 있다. 단 유심을 교체하면 한국 번호로의 통화나 문자는 확인할 수 없다. 최근에는 유심칩을 갈아 끼우지 않고 사용할 수 있는 이심도 생겼으나 아직까진 최신 기종에 한해서만 지원되고 있다.

홋카이도 드나들기

1. 공항에서 출국하기(인천 출발 기준)

인천국제공항 가기

공항철도를 이용하면 서울역에서 김포공항을 거쳐 인천국제공항까지 빠르고 편리하게 갈 수 있다. 인천공항과 서울역을 논스톱으로 운행하는 직통열차 이용 시 인천공항1터미널까지 43분, 2터미널까진 51분이 소요된다. 운임료는 어른 11,000원, 어린이 8,000원이고 서울역 도심공항터미널 무료 이용, 1터미널역 고객 라운지 이용, 열차 지정 좌석제, 객실승무원 서비스 제공, 전동 카트 서비스 등이 제공된다. 일반열차는 김포공항을 거쳐 1터미널 약 59분, 2터미널 약 1시간 6분이 소요된다.

이 외에도 공항 리무진을 이용하여 인천공항으로 가는 방법이 있는데 서울 경인 지역뿐만 아니라 지방에서도 리무진버스가 항시 운행 중이니 버스 시간을 미리 체크하여 공항에 늦지 않게 도착하도록 하자.

공항철도 www.arex.or.kr

터미널 및 항공사 카운터 확인

자신이 타야 하는 항공사가 어느 터미널에 있는지 다시 한번 확인하자. 1터미널 취항 항공사는 아시아나항공, 제주항공, 티웨이항공, 에어부산 등이다. 2터미널은 대한항공, 진에어 외 스카이팀 동맹 항공사들이 있다. 1터미널에서 2터미널까지는 무료 셔틀버스가 운행한다. 운행 간격은 10분이다.

공항에 도착하면 출발 층으로 가서 운항 정보를 안내해 주는 모니터를 보고 탑승할 항공사를 확인하자. 각 항공사의 탑승 수속 카운터는 알파벳으로 분류된다. 공항 안내 센터에서도 항공사의 탑승 수속 정보를 확인할 수 있으며 상황에 따라 카운터가 변경될 수 있기 때문에 정확한 정보를 체크하는 것이 중요하다. 카운터를 확인했다면 해당 카운터로 이동해서 탑승 수속을 밟으면 된다.

탑승 수속

탑승 수속은 보통 출발 2시간 30분 전부터 시작되니 국제선의 경우에는 최소 3시간 전 공항에 도착하는 것을 추천한다. 성수기에는 여행자가 많아 탑승 수속이 지연되는 경우가 빈번하게 발생하므로 더욱 서두르자.

최근에는 항공사 카운터에서 전자 항공권을 제시하고 체크인을 하기보다 미리 항공사 사이트나 항공사 카운터 앞에 마련된 기계에서 셀프 체크인을 하는 식이다. 이후 짐은 따로 부쳐야 한다.

수화물은 보통 1인당 20kg까지 무게가 허용되는데 이를 초과할 시에는 초과 요금을 내야 한다. 짐을 부친 뒤에는 수하물 보관표 Baggage Claim Tag를 주는데 홋카이도에 도착해서 짐을 찾을 때까지 잘 보관해야 한다. 현지에서 수화물이 분실되었을 때 이를 찾을 수 있는 단서가 되며 디자인이 같은 타인의 수하물과 뒤바뀌는 것을 방지할 수 있기 때문이다.

보안 검색

탑승 수속이 끝나면 출국장으로 이동해 보안 검색을 받으면 된다. 보안요원에게 여권과 탑승권을 보여준 후 출국장 안쪽으로 이동하면 되는데 보안검색대를 통과하기 위해서는 직원의 안내에 따라 비치된 바구니에 주머니의 소지품뿐만 아니라 노트북, 카메라도 따로 꺼내 담으면 된다. 액체류나 젤류, 칼, 가위 등의 물품은 압수당할 수 있으니 미리 수화물로 부치도록 하자. 문형 탐지기를 통과하면 검색 요원이 한 번 더 검색을 하는데 목적지에 따라 추가 검색이 있을 수 있다.

2. 홋카이도 입국하기

출국 수속

보안검색대를 통과하고 나면 바로 출국심사를 한다. 주민등록증을 소지한 대한민국 국민은 심사관에게 일일이 심사받을 필요 없이 자동 출입국 심사가 가능하다(주민등록증 미소지자는 사전 등록 필요). 출국 시 여권을 기기에 스캔하고, 지문과 안면 인식을 통해 본인 인증을 진행하면 심사가 완료된다. 모자와 선글라스 등은 미리 벗어두도록 하자.

탑승

탑승구에는 최소 출발 30분 전까지 도착해야 한다. 보통 항공기 출발 30분 전부터 탑승을 시작해 10분 전에는 마감하기 때문. 인천국제공항은 공항이 워낙 넓고 외국 항공사를 이용하는 경우에는 모노레일을 타고 별도의 청사로 이동해야 하므로 늦지 않도록 주의하자. 모노레일은 5분 간격으로 운행되며 별도의 청사에서도 면세점 이용이 가능하다. 상황에 따라 탑승구가 변경되는 경우가 있으므로 운항 정보를 꼭 확인하자.

입국 심사

단기 체류의 목적으로 일본을 방문하는 경우에는 최대 90일까지 무비자로 방문할 수 있다. 입국심사는 내국인과 외국인이 다른 줄에 서니 'Foreigner'라고 적힌 외국인용 입국심사대로 이동하자. 여권과 함께 비행기에서 받은 입국신고서를 제출하면 되는데, 입국신고서에는 반드시 모든 사항을 영어 또는 일본어로 기재해야 한다.

비짓 재팬 웹Visit Japan Web에서 입국 수속 정보를 등록해 놓으면 입국신고서와 세관신고서를 수기로 작성할 필요 없이 QR코드를 발급받아 이를 제시하면 된다.

비짓 재팬 웹 www.vjw.digital.go.jp/main/#/vjwplo001

수하물 수취

입국심사가 끝나면 전광판을 확인한 뒤 본인이 탑승한 편명의 수하물 수취대를 찾아가 짐을 찾으면 된다. 비슷한 가방이 많기 때문에 자신의 짐이 맞는지 수하물 보관표를 다시 한번 확인하자.

세관

수하물을 챙긴 뒤 세관검사대로 이동해 직원의 안내에 따라 여권과 휴대품신고서를 제출한다. 가방을 열어보라고 하면 당황하지 말고 직원의 안내에 따르면 된다.

홋카이도 지역 이동

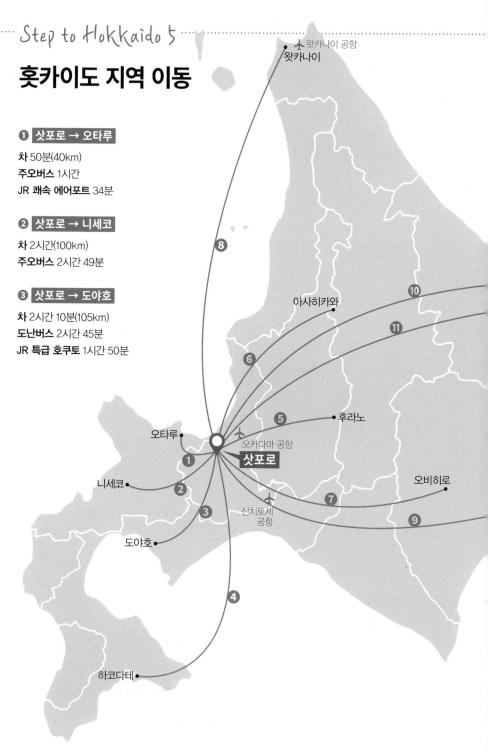

① **삿포로 → 오타루**

차 50분(40km)
주오버스 1시간
JR 쾌속 에어포트 34분

② **삿포로 → 니세코**

차 2시간(100km)
주오버스 2시간 49분

③ **삿포로 → 도야호**

차 2시간 10분(105km)
도난버스 2시간 45분
JR 특급 호쿠토 1시간 50분

✈ 왓카나이 공항
왓카나이

아사히카와

후라노

오타루
오카다마 공항
삿포로

니세코

오비히로

도야호
신치토세
공항

하코다테

❹ 삿포로 → 하코다테

차 4시간 20분(310km)
주오버스 5시간 16~31분
JR 특급 호쿠토 3시간 27~54분
비행기 신치토세 공항-하코다테 공항 40분, 오카다마 공항-하코다테 공항 40분

❺ 삿포로 → 후라노

차 2시간 10분(114km)
주오버스 2시간 37분

• 아바시리   • 우토로
✈
메만베쓰 공항

구시로 공항
✈
• 구시로

❻ 삿포로 → 아사히카와

차 2시간(140km)
주오버스 2시간 5분
JR 특급 가무이 · 라일락 1시간 25분

❼ 삿포로 → 오비히로

차 3시간(205km)
주오버스 3시간 25~55분
JR 특급 오조라, 도카치 2시간 24~52분

❽ 삿포로 → 왓카나이

차 5시간 6분(330km)
소야버스 5시간 50분
JR 특급 소야 5시간 10분
비행기 신치토세 공항-왓카나이 공항 1시간

❾ 삿포로 → 구시로

차 4시간 30분(310km)
주오버스 5시간 15분
JR 특급 오조라 4시간~4시간 35분
비행기 신치토세 공항-구시로 공항 45분, 오카다마 공항-구시로 공항 45분

❿ 삿포로 → 시레토코(우토로)

차 6시간(410km)
주오버스 7시간 15분

⓫ 삿포로 → 아바시리

차 4시간 40분(330km)
주오버스 6시간~6시간 30분
JR 특급 오호츠크 5시간 22~30분
비행기 신치토세 공항-메만베쓰 공항 50분

More&More 주요 지역 간 이동

오타루 → 니세코
차 1시간 30분(75km), 주오버스 2시간, JR 하코다테 본선 1시간 50분
도야 → 하코다테
차 2시간 30분(170km)
아사히카와 → 비에이
차 30분(25km), 후라노버스 50분, JR 후라노선 32~40분
비에이 → 후라노
차 40분(35km), 후라노버스 46분, JR 후라노선 40분
아바시리 → 우토로
차 1시간 30분(76km), 샤리버스 2시간
오비히로 → 구시로
차 2시간(120km), JR 특급 오조라 1시간 34~41분

렌터카로 홋카이도 여행하기

1. 렌터카 이용 조건

일본에서 차를 운전하기 위해서는 만 18세 이상이고, 발행한 지 1년 이 내의 국제운전면허증을 소지하고 있어야 한다. 또 일본 입국일이 1년 이 내여야 하며, 여권을 제시해야 한다.

렌터카 여행 정보 사이트
홋카이도 드라이브 정보
www.northern-road.jp/discover/
일본 고속도로 정보
kr.driveplaza.com/

2. 렌터카 빌리기

각 렌터카 회사의 웹사이트에서 사전에 예약하는 것이 일반적이다. 공 항이나 역 등에 있는 렌터카 회사 창구에 방문해 직접 신청하는 방법도 있지만, 차량 수가 한정돼 있어(홋카이도는 본토에서 차를 운송해 온다), 특히 여행 성수기 시즌에는 빨리 예약해 두는 것이 좋다.
렌터카 예약 시에는 이름, 연락처, 출발일/지점, 반환일/지점, 희망 차종, 인원을 선택하고 예약자의 이름이 여권과 국제면허증과 동일해야 한다.

렌터카 회사 웹사이트
닛폰 렌터카 www.nrgroup-global.com/ko/
닛산 렌터카 nissan-rentacar.com/ko
오릭스 렌터카 car.orix.co.jp/kr/
도요타 렌터카 toyotarent.co.kr
타임즈 렌터카 www.timescar-rental.com/ko/

3. 렌터카 이용 평균 예산

차종이나 클래스, 렌터카 회사에 따라 다르지만 ~12시간은 5,500~ 9,200엔 정도고 ~24시간은 6,500엔~11,000엔 정도다. 이후 하루당 5,500~9,200엔 정도가 추가된다. 여행 성수기 시즌에는 추가 요금이 발생한다

4. 렌터카 반환 시 주의할 점

렌터카를 빌릴 때는 휘발유가 가득 차 있는지 확인해야 하고, 반환할 때

역시 휘발유를 가득 채워서 반환하는 것이 기본이다. 반환 전 근처에 있는 주유소를 찾아 주유하도록 하자. 휘발유가 가득 차 있지 않으면 각 회사가 정한 가격으로 휘발유 가격을 지불해야 하는데 일반 주유소의 가격보다 비싼 경우가 많다.

5. 렌터카 이용 시 편리한 옵션

대부분 내비게이션을 갖추고 있지만, 옵션으로 별도의 요금이 발생하는 경우도 있으므로 사전에 확인이 필요하다. 또 외국인을 위한 내비게이션을 갖춘 렌터카 회사도 있으니 예약 시 확인하자.

고속도로를 이용하는 경우 ETC(Electronic Toll Collection System) 카드가 편리하다. ETC는 우리나라의 하이패스와 같은 시스템이다. 보통 유료 도로를 이용하면 요금소에서 그때그때 요금을 내야 하지만, ETC 카드가 있으면 요금소 통과 시 정보가 자동으로 기록되어 렌터카를 반환할 때 이용 요금을 한꺼번에 지불할 수 있다.

6. 사고에 대비한 면책 보상 제도

일본에서 운전할 때 가장 조심해야 하는 게 바로 사고다. 안전 운전을 해서 사고를 일으키지 않는 것이 가장 좋지만, 만일에 대비해 렌터카 회사가 제공하고 있는 차량 대물사고 면책액 보상제도를 가입해 두면 안심이다. 하루에 1,000엔 정도지만, 가입 없이 사고를 일으켰을 경우 고액의 배상금을 지불해야 하니 반드시 가입해 두자.

NOC 규정

사고가 발생했을 경우, 사고를 당한 상대의 손해 배상금은 보험으로 처리할 수 있다. 그러나 차량 손상으로 인한 렌터카 회사의 영업 손실이 남아 있다. NOC(Non Operation Charge)란 영업 보장 이익을 말하는데, 보통 사고 차량의 운행이 가능하면 20,000엔, 운행이 불가하면 50,000엔 정도를 부담

해야 한다. 사고가 안 나는 게 가장 좋지만 그러지 못한 경우를 대비해 NOC 보상 제도가 포함된 조건을 이용하자.

7. 렌터카 여행 계획 세우기

한정된 일정, 조금이라도 더 많은 관광지를 둘러보고 싶어 많은 계획을 세우기 쉽다. 그러나 홋카이도는 상상 이상으로 넓다. 지도에서는 가깝게 보일 수 있으나 실제 거리는 먼 경우가 많고 고속도로를 이용해 논스톱으로 달려도 시간이 꽤 걸린다. 장기간 운전으로 인한 피로는 사고의 원인이 되기 쉬우며, 예상 밖의 정체로 시간이 부족해 목적지까지 갈 수 없는 경우도 발생한다. 미리 이동에 걸리는 소요 시간을 체크해 여유 있는 계획을 세우도록 하자.

8. 미치노에키 활용

홋카이도 내 이동은 장거리 드라이브이기 때문에 1~2시간에 한 번 정도 휴식을 취하는 게 좋다. 이때 편리한 것이 '미치노에키道の駅'다. '길가에 있는 역'이란 뜻으로 홋카이도 내에만 120개 이상의 미치노에키가 있으며, 화장실과 휴식 공간은 물론 음식점이나 선물 가게, 관광안내소를 병설하고 있는 곳도 있다. 그 지역만의 먹거리나 한정 상품을 취급하고 있는 곳도 있으니 꼭 들러보자.

9. 겨울철 운전

겨울의 홋카이도는 적설은 물론, 악천후에 따라 시야가 좋지 않다. 또 도로가 얼어서 미끄러지는 등 사고의 원인이 되는 요소가 가득하다. 겨울철 렌터카는 스터드리스 타이어를 장착하고 있지만, 그래도 충분한 주의가 필요하다. 눈이 쌓인 도로의 운전은 제한 속도보다 속도를 낮추고 차간 거리를 평상시보다 1.5~2배 정도로 하는 것이 좋다. 얼어버린 도로에서 급브레이크를 잡으면 미끄러지기 때문에 브레이크는 수 회에 걸쳐 천천히 밟자. 날씨가 나쁜 경우에는

차로 이동하는 것을 피하는 것도 안전책이다. 5월, 10월도 표고가 높은 장소나 일부 지역에서는 눈이 쌓이는 경우가 있으므로 일기예보를 확인하자.

10. 주유소 이용

시가지를 벗어나면 주유소 수가 갑자기 적어지고 영업 시간도 짧기 때문에 주유소가 보이면 바로바로 들르는 게 좋다. 일부 구간은 아예 주유소가 없기도 해서 장거리 이동 전에는 휘발유를 가득 채워두는 것이 안전하다.

11. 야간 운전

홋카이도는 도시만 벗어나면 주요 도로 외에는 가로등이 없으며 산길은 매우 어두워지므로 도로 표시나 이정표 등이 보이지 않는 경우가 많다. 되도록 해가 지기 전 목적지에 도착하는 것이 좋다. 특히 겨울에는 오후 4시를 전후로 해서 해가 지므로 더욱 주의해야 한다.

12. 야생동물과 충돌

홋카이도에서는 운전 중에 여우나 너구리 등 야생동물이 대로로 튀어나오는 경우가 있으므로 주의해야 한다. 특히 동부 지방에는 체중이 100kg이 넘는 에조사슴이 많다. 에조사슴과 충돌하면 차체가 손상되는 것은 물론 사망 사고까지 발생할 수 있으니 특히 주의해야 한다. 만일 에조사슴과 충돌했다면 이것은 교통사고에 해당되며 대물손해사고로 경찰에 신고해야 한다. 사슴의 사체는 후속 차량의 사고 위험이 있으므로 관내의 도로 관리자에게 연락해야 한다. 차량 수리를 위한 손해보험을 적용받기 위해서는 경찰에 신고한 증명서도 필요하다.

More&More
꼭 알아야 할 일본의 교통 규칙

① 일본에서 자동차 주행 방향은 좌측통행이 원칙이다.
② 우회전 시에는 반드시 대기하자. 원칙적으로 직진과 좌회전을 우선한다.
   우회전 차는 맞은편 차를 통과시키고 나서 회전한다.
③ 빨간불에선 반드시 정차한다. 빨간불이 켜지면 직진하는 차는 물론 좌회전 차도 정지해야 한다.
④ 법정 제한 속도는 60km/h다.
⑤ 일시정지는 서행이 아닌 완전히 멈춰야 한다. 일본은 일시정지 규정이 엄격하게 지켜지는데, 한국인 운전자들이 교통위반에 걸리는 대표적인 규정이다.

렌터카 여행 시 유용한 HEP

1. HEP란?

HEP(Hokkaido Expressway Pass)는 홋카이도를 여행하는 외국인을 위한 고속도로 패스다. 면적이 넓은 홋카이도를 자동차로 여행할 때는 고속도로 이용이 필수가 될 수밖에 없는데 이 경우 비싼 통행료가 문제가 된다. 이를 해결하기 위해 만들어진 외국인 여행자를 위한 패스가 바로 HEP로, 홋카이도 고속도로를 정액으로 무제한 이용할 수 있다.

2. HEP 신청 방법

렌터카 회사에 신청하면 ETC 탑재기와 카드를 장착 및 대여해 준다. 설치된 ETC 탑재기에 ETC 카드(IC 카드)를 삽입하면 고속도로 요금소에 설치된 안테나와의 무선 통신에 의해 차량을 정지할 필요 없이 요금을 지불할 수 있다.

3. HEP의 메리트

- 정액제이므로 비싼 통행료 걱정이 없다.
- 요금소에서 차량을 정지해 일본인 직원과 대화할 필요가 없으므로 일본어를 몰라도 된다.
- 신치토세 공항부터 하코다테까지는 약 300km, 시레토코까지는 약 450km인 광활한 홋카이도를 고속도로로 이동할 수 있어 시간을 단축할 수 있다.

4. HEP 가격(ETC 카드 대여료 별도)

2일	3,700엔	9일	8,900엔
3일	5,200엔	10일	9,500엔
4일	6,300엔	11일	10,000엔
5일	6,800엔	12일	10,500엔
6일	7,300엔	13일	11,000엔
7일	7,800엔	14일	11,500엔
8일	8,400엔	15일	14,700엔

5. 주의사항

- 이용 도중에 이용 기간은 연장할 수 없다.
- 고속도로의 차종 구분상 보통차(일반 승용차)만 대상이다.

6. 취급 회사

도요타 렌터카, 오릭스 렌터카, 닛폰 렌터카, OTS 렌터카, 닛산 렌터카, 버짓 렌터카, JR 홋카이도 렌터카, 타임즈 렌터카, 시너지 렌터카, 카 렌털 홋카이도 등

홋카이도 여행에 유용한 레일 패스

자신의 여행 일정에 도움이 되는 레일 패스를 확인해보자. 여행사나 JR 동일본 열차 사이트에서 예약 후(교환권 수령) 아사히카와역, 하코다테역, 구시로역, 노보리베츠역, 신하코다테호쿠토역, 오비히로역의 여행 센터에서 교환 또는 구매하면 된다. 아래 가격은 웹사이트 예매 기준으로 일본에서 구매 시 더 비싸진다.
홈피 www.eki-net.com/ko/jreast-train-reservation/Top/Index

JR 홋카이도 레일 패스

홋카이도를 단기간 여행하는 외국인을 대상으로 한 패스다. 삿포로역, 노보리베츠역, 하코다테역, 아사히카와역, 아바시리역, 오비히로역, 구시로역, 신치토세공항역 등의 구간에서 사용할 수 있다. 일부 JR 홋카이도버스도 승차할 수 있지만 홋카이도 신칸센, 도난 이사리비 철도, 노면전차, 지하철은 이용할 수 없다.
요금 5일권 어른 20,000엔, 어린이 10,000엔
　　　7일권 어른 26,000엔, 어린이 13,000엔
　　10일권 어른 32,000엔, 어린이 16,000엔

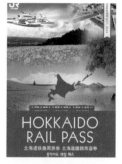

삿포로-노보리베츠 에어리어 패스

신치토세 공항-삿포로-오타루-노보리베츠 구간 이동에 편리하다. 지역 내 특급열차, 쾌속열차, 보통열차의 보통차 지정석·자유석을 이용할 수 있다. JR 홋카이도버스, 삿포로시의 노면전차, 지하철은 이용할 수 없다.
유효기간 4일　　　**요금** 어른 9,000엔, 어린이 4,500엔

삿포로-후라노 에어리어 패스

신치토세 공항-삿포로-오타루-후라노-비에이-아사히카와 구간 이동에 편리하다. 지역 내 특급열차, 쾌속열차, 보통열차의 보통차 지정석·자유석을 이용할 수 있다. JR 홋카이도버스, 삿포로시의 노면전차, 지하철은 이용할 수 없다.
유효기간 4일　　　**요금** 어른 10,000엔, 어린이 5,000엔

JR 동일본·미나미 홋카이도 레일 패스

도쿄역에서 신하코다테호쿠토역까지의 신칸센 탑승과 신하코다테호쿠토에서 도야, 노보리베츠, 삿포로, 오타루까지의 특급열차와 보통열차를 탑승할 수 있다.
유효기간 6일　　　**요금** 어른 35,000엔, 어린이 17,500엔

서바이벌 일본어

인사말

안녕하세요.(아침 인사)	おはようございます。[오하요- 고자이마스] ※점심 인사 こんにちは [콘니치와], 저녁 인사 こんばんは [콘방와]
처음 뵙겠습니다.	初めまして。[하지메마시테]
잘 부탁합니다.	よろしく お願いします。[요로시쿠 오네가이시마스]
감사합니다.	ありがとうございます。[아리가토- 고자이마스]
고마워요.	ありがとう。[아리가토-]
신세졌어요.	おせわになりました。[오세와니 나리마시타]
실례합니다(미안합니다).	すみません(ごめんなさい)。[스미마셍(고멘나사이)]
안녕히 계세요(작별인사).	さようなら。[사요-나라]

공항에서

이것을 기내에 가져갈 수 있나요?	これを機内に持ち込めますか。[코레오 키나이니 모치코메마스카?]
일본에 며칠 머무나요?	日本に何日滞在しますか。[니혼니 난니치 타이자이시마스카?]
하루	一日 [이치니치] ※이틀 ふつか [후츠카], 삼일 みっか [밋카]
여행의 목적이 무엇입니까?	旅行の目的は何ですか。[료코-노 모쿠테키와 난데스카?]
관광입니다.	観光です。[캉코- 데스]
신고할 것은 없나요?	申告するものはありませんか。[신코쿠스루 모노와 아리마셍카?]
없습니다.	ありません。[아리마셍]
제 짐을 찾을 수가 없습니다.	私の荷物が見つからないのですが。[와타시노 니모츠가 미츠카라나이노데스가]

길 찾기

지하철역까지 가는 길을 가르쳐 주세요.	地下鉄の駅までの道を教えてください。 [치카테츠노 에키마데노 미치오 오시에테 구다사이]
택시 승강장이 어디에 있나요?	タクシー乗り場はどこですか。[타쿠시- 노리바와 도코데스카?]
여기가 이 지도에서 어디예요?	ここは、この地図で、どの辺ですか。[코코와 코노치즈데 도노헨데스카?]
거기까지 가는 데 얼마나 걸리나요?	そこまで、どのぐらいかかりますか。[소코마데 도노구라이 카카리마스카?]

호텔에서

예약하고 싶어요.	予約がしたいのですが. [요야쿠가 시타이노데스가]
체크인하고 싶습니다.	チェックイン, お願いします. [첵쿠인 오네가이시마스] ※체크아웃 チェックアウト [첵쿠아웃토]
방에 열쇠를 두고 나왔어요.	部屋にカギを置いて出ました. [헤야니 카기오 오이테 데마시타]
다른 방으로 바꿔 주세요.	ほかの部屋に替えてください. [호카노 헤야니 카에테 구다사이]
아침 식사는 어디서 해요?	朝食は, どこでするんですか. [초-쇼쿠와 도코데 스룬데스카?]
방이 너무 추워요.	部屋がとても寒いです. [헤야가 토테모 사무이데스]
온수가 나오지 않아요.	お湯が出ません. [오유가 데마셍]
수건을 더 주세요.	部屋がとても寒いです. [헤야가 토테모 사무이데스]

식당에서

오늘 저녁 6시에 두 사람 자리를 예약하고 싶어요.	今日、午後6時に、2人予約したいんですが. [쿄- 고고 로쿠지니 후타리 요야쿠시타인데스가]
얼마나 기다려야 하나요?	どれぐらい待たないといけませんか. [도레구라이 마타나이토 이케마셍카?]
금연석으로 부탁드립니다.	禁煙席お願いします. [킨엔세키 오네가이시마스] ※흡연석 喫煙席 [키츠엔세키]
한국어 메뉴판 있나요?	ハングルのメニューありますか. [한구루노 메뉴- 아리마스카?]
영어 메뉴판 있나요?	英語のメニューありますか. [에이고노 메뉴- 아리마스카?]
좀 있다가 주문할게요.	少ししてから注文します. [스코시 시테카라 추-몬시마스]
추천해 주세요.	おすすめは何ですか. [오스스메와 난데스카]
이것을 주세요.	これを下さい. [코레오 구다사이]
같은 걸로 주세요.	同じものをください. [오나지 모노오 구다사이]
물 주세요.	お水ください. [오미즈 구다사이]
포장해 주세요.	テイクアウトお願いします. [테에쿠아우토 오네가이시마스]
맛있습니다.	美味しいです. [오이시-데스]

쇼핑몰에서

저것 좀 보여 주세요.	あれ、見せてください。[아레 미세테 구다사이]
입어 봐도 될까요?	着てみてもいいですか。[키떼 미떼모 이이데스카?]
다른 색상을 더 보여 주세요.	ほかの色を見せてください。[호카노 이로오 미세테 구다사이]
얼마죠?	いくらですか。[이쿠라데스카?]
화장실은 어디인가요?	お手洗いはどこですか。[오테아라이와 도코데스카?]
계산은 어디서 하나요?	会計はどこですか。[카이케-와 도코데스카?]
따로 계산해 주세요.	別々に計算してください。[베츠베츠니 케-산시테 구다사이]
신용카드 사용이 가능한가요?	クレジットカード使えますか。[쿠레짓토카-도 츠카에마스카?]

긴급상황

경찰서가 어디에 있나요?	警察署はどこですか？[케-사츠쇼와 도코데스카?]
지갑을 잃어버렸어요.	財布をなくしてしまいました。[사이후오 나쿠시테 시마이마시타]
도난 신고서를 발행해 주세요.	盗難届けを発行してください。[토-난토도케오 핫코-시테 구다사이]
구급차를 불러 주세요.	救急車を呼んでください。[큐-큐-샤오 욘데 구다사이]
배가 아파요.	おなかが痛いです。[오나카가 이타이데스]
콧물이 나요.	鼻水が出るんです。[하나미즈가 데룬데스]
멀미약 주세요.	乗り物酔いの薬ください。[노리모노요이노 쿠스리 구다사이]

숫자

1	いち [이치]	8	はち [하치]
2	に [니]	9	きゅう,く [큐-, 쿠]
3	さん [산]	10	じゅう [쥬-]
4	よん,し [욘, 시]	11	じゅういち [쥬-이찌]
5	ご [고]	12	じゅうに [쥬-니]
6	ろく [로쿠]	13	じゅうさん [쥬산]
7	しち,なな [시치, 나나]	14	じゅうよん [쥬욘]

요일

월요일	月曜日 [게츠요오비]
화요일	火曜日 [카요오비]
수요일	水曜日 [스이요오비]
목요일	木曜日 [모쿠요오비]
금요일	金曜日 [킨요오비]
토요일	土曜日 [도요오비]
일요일	日曜日 [니치요오비]

Index -가나다순-

Travel Note

Travel Note

Travel Note